Isaac Asimov war einer der bedeutendsten Wissenschaftsautoren unserer Tage. Aus seiner Feder stammen über 300 Bücher, darunter zahlreiche weltberühmte Werke der Science-fiction-Literatur. Er starb 1992 im Alter von 72 Jahren.

Janet Asimov, seine Frau und enge Mitarbeiterin, hat dieses Buch nach seinem Tod fertiggestellt.

Von Isaac Asimov sind außerdem erschienen:

Die exakten Geheimnisse unserer Welt I (Band 03921)
Die exakten Geheimnisse unserer Welt II (Band 03922)
Grenzfälle der Naturwissenschaften (Band 04838)
Vom Kosmos zum Chaos (Band 77039)
Die Wunder des Kosmos und der Erde (Band 77085)

Dieses Buch wurde auf chlor- und säurefreiem Papier gedruckt.

Deutsche Erstausgabe Juli 1995
© 1995 für die deutschsprachige Ausgabe
Droemersche Verlagsanstalt Th. Knaur Nachf., München
Das Werk einschließlich aller seiner Teile ist urheberrechtlich geschützt.
Jede Verwertung außerhalb der engen Grenzen des Urheberrechts-
gesetzes ist ohne Zustimmung des Verlages unzulässig und strafbar.
Das gilt insbesondere für Vervielfältigungen, Übersetzungen,
Mikroverfilmungen und die Einspeicherung und Verarbeitung
in elektronischen Systemen.
Titel der Originalausgabe »Frontiers II«
Copyright © 1993 Janet Jeppson Asimov
Originalverlag Truman Talley Books/Dutton, New York
Published by arrangement with Truman Tally Books,
an imprint of Dutton Signet, a division of Penguin Books USA Inc.
Umschlaggestaltung Manfred Waller, Reinbek
Umschlagfoto Thge Image Bank, M. Tchererkoff
Satz MPM, Wasserburg
Druck und Bindung Elsnerdruck, Berlin
Printed in Germany
ISBN 3-426-77125-X

5 4 3 2 1

Isaac und Janet Asimov

Kosmos und Materie

Wissenschaft an der Schwelle zum dritten Jahrtausend

Aus dem Amerikanischen von
Johannes Schwab

*Zum Andenken
an meinen geliebten Mann
Isaac Asimov*

Inhalt

Einleitung

Das Interesse an Naturwissenschaft ist auf mancherlei Weise lohnend, aber was ich am meisten schätze, ist das aufregende Gefühl der Grenzerfahrung. Meine Vorfahren waren Pioniere, für die das Neuland im amerikanischen Westen real und von lebenswichtiger Bedeutung war. Diese geographische Grenze ist verschwunden, aber auf allen Gebieten der Naturwissenschaften wird es immer Neuland geben, denn die Lösung eines wissenschaftlichen Problems eröffnet Horizonte mit neuen Problemen, an denen sich die Neugier und das Denken des Menschen versuchen.

Mein Mann Isaac Asimov liebte die Naturwissenschaften, und er liebte es, darüber zu schreiben. Seine wöchentlichen Wissenschaftskolumnen für die *Los Angeles Times* wurden bereits in *Grenzfälle der Naturwissenschaften* gesammelt. *Kosmos und Materie* enthält den Rest von Isaacs und einige meiner Artikel. Ich begann mit ihnen, als Isaac im Winter 1991/92 krank war, und setzte die Arbeit nach seinem Tod im April 1992 fort.

Trotz fundierter Voraussagen ist die Zukunft unbekannt – bis sie zur Gegenwart wird. In diesem Buch werden wissenschaftliche Entdeckungen *von heute* in der Hoffnung präsentiert, die Phantasie anzuregen und unsere Welt gleichzeitig ein wenig durchschaubarer zu machen.

Janet Asimov

I

Das Leben in Vergangenheit, Gegenwart und Zukunft

Die Macht der Proteine

Protein ist ein bemerkenswertes Wort und ein noch bemerkenswerterer Bestandteil des Universums. *Protein* ist von einem griechischen Wort mit der Bedeutung »von größter Wichtigkeit« abgeleitet – und das stimmt auch, denn ohne Proteine gäbe es kein Leben.

Die Bezeichnung »Protein« wurde von dem schwedischen Chemiker Jöns Jakob Berzelius vorgeschlagen, der unermüdlich Namen für organische Verbindungen erfand. Der niederländische Chemiker Gerardus Johannes Mulder griff 1839 auf Berzelius' Vorschlag zurück, als er eine grundlegende Formel für – in der damaligen Terminologie – »albuminöse Verbindungen« wie Eiweiß (Kasein) oder Blutglobulin aufstellte.

Kohlenhydrate und Fette liefern Kohlenstoff, Wasserstoff und Sauerstoff (in verschiedenen Anordnungen), aber Proteine liefern darüber hinaus Stickstoff, Schwefel und häufig auch Phosphor. Proteine sind kompliziert aufgebaut, so daß die Wissenschaftler erst jetzt das ganze Ausmaß dieser Komplexität in den lebenden Zellen entdecken.

Die Analysemethoden der organischen Chemie waren damals zu ungenau, um den Aufbau der Proteine zu entschlüsseln, aber es gelang, ihre Bausteine, die Aminosäuren, zu analysieren. Diese besitzen ein Grundmuster aus Wasserstoff- und Stickstoffatomen, eine Gruppe aus Kohlenstoff-, Wasserstoff- und Sauerstoffatomen sowie eine Seitengruppe von Atomen, die jeweils eine bestimmte Aminosäure kennzeichnet.

Nachdem ein anderer schwedischer Chemiker, Theodor Svedberg, 1923 die Ultrazentrifuge erfunden hatte (wofür er einen Nobelpreis erhielt), konnte man das Molekulargewicht vieler Proteine anhand ihrer Sedimentationsgeschwindigkeit bestimmen. Die Ergebnisse waren erstaunlich: Bei einigen Proteinen ging das Molekulargewicht offensichtlich in die Millionen, was darauf hinwies, daß sie in der Tat außerordentlich komplex aufgebaut waren.

Neue technologische Entwicklungen wie die magnetische Kernresonanz, die Chromatographie, die Spektralphotometrie und die Röntgenbeugung trugen dazu bei, die Struktur von Proteinen zu untersuchen. Es stellte sich heraus, daß Proteine hier auf der Erde – trotz der theoretisch möglichen riesigen Anzahl von Aminosäuren – nur zwanzig Spielarten enthalten. Sehr wahrscheinlich würde einem Erdbewohner ein Steak von einem anderen Planeten nicht bekommen.

Jahrelang glaubten die Forscher, daß das, was sie in ihren Reagenzgläsern über Proteine herausfanden, auch für Proteine in der lebenden Zelle galt, doch dies hat sich als Selbstüberschätzung herausgestellt. Ungelöste Fragen zum Zellprotein beschäftigen die Wissenschaftler auch weiterhin, denn es scheint, als würden sich Proteine nicht von selbst falten, eine Spiralstruktur ausbilden oder denaturieren. Sie brauchen Hilfe.

Das Schlüsselwort heißt *Faltung*. Die Aminosäurebausteine eines Proteins müssen richtig angeordnet sein, damit die richtigen Dinger am richtigen Ort das Richtige tun. Man kann kein Stickstoffatom brauchen, das irgendwo herumschwirrt, während es an einer ganz bestimmten Stelle sein und etwas ganz anderes erledigen sollte. Mary-Jane Gething und Joseph Sambrook haben die faszinierende Funktionsweise von Zellproteinen beschrieben, die als »Begleiter« bezeichnet werden. Ihre Aufgabe besteht offenbar darin, 1. ein kompliziertes Proteinmolekül dabei zu unterstützen, daß es sich richtig faltet, 2. teilweise gefaltete Zwischenprodukte oder inaktive Proteine zu stabilisieren,

3. zelluläre Makromoleküle neu anzuordnen, die zusammengesetzt und zerlegt werden sollen, 4. Proteine zu schützen, die Belastungen durch ihre Umwelt ausgesetzt sind, und 5. Proteine auszuwählen, die zerstört werden sollen.

Diese ganze Forschung mag esoterisch klingen, aber sie ist von größter Bedeutung. Sie leben – warum wollen Sie dann nicht auch möglichst viel vom Leben verstehen? Die neue molekularbiologische Erforschung von Proteinen könnte uns in die Lage versetzen, verschiedene bisher unheilbare Krankheiten zu verstehen und in den Griff zu bekommen. Auf diese Weise wird man vielleicht bessere Medikamente entwickeln, die den Zellen helfen, sich selbst zu heilen, und dabei keinen Schaden anzurichten. Durch den Einsatz von »Begleitern« könnte es der Biotechnologie gelingen, wichtige menschliche Proteine in bisher ungeahnten Mengen zu produzieren.

Proteine werden auch als Fließbandproduzenten, Austauschpumpen und Motoren beschrieben, die das Leben buchstäblich in Gang halten. Auf einer Konferenz lautete kürzlich die große Frage: »Wie nutzen Proteinmaschinen die chemische Energie?« Manche sind der Ansicht, dieses Kunststück gelinge durch eine Veränderung der Form, aber es gibt auch andere Auffassungen. Die Wahrheit herauszufinden ist schwierig, denn man muß die beteiligten Bestandteile feststellen, die chemischen Zwischenprodukte jeder Reaktion identifizieren, die Geschwindigkeitskonstanten für die Übergänge messen und den genauen Aufbau des Proteins beschreiben, um zu verstehen, wie die verschiedenen chemischen Reaktionen ablaufen. Kein einziger dieser Schritte ist bis heute hinreichend bekannt.

Biochemiker und Molekularbiologen werden ihre Forschung zu Proteinen fortsetzen, so daß Sie sich auf dem laufenden halten sollten. Als Freeman J. Dyson gefragt wurde, was bei der Entwicklung des Lebens zuerst dagewesen sei, Proteine oder die DNA, lautete seine Antwort: »Proteine«.

Ein besseres Verständnis dieser Proteine wird der Menschheit helfen, nicht nur tiefer in die Geheimnisse der Zellpathologie vorzudringen, sondern auch dem Ursprung des Lebens selbst näherzukommen.

Das älteste Protein?

Möglicherweise hat 1991 eine Gruppe unter der Leitung von W. Dale Spall am Los Alamos National Laboratory in New Mexico (USA) die ältesten Proteine entdeckt. Dies gelang durch eine Untersuchung von Knochen. Knochen sind keineswegs nur tote Minerale. Sie enthalten komplexe Proteinstrukturen, die auch dann noch in den Knochen vorhanden sind, wenn der Organismus selbst tot ist. Natürlich zerfallen die Proteine mit der Zeit, aber unter bestimmten Bedingungen zersetzen sie sich nicht vollständig.

Die Knochen, die die ältesten Proteine geliefert haben, sind selbst höchst ungewöhnlich, denn sie stammen vom längsten und größten Dinosaurier, den man bislang entdeckt hat. Es handelt sich um den »Seismosaurus«, dessen erster Namensbestandteil »Erdbeben« bedeutet; man ging dabei von der Vorstellung aus, daß er beim Gehen die Erde erbeben ließ. Der Seismosaurus wurde im mittleren New Mexico ausgegraben und erreicht die Länge von 48 Metern, fast so lang wie zwei Häuserblocks.

Ein Geschöpf wie der Seismosaurus besitzt selbstverständlich gewaltige Knochen, so daß vielleicht tief in deren Inneren und von der Außenwelt geschützt Proteine vorhanden sein könnten. Das Team von Los Alamos bohrte einen Kern aus einem der riesigen Wirbel des Seismosaurus heraus, entfernte mit Lösungsmitteln die steinigen Substanzen des

Fossils und fand Material, das anscheinend aus zwei oder drei verschiedenen Arten von Proteinen bestand.

Wenn seit dem Tod des Tieres tatsächlich Proteine in den Wirbeln des Seismosaurus vorhanden waren, dürften sie etwa 150 Millionen Jahre alt sein. Dies ist ein Rekord, denn die ältesten Proteine, mit denen Wissenschaftler bislang gearbeitet hatten, waren nur ein bis zwei Millionen Jahre alt. Leider reichte die Menge des Materials nicht aus, um die Proteine zu bestimmen. In gewöhnlichen Knochen ist das häufigste Protein Kollagen, aber das aus dem Seismosaurus gewonnene Material ist anders beschaffen. Wenn in dem Material Aminosäuren identifiziert werden können, hat man es mit Proteinen zu tun.

Probleme ergeben sich natürlich immer. Beispielsweise stürzten in den 60er Jahren Meteoriten auf die Erde, die man analysierte; dabei stellte man fest, daß sie auch Aminosäuren enthielten. Natürlich nahm man zuerst an, dies seien Hinweise auf Leben in Meteoriten.

Es gibt jedoch zwei Arten von Aminosäuren: L und D. Die L-Aminosäuren kommen in Lebewesen vor, die D-Aminosäuren dagegen nicht. Wenn sich somit Aminosäuren in den Meteoriten durch gewöhnliche chemische Vorgänge gebildet hätten, sollten sowohl L- als auch D-Aminosäuren in gleichen Mengen vorhanden sein. Dies war auch tatsächlich der Fall, aber es war kein Beweis für Leben.

Die betreffenden Meteoriten wurden beim Fall beobachtet und unmittelbar danach untersucht. Meteoriten, die sich schon einige Zeit im Boden befinden, können durchaus L-Aminosäuren enthalten, nicht etwa, weil sie selbst mit Leben verbunden wären, sondern weil die Erde voller L-Aminosäuren ist. Diese kommen im Grundwasser und überall dort vor, wo Organismen leben; als Folge davon werden auch Meteoriten damit »verunreinigt«.

War das aus den Knochen des Seismosaurus gewonnene Proteinmaterial das Ergebnis einer solchen Verunreinigung?

Spall behauptet, die Knochen des Seismosaurus seien außerordentlich gut erhalten, weshalb es der Fall sein könnte, daß das Protein vom Grundwasser unberührt geblieben ist, doch er selbst schließt diese Möglichkeit nicht aus. Stephen A. Makko, ein Geochemiker der University of Virginia, war ebenfalls an der Untersuchung von proteinhaltigem Material aus Dinosaurierknochen beteiligt. Er erklärt, selbst wenn Aminosäuren vorhanden seien, müßten diese nicht Bestandteile von Proteinmolekülen sein, sondern könnten auch von anderen Substanzen stammen.

Die Situation bleibt also unklar, doch für Paläontologen wäre es von großem Interesse, falls das Material tatsächlich Protein enthielte und *nicht* verunreinigt wäre. Wenn man genügend Material gesammelt hat, kann man vielleicht die Reihenfolge bestimmen, in der Aminosäuren vorkommen. Dies ließe sich anschließend mit der Reihenfolge bei anderen Dinosauriern, lebenden Reptilien, Vögeln usw. vergleichen. Macko weist darauf hin, daß es dann vielleicht möglich wäre, verwandtschaftliche Beziehungen zwischen verschiedenen Tiergruppen zu erkennen, die wir gegenwärtig nicht feststellen können.

Auf diese Weise läßt sich ein neuer »Stammbaum des Lebens« erstellen, der besser als die bisherigen sein könnte und uns hilft, den Verlauf der Evolution in der Frühzeit nachzuzeichnen.

Die Kategorien des Lebens

Vor kurzem hat Carl Woese, ein Biologe an der University of Illinois, eine neue Möglichkeit vorgestellt, wie man alle Lebewesen in Gruppen und Untergruppen einteilen könnte. Die Einteilung beruht auf der Struktur der Ribonukleinsäuremoleküle (RNA) in winzigen Körnchen, den Ribosomen, die ausnahmslos in allen Lebewesen vorkommen.

Die Ribosomen sind die Orte, an denen Proteine entsprechend den in allen Zellen vorhandenen Nukleinsäurepläne hergestellt werden. Und ohne Proteine kann es kein Leben geben. Die Ribosomen müssen bereits in den allerersten Zellen entstanden sein, und ihre Bausteine, die RNA-Moleküle, haben sich im Laufe von Milliarden Jahren nur geringfügig verändert.

Ein paar kleinere Veränderungen haben sich jedoch durchgesetzt. So bestehen die RNA-Moleküle beispielsweise aus Ketten kleinerer Moleküle, den Nukleotiden. Jedes RNA-Molekül in den Ribosomen weist an einer bestimmten Stelle eine »Haarnadelkurve« auf. An dieser Kurve befinden sich entweder sechs oder sieben Nukleotide. Jede Zelle mit sechs Nukleotiden gehört zu einer großen Gruppe von Lebewesen. Es gibt weitere geringfügige Unterschiede, die die Zellen mit sieben Nukleotiden wiederum in zwei große Gruppen unterteilen, was insgesamt drei Gruppen ergibt.

Früher wurden die Lebensformen nach ihrem Aussehen klassifiziert. Bei einem Ratespiel unterscheidet man beispielsweise immer noch alles in »Tier, Pflanze oder Mineral«, weil wir davon ausgehen, daß alle Lebewesen entweder Pflanzen oder Tiere sind. Auch mikroskopische Lebensformen fielen in diese Kategorien; Amöben wurden beispielsweise als Tiere betrachtet, während man Bakterien als Pflanzen ansah.

Bei genauerer Untersuchung entdeckte man schließlich zwei Hauptarten von Zellen. In den primitiveren Zellen waren die Nukleinsäuremoleküle über die gesamte Zelle verstreut. Diese bildeten die »Prokaryoten«; zu ihnen gehören die Bakterien, von denen einige Chlorophyll enthalten (das ihnen erlaubt, mit Hilfe von Sonnenenergie zu leben). Bei einem komplexeren, weiter entwickelten Zelltyp befinden sich die Nukleinsäuren in einem kleinen Bereich innerhalb der Zelle, der als »Zellkern« bezeichnet wird. Solche Zellen nennt man »Eukaryoten«. Pflanzen und Tiere bestehen aus Zellen, die Eukaryoten sind, wobei Pflanzen Zellen mit Chlorophyll und Tiere Zellen ohne Chlorophyll besitzen. Die menschlichen Zellen sind Eukaryoten, die natürlich kein Chlorophyll enthalten.

All dies wird jedoch umgestoßen, wenn man, wie Carl Woese, die Molekularstruktur der RNA von Ribosomen betrachtet. Offensichtlich bestehen von den drei Hauptgruppen zwei aus einzelligen Lebensformen mit prokaryotischen Zellen. (Prokaryoten haben nie Organismen entwickelt, die mehr als eine Zelle aufweisen.) Eine Hauptgruppe der Prokaryoten sind die »Bakterien«. Die andere bezeichnet Woese als »Archäa«; sie haben im Aussehen viel Ähnlichkeit mit den Bakterien, zeigen in ihren RNA-Molekülen aber einige Besonderheiten, die sie in die Nähe der Eukaryoten rücken.

Offensichtlich haben die Archäa begonnen, eukaryotische Merkmale auszubilden, und daraus entwickelte sich die dritte Hauptgruppe von Lebewesen, die Woese »Eukarya« nennt. Sie bestehen aus Zellen mit einem Zellkern.

Die Eukarya sind die einzigen Lebensformen, die sich in Richtung Vielzelligkeit entwickelt haben. Einige Eukarya entwickelten sich zu Organismen aus Billionen oder sogar Hunderten von Billionen eukaryotischer Zellen (wir selbst sind ein Beispiel dafür). Das gilt nicht für alle. Von den sechs Hauptgruppen der Eukarya sind drei ausschließlich einzellig.

Von den übrigen drei sind zwei pflanzlicher Natur. Eine davon, die kein Chlorophyll enthält, bildet die »Pilze«. Die meisten Pilze sind einzellig, doch es gibt auch vielzellige Exemplare wie die großen Pilze, an die wir bei dieser Bezeichnung sofort denken. Die andere enthält Chlorophyll und besteht aus den bekannten »Grünpflanzen«. Auch zu dieser Gruppe gehören Einzeller, wie etwa die Algen, aber es kommen auch riesenhafte Formen wie der kalifornische Mammutbaum vor.

Die letzte Gruppe der Eukarya schließlich bilden die Tiere. Sie sind, von unserem eigenen Standpunkt aus gesehen, die am höchsten entwickelte Gruppe; dazu gehören auch die Riesenwale, die bis zu 150 Tonnen wiegen können. (Einige Pflanzen sind noch schwerer, aber ein Baum besteht zum größten Teil aus Holz als Stützmaterial, das nicht wirklich lebendig ist, während Tiere fast ganz aus lebendem Gewebe bestehen.)

In gewisser Weise ist uns damit unser Standort zugewiesen. Vor etwa 3,5 Milliarden Jahren blieb das Leben über *zwei Milliarden Jahre lang* einzellig und prokaryotisch. Erst vor etwa 1,4 Milliarden Jahren entwickelte sich mit den Eukarya die dritte große Gruppe, und die folgenden 600 Millionen Jahre blieben auch sie einzellige Lebensformen.

Erst vor 800 Millionen Jahren tauchten die ersten vielzelligen Eukaryoten auf, zunächst aber nur in Gestalt verschiedener Arten von Würmern. Erst vor 600 Millionen Jahren entstanden so weit entwickelte Lebensformen wie Meeresschalentiere. Wir Menschen gehören zum Unterstamm der Wirbeltiere, der erst vor 500 Millionen Jahren aufkam. Nicht nur wir, sondern alle Tiere, die mit uns verwandt sind, bis hinunter zu den primitivsten Fischen, sind auf der Erde absolute Spätankömmlinge.

Unser Vorfahr, der Quastenflosser?

Drei deutsche Wissenschaftler, Tomas Gorr, Traute Kleinschmidt und Hans Fricke, haben von einem Verwandtschaftsverhältnis berichtet, das nahelegt, daß Quastenflosser die direkten Vorfahren der »Tetrapoden« sind. Zu den Tetrapoden oder Vierfüßern gehören Amphibien, Reptilien, Vögel und Säugetiere – sowie wir.

Der Quastenflosser ist ein Fisch, der bereits lange vor den Dinosauriern existierte, den man aber früher für längst ausgestorben hielt. Doch als 1938 ein Fischer vor der südafrikanischen Küste zum Fang ausfuhr, ging ihm ein seltsames Geschöpf ins Netz. Er zeigte den Fisch schließlich dem südafrikanischen Ichthyologen J. L. B. Smith, der ihn als Quastenflosser identifizierte. Seit damals hat man herausgefunden, daß Quastenflosser im Gebiet der Komoren leben und Fischer von Zeit zu Zeit einen aus der Tiefe holen. Die Quastenflosser leben in einer Tiefe von 200 Metern; insgesamt sind 170 Exemplare an die Oberfläche geholt worden. Leider können sie das Absinken des Wasserdrucks nicht aushalten und bleiben an der Oberfläche nur wenige Stunden am Leben.

1986 gelang es Hans Fricke mit einem eigens dafür konstruierten Zweimann-U-Boot tief genug hinabzutauchen, um dem Quastenflosser in seine heimischen Gewässer zu folgen. Dabei fand er heraus, daß der Quastenflosser in jede Richtung schwimmen kann, auch rückwärts und in Rükkenlage. Fricke und seine beiden Mitarbeiter veröffentlichten im Mai 1991 einen Aufsatz, in dem sie nachwiesen, daß das Blut des Quastenflossers Aminosäureketten enthält, die stark an ähnliche Aminosäureketten bei Kaulquappen erinnern.

Amphibien sind die am wenigsten entwickelten Vierfüßer, und Kaulquappen sind wiederum die am wenigsten entwickelten Amphibien. Wenn sie aus dem Ei schlüpfen, haben sie die Form eines winzigen Fisches: Sie besitzen einen Schwanz und Kiemen, aber keine Beine. Erst wenn sich die Kaulquappen weiterentwickeln, verschwindet der Schwanz; die Kiemen werden zu Lungen, während sich Beine bilden.

Wenn Kaulquappen den Quastenflossern in ihren Aminosäureketten ähneln, darf man folglich annehmen, daß die Quastenflosser irgendwie zu den Kaulquappen in Verbindung stehen. Wahrscheinlich ist der Quastenflosser der Vorfahr der Kaulquappen und aller anderen Vierfüßer, einschließlich des Menschen. Auch wenn die Aminosäurekette beim erwachsenen Frosch fehlt, ist die Verwandtschaft zwischen Quastenflossern und Kaulquappen enger als die zwischen Kaulquappen und jedem anderen Lebewesen, das ein Vorfahr der Vierfüßer gewesen sein könnte.

Ein anderer wichtiger Punkt ist der, daß Quastenflosser sechs Flossen haben, von denen sich vier paarweise bewegen. Bei seiner Unterwasserstudie entdeckte Fricke, daß sich diese vier Flossen in einer Weise bewegen, die zwar vierfüßigen Tieren, nicht aber Fischen gemeinsam ist. Wie immer in solchen Fällen wird die Verbindung zwischen Quastenflossern und den Vierfüßern beileibe nicht von allen Biologen akzeptiert. Sie wenden ein, Aminosäureketten könnten auf verschiedene Weise interpretiert werden und seien keineswegs ein Beweis für einen Zusammenhang.

Tatsächlich gibt es noch eine weitere Fischart, die ebenfalls lange Zeit für ausgestorben galt, aber im 19. Jahrhundert wiederentdeckt wurde: den Lungenfisch.

Lungenfische haben primitive Lungen und schlucken bei Bedarf Luft. Sie können Brackwasser verlassen und über Land zu größeren Seen gelangen. Wenn dies, besonders im Sommer, nicht möglich ist, vergraben sie sich im Schlamm und bleiben die heiße Zeit über weitgehend regungslos. Man bezeichnet dies als »Sommerschlaf«, was das Pendant zum »Winterschlaf« bei anderen Tieren darstellt. Manche Lungenfische ertrinken sogar, wenn sie nicht ab und zu Luft schlucken können.

Eine Reihe von Biologen hält den Lungenfisch für den Vorfahren der Vierfüßer; für sie ist das Vorhandensein einer Lunge wichtiger als die Existenz spezieller Flossen oder Aminosäureketten beim Quastenflosser. Es sieht so aus, als werde der Streit noch lange nicht beigelegt, aber ich stehe auf der Seite des Quastenflossers. Mich beeindruckt die Aminosäurenkette; die primitive Lunge macht keinen Eindruck auf mich.

Aus diesem Grund glaube ich auch, daß man den Quastenflosser, der nicht nur vor den Dinosauriern, sondern schon
vor den Vierfüßern allgemein existierte (die Dinosaurier
waren bereits weiterentwickelte Vierfüßer), als unseren
Ahnen betrachten kann.

Es ist schon erstaunlich, daß der Quastenflosser, der Vorfahr der Vierfüßer, dessen Abkömmlinge sich enorm weiterentwickelt haben, selbst eine Form beibehalten sollte,
die sich nicht veränderte und weiterentwickelte. Er ist 400
Millionen Jahre alt und hat sich in all dieser Zeit kaum
verändert. Was für ein Pech, daß er die Lebensbedingungen an der Oberfläche nicht aushält. Wir könnten ihn sonst
sehr viel besser erforschen.

Die Eroberung des Landes

Vor kurzem haben britische Paläontologen unter der Leitung von Andrew J. Jeram vom Ulster Museum in Belfast die
ältesten Überreste von Leben auf dem Festland entdeckt
und auf ein Alter von etwa 414 Millionen Jahren datiert. Das
ist älter, als Wissenschaftler früher geglaubt hatten, aber es
ändert nichts an der Tatsache, daß die Kontinente der Erde
erst relativ spät von Lebewesen bevölkert worden sind.

Die Erde ist etwa 4,5 Milliarden Jahre alt, und vor spätestens
3,5 Milliarden Jahren wimmelte es im Wasser bereits von bak-
terienähnlichen Lebensformen. Mindestens weitere drei Milliarden Jahre war das Leben auf der Erde auf die Gewässer
beschränkt, während das Land absolut unfruchtbar blieb.

Erst im letzten Neuntel der Existenz der Erde machten sich
Lebewesen auf, um das Land zu kolonisieren.

Überraschend ist das nicht. Während die Gewässer der
Erde, insbesondere der Ozean, dem Leben eine sichere
und freundliche Umgebung bieten, ist trockenes Land geradezu schrecklich. Das Vordringen des Lebens in diese

feindliche Umgebung entspricht annähernd dem Vorstoß des Menschen in den Weltraum. Doch während der Mensch bei diesem Projekt durch all die von ihm selbst geschaffenen technischen Apparaturen unterstützt wird, konnten sich die auf das Land vordringenden Lebensformen nur die furchtbar langsamen, mehr oder weniger hilfreichen Veränderungen der biologischen Evolution zunutze machen.

Vergleichen Sie einmal Wasser und Land. Im Meer gibt es kein Klima. Die Umweltbedingungen sind stabil; die Temperaturen verändern sich kaum. Während die Wasseroberfläche mitunter vom Sturm aufgewühlt wird, bleiben die nicht weit darunter liegenden Schichten ruhig. An Land erreichen die Temperaturen Spitzenwerte, die man im Ozean nie erlebt, und fallen weit unter Null. Es gibt Wind, Regen, Schnee, Graupel und all die mannigfaltigen Auswirkungen einer ruhelosen Atmosphäre.

Im Wasser wird die Schwerkraft vom Auftrieb praktisch aufgehoben, so daß sich bis zu 150 Tonnen schwere Wale nahezu ungehindert in drei Dimensionen fortbewegen können. An Land übt die Schwerkraft dagegen eine beständige Anziehung aus; die Lebewesen müssen deshalb Gewebe (Holz oder Knochen) ausbilden, die sie gegen diese Anziehungskraft unterstützen, wenn sie nicht dazu verdammt sein wollen, sehr klein zu bleiben.

Auf dem trockenen Land müssen die Lebewesen Methoden entwickeln, um Wasser zu speichern und begrenzte Mengen davon zu verwenden, damit es nicht vergeudet wird, während im Meer beides kein Problem darstellt. Als Folge davon ist das Land auch heute noch, nach Hunderten Millionen von Jahren der Anpassung an die dortigen Lebensbedingungen, weniger reich an Leben als das Wasser.

Natürlich bietet das Land auch Vorteile. Da die Luft Bewegungen weit weniger als das Wasser hemmt, müssen Landtiere nicht stromlinienförmig sein. Sie können Fortsätze ausbilden, was seine höchste Entwicklung in der Hand und im Arm des Menschen findet. Darüber hinaus bedeutet das Vorkommen ungebundenen Sauerstoffs an Land die Verfügbarkeit von Feuer, was im Meer ausgeschlossen ist, und genau das hat dem Menschen die Entwicklung seiner Technologie erst ermöglicht. Den ebenfalls intelligenten, aber ans Meer gebundenen Delphinen bleibt dies verwehrt.

Wenn das Land aber eine derart feindliche Umgebung war, warum wurde es dann von Lebewesen erobert? Das geschah ganz bestimmt nicht, weil sie es »wollten«; sie mußten es vielmehr tun. Der Ozean war überreich an Leben, wobei das Prinzip des »Fressen-oder-Gefressenwerdens« galt. Die seichten Gebiete am Rande der Kontinente waren am reichsten an Leben (und sind es immer noch).

Dies bedeutete, daß jede Lebensform, die irgendwie an den Strand kriechen und bei Ebbe eine Zeit der Trockenheit überstehen konnte, weniger gefährdet war, von Räubern gefressen zu werden, von denen die meisten ständig im Wasser bleiben mußten. Mit der Zeit entwickelten sich jedoch Räuber, die ebenfalls eine Ebbe überdauern konnten, so daß fortwährend die Notwendigkeit bestand, sich an der Küste weiter hinaufzubewegen und immer länger ohne Wasser zu bleiben. Einige Lebensformen waren zum Schluß imstande, unbegrenzt lang an Land zu bleiben.

Gewöhnlich geht man davon aus, daß es sich bei den ersten Organismen, die das Land mehr oder weniger dauerhaft besiedelten, um sehr primitive Pflanzen handelte, die weder Wurzeln noch Blätter hatten, sondern nur aus einem gegabelten Stiel bestanden. Sie machten vor etwa 450 Millionen Jahren ihre schüchterne Aufwartung am äußersten Küstenstreifen.

Erst nachdem Pflanzen an Land gegangen waren, konnte tierisches Leben nachziehen, dem die Pflanzen als Nahrung dienten. Die ersten Tiere, die ihr Leben auf das Land verlagerten, scheinen einfache Gliederfüßer, spinnenartige Geschöpfe, gewesen zu sein. Bis vor kurzem ging man davon aus, daß sie vor 400 Millionen Jahren erstmals an Land auftauchten.

Doch Jeram und seine Gruppe untersuchten altes Felsgestein aus Ludlow in der englischen Grafschaft Shropshire. Sie behandelten die Steine mit Flußsäure, die Gestein auflösen und winzige Bruchstücke von Schalen zurücklassen kann. Wenn man diese sorgfältig zusammensetzt, ergeben sie die Körper und Beine kleiner, primitiver Spinnen und Hundertfüßer, die nur etwa einen Millimeter groß waren. Da das Gestein, in dem man sie fand, 414 Millionen Jahre alt war (was mit Hilfe der üblichen geologischen Methoden bestimmt wurde), waren diese Landlebewesen ebenso alt.

Die ersten Wirbeltiere (primitive Amphibien) erschienen jedoch erst 40 Millionen Jahre später an Land. Diese Amphibien waren auch die Vorfahren aller heutigen Amphibien, Reptilien, Vögel und Säugetiere – uns eingeschlossen. Unsere eigene Geschichte auf dem Festland reicht damit also etwa 370 Millionen Jahre zurück.

Das Ei an Land

Im Dezember 1989 berichtete T. R. Smithson vom Cambridge Regional College über den Fund eines versteinerten Reptils in Schottland, das etwa 338 Millionen Jahre alt sein dürfte. Das klingt vielleicht nicht übermäßig bedeutsam, denn die meisten von uns haben keine besonders hohe Meinung von Reptilien – Schlangen, Eidechsen, Schildkröten und Krokodile. Doch es wäre falsch, die Tiere einfach abzutun; sie sind nämlich außerordentlich wichtig. Um zu sehen warum, müssen wir die Zeit zurückdrehen.

Vor 450 Millionen Jahren war die Erde etwa vier Milliarden Jahre alt, und das Leben darauf existierte seit mindestens drei Milliarden Jahren. In all dieser Zeit hatte es ausschließlich im Wasser Leben gegeben; das trockene Land blieb unfruchtbar.

Doch vor 450 Millionen Jahren krochen die ersten Pflanzen an die Küste, und das Gezeitengebiet wurde langsam grün. Die frühesten Landpflanzen besaßen weder Wurzeln noch Blätter, aber der Evolutionsdruck brachte neben Stämmen auch sie hervor, so daß vor 400 Millionen Jahren die ersten Wälder die Erde bedeckten.

Warum dauerte es so lange, bis auch auf dem Land Leben entstand? Nun, das Land ist eine feindliche Umgebung mit einer starken Schwerkraft, extremen Temperaturen und der Gefahr des Austrocknens. Es dauerte Hunderte Millionen von Jahren, bis die Natur Hilfsmittel entwickelte, um diesen Schwierigkeiten zu begegnen. Fast 40 Millionen Jahre lang lebte das pflanzliche Leben isoliert; erst dann folgte die Tierwelt nach. Die Pflanzen boten einen reichen Vorrat an Nahrung; jedes Tier, das Möglichkeiten entwickeln konnte, das Leben an Land zu überstehen, konnte sich deshalb unbeschränkt vermehren.

Die ersten Tiere, die an Land auftauchten, waren primitive Spinnen, Skorpione, Schnecken, Würmer und schließlich Insekten. Diese Lebensformen waren alle klein. Sie mußten klein sein, damit die Schwerkraft sie nicht unbeweglich machte.

Für die Entwicklung *großer* Landtiere waren Glieder und Körper notwendig, die durch Knochen verstärkt wurden. Kurz gesagt: Man brauchte Wirbeltiere. Vor 400 Millionen Jahren gab es bereits Schwärme von Wirbeltieren, aber sie alle lebten im Wasser. Das waren die Fische, die bis zum heutigen Tage die Meere der Erde beherrschen.

Manche Fische hatten dünne Flossen, die sich in erster Linie zur Steuerung und Vorwärtsbewegung eigneten, aber andere besaßen kräftige, fleischige Flossen, die fast wie kleine Beine waren. Diese Fische mit den fleischigen

Flossen waren alles in allem nicht so erfolgreich wie gewöhnliche Fische, aber sie hatten einen Vorteil. Wenn sie in einem kleinen See lebten, der brackig wurde oder auszutrocknen drohte, konnten sie über Land zu einem anderen, größeren See stapfen.

Solche Fische entwickelten die Fähigkeit, immer länger an Land zu bleiben. Um dort atmen zu können, bildeten sie primitive Lungen aus. Sie waren damit die »Amphibien«, die vermutlich vor etwa 370 Millionen zum ersten Mal auftauchten. Sie waren die ersten Landtiere, von denen viele groß und furchterregend waren.

Doch Amphibien hatten einen bedeutsamen Nachteil. Sie mußten ihre Eier im Wasser ablegen, und solange sie heranwuchsen, blieben sie fischähnlich. Die heute am häufigsten vorkommenden Amphibien sind die Frösche. Bekanntlich entwickeln sich ihre Eier zunächst zu Kaulquappen, die erst nach und nach zu Fröschen werden. Insgesamt blieben die Amphibien also an das Wasser gebunden und waren keine echten Landtiere.

Dann kamen die Reptilien, die über eine neue Art von Ei verfügten; es enthielt eine komplexe Embryonalhülle, das »Amnion«. Das Ei besaß eine Schale, die zwar luftdurchlässig war, aber kein Wasser durchließ. Zudem hatte es einen Wasservorrat, der für die Entwicklung des Embryos ausreichte; die Abfallprodukte wurden innerhalb des Amnions abgelagert. Dieses »amniotische Ei« konnte vollständig an Land gelegt und ausgebrütet werden, weshalb die Reptilien auch die ersten echten Landwirbeltiere waren. Mehr als 250 Millionen Jahre beherrschten sie das Land und brachten dabei die gewaltigsten Lebewesen hervor, die je über die Erde stampften: die Dinosaurier.

Man muß sich vor Augen halten, daß Vögel nur modifizierte Reptilien sind. Sie sind warmblütig und haben Federn, aber sie legten Reptilieneier mit einem Amnion.

Säugetiere sind ebenfalls modifizierte Reptilien. Sie sind

Warmblüter und besitzen Haare, aber als sie vor etwa 200 Millionen Jahren erstmals auftauchten, legten sie Reptilieneier mit einem Amnion.

Während die Reptilien die Erde beherrschten, waren die Vögel und Säugetiere *nicht* erfolgreich. Sie waren kleine Geschöpfe, die nur deshalb überlebten, weil sie weitgehend unbemerkt blieben. Sie entsprachen unseren heutigen Spatzen und Mäusen und piepsten nur im Schatten der großen Reptilien herum. Wenn die Dinosaurier nicht vor 65 Millionen Jahren ausgelöscht worden wären (vermutlich durch einen Zusammenstoß mit einem Planetoiden), wären Vögel und Säugetiere vielleicht noch immer bedeutungslos.

Es war somit die Entwicklung zum amniotischen Ei, die alles andere – uns eingeschlossen – möglich gemacht hat. Wenn wir das älteste Reptil finden, haben wir es deshalb womöglich mit dem Lebewesen zu tun, das das Ei an Land erfand – und das ist von allergrößter Bedeutung.

Was uns Zähne verraten können

Die härtesten Teile des Wirbeltierkörpers sind die Zähne – logischerweise, denn sie haben ja schließlich auch eine schwierige Aufgabe. Wenn Lebewesen also versteinern, ist der knöcherne Kopf mit den Zähnen – oder manchmal nur die Zähne – garantiert derjenige Teil, der alle geologischen Veränderungen am besten übersteht. Es ist daher wichtig, ihnen möglichst viele Informationen zu entnehmen.

Zähne sind charakteristisch für Wirbeltiere; meiner Meinung nach kamen sie erstmals beim Hai vor. Zähne findet man bei den meisten, aber nicht bei allen Landwirbeltieren. Vögel beispielsweise haben keine Zähne, doch das war nicht immer so. Der ausgestorbene Urvogel Archäopteryx besaß eidechsenartige Zähne, die im Lauf der Evolution jedoch verlorengingen.

Vögel sind jetzt mit Schnäbeln ausgestattet, die für ihre Ernährungsweise viel besser geeignet sind. Sie haben eine höhere Körpertemperatur als wir, und um diese hohe Temperatur aufrechtzuerhalten, müssen sie dauernd fressen. Ihr Schnabel erlaubt es ihnen, Futter wie kleine Samenkörner oder Insekten geschickt aufzupicken. Auch Schildkröten sind zahnlos. Sie haben hornige Schnäbel, die bei weitem nicht so effizient sind wie die von Vögeln. Doch Schildkröten leben nicht nur lang, sondern auch langsam und haben Leistungsfähigkeit in dieser Hinsicht nicht nötig.

Die frühen Säugetiere hatten Zähne, die alle sehr ähnlich waren: eine Reihe primitiver Beißwerkzeuge. Im Laufe der Evolution entwickelten sich auch die Zähne und unterschieden sich in Größe und Funktion. Wir selbst besitzen sowohl Schneidezähne als auch Mahlzähne. Viele Tiere haben Reiß- oder Fangzähne, mit denen sie ihre Nahrung aufreißen und zerfetzen.

Mitunter entwickeln sich Zähne auch recht eigenartig. Elefanten und Walrösser haben Stoßzähne, während der Narwal einen langen, spiralförmig gedrehten Stoßzahn hat. Manche Schlangen besitzen Giftzähne, mit denen sie ein Gift verspritzen; ihr Biß kann leicht tödlich sein. Alles in allem dürften die menschlichen Zähne jedoch die nützlichsten sein.

Für Paläontologen wäre es von großem Wert, wenn man aus den Zähnen Informationen herausquetschen könnte. Auch wenn es nicht unbedingt vielversprechend aussieht, arbeiten Forscher derzeit mit großem Einsatz daran.

Gregory M. Erickson vom Museum of the Rockies in Bozeman (Montana) zählte die winzigen Wachstumslinien in Dinosaurierzähnen. Er verglich die Ergebnisse mit ähnlichen Untersuchungen der Zähne von Alligatoren, den engsten lebenden Verwandten der Dinosaurier. Dabei ging er davon aus, daß jede Wachstumslinie einen Tag im Leben der großen, ausgestorbenen Geschöpfe repräsentiert. Dies lieferte natürlich Informationen darüber, wie lange die Entwicklung der Dinosaurierzähne dauerte und, noch allgemeiner, wie lange der Dinosaurier lebte.

Die Untersuchung ist nicht ganz einfach durchzuführen. Das erste Problem besteht darin, an die Krokodilzähne heranzukommen. Die amerikanischen Krokodile werden nicht ihrer Zähne wegen geschlachtet; das wäre gewissenlos. Statt dessen nimmt man die Zähne von Alligatoren, die bereits wegen ihrer Häute getötet worden sind. (Auch davon bin ich ein erbitterter Gegner.) Anschließend färbt man sie entsprechend ein und untersucht das Ergebnis unter einem Rastermikroskop.

Die auf diese Weise gewonnene Information verrät, wie lange Zähne halten, bis sie abgestoßen und durch neue Zähne ersetzt werden. Die Zähne der pflanzenfressenden Dinosaurier, die an den harten Gräsern reißen mußten, überstanden nur zwei bis drei Monate. Die Zähne der fleischfressenden Dinosaurier, die im allgemeinen weichere Nahrung zu sich nahmen, hielten dagegen bis zu drei Jahren. Vergleichen Sie das einmal mit menschlichen Zähnen, die jahrzehntelang im Mund bleiben und ihre Arbeit verrichten können. Anders als Reptilien können Menschen die Zähne natürlich nicht ersetzen.

Auf jeden Fall ermöglicht das anhand der Zähne gewonnene Wissen eine Unterscheidung zwischen alten und jungen Dinosauriern und vermittelt uns so auch eine Vorstellung von der Geburtenrate. Außerdem hilft es, das zahlenmäßige Verhältnis zwischen Räubern und Beutetieren abzuschätzen. Das ist gar nicht so schlecht für Informationen aus einem alten, versteinerten Zahn, der gut und gern 100 Millionen Jahre alt sein dürfte.

Suzanne G. Strait von der Duke University in Durham (North Carolina) hat sich unter einem anderen Aspekt mit Zähnen befaßt und dabei vor allem mit den Zähnen kleiner

Säugetiere wie etwa Fledermäuse und Primaten gearbeitet. Sie untersuchte die Kratzer im Zahnschmelz und zeigte bei der Arbeit mit lebenden Tieren auf, daß harte Nahrung wie Käfer oder Knochen zu anderen Kratzern führt als weiche Nahrung.

Die so ermittelte Information wurde für die Untersuchung der versteinerten Zähne von Kleintieren herangezogen. Sie zeigte, daß eine Gruppe früher Primaten vor allem von harten Insekten lebte. Ein derartiges Wissen ist nützlich, wenn man die Entwicklung des Menschen nachzuzeichnen versucht.

Diese Beispiele belegen, wie vermeintlich abwegige Quellen dazu gebracht werden können, Informationen zu liefern, die auf anderem Wege vielleicht nicht zu erhalten sind.

Knöchernes Erbe

Da die Entstehung von Knochen mittlerweile um 40 Millionen Jahre früher angesetzt wird, ist nun eine Ehrung fällig. Sie könnten die Festlichkeiten mit einem Training beginnen, und zwar nicht nur, um eindrucksvolle Muskeln zu bilden, sondern auch um die Knochen zu stärken. Im Falle von Knochenschwund, beispielsweise bei Osteoporose, kann das Leben zur Qual werden. Sorgen Sie deshalb dafür, daß Ihre Knochen hart bleiben, und vergessen Sie nicht, daß das Motto der Natur nicht »nachgeben«, sondern »härter werden« lautet.

Das Leben begann weich und existierte zunächst nur im Meer. Wir wissen dies, weil einige weiche Körper, sogar einzellige Wesen, als Eindrücke in versteinertem Schlamm sichtbar geblieben sind. Die »Weichheit« des frühen Lebens war nicht total, denn ohne eine festere Grenze, die sie vom umgebenden Meer trennt, würde sich eine Zelle in ihrer wäßrigen Umgebung auflösen.

Die Zellen lösten das Problem durch den Aufbau von organischen Makromolekülen, die wiederum Membranen bildeten. Pflanzliche Zellen erzeugten aus langen Ketten von Glukosemolekülen Zellulose; tierische Zellen produzierten andere Makromoleküle, hauptsächlich Protein. Dank der Zellulose konnten die Pflanzen das Land erobern und so groß wie ein Mammutbaum werden.

Tiere verwendeten organische Makromoleküle auf vielerlei geniale Weise. Keratin ist ein Hauptbestandteil von Nägeln, Klauen und Hufen. Gliederfüßer umhüllen ihren Körper mit Chitin, einem Polysaccharid, das der Zellulose ähnelt. Dank des Schutzes durch Chitin eroberten Gliederfüßer zusammmen mit Pflanzen das Land, doch aufgrund der Begrenzung durch ein Außenskelett blieben sie relativ klein.

Zu Beginn des Kambriums vor 570 Millionen Jahren vollzog sich eine revolutionäre Entwicklung, als Tiere anfingen, anorganisches Material in ihren Körper einzubauen. Mitgliedern des Stammes der Weichtiere (Mollusken) gelang dies, indem sie von ihrer Körperoberfläche, dem Mantel, Schalen absonderten. Diese harte Oberfläche begrenzt normalerweise nicht nur die Größe, sondern auch die Beweglichkeit. Riesentintenfische können deshalb so groß sein, weil sich die Schale zu einem Hornkiel innerhalb des Mantels zurückgebildet hat.

Vor etwa 550 Millionen Jahren trat der Stamm der Chordaten (Chordatiere) seinen Siegeszug an (»Siegeszug« nach unserer Interpretation, da wir uns für die besten und klügsten Chordaten von allen halten). Am Rücken der Chordaten verlaufen ein hohler Nervenstrang sowie (zumindest im embryonalen Stadium) ein Rückenstrang aus Kollagen. Dieser Rückenstrang war der Vorläufer des bemerkenswerten Innenskeletts, das zum Charakteristikum höherer Chordaten wie etwa des Unterstamms der Wirbeltiere wurde.

Nicht alle Wirbeltiere besitzen ein Knochenskelett, aber alle haben eine Wirbelsäule, die das Rückenmark umschließt. Bis vor kurzem ging man davon aus, daß die frühesten Knochen, insbesondere in der Kopfregion, die Form von schützenden Knochenplatten hatten, und zwar zu einer Zeit, als die Wirbelsäule aus kollagenhaltigen Knorpeln bestand. Haie weisen noch immer ein knorpeliges Skelett auf, aber sie besitzen knöcherne Zähne und gelten als Abkömmlinge kleiner Urwirbeltiere mit Knochenplatten, die bei einigen Haiarten in Form von Stacheln am Rücken erhalten geblieben sind.

Anders als die Schalen der Weichtiere bestehen richtige Knochen aus lebendem Gewebe; 45% sind mineralischer Natur, 25% Wasser und 30% organisch. Die Membran um den Knochen wird als »Periost« oder »Knochenhaut« bezeichnet, die im Inneren als »Endost« oder »Markhaut«. Als »Osteozyten« bezeichnete Zellen bilden ein spitzenartiges Muster innerhalb der mineralischen Grundmasse, die von Haversschen Kanälen mit Blutgefäßen und Nerven durchzogen ist. Bei den meisten Säugern, darunter den Menschen, sind die mittleren Kanäle der langen Knochen innen mit blutbildendem Knochenmark angefüllt.

Nur mit starken Knochenskeletten war es den Wirbeltieren möglich, das Land zu erobern. Kein Hai hat es geschafft, sich vom Wasser zu lösen. Dank ihrer kräftigen Knochen konnten Landwirbeltiere die Größe von Dinosauriern oder Elefanten erreichen. Die Vögel können dank ihrer gewichtsparenden hohlen Knochen fliegen.

Wann und womit nahm der Knochen seinen Anfang? Jüngste Entdeckungen legen nahe, daß Knochen bereits vor 515 Millionen Jahren in kleinen Chordatieren mit weichen Knochen entstanden (die nach ihren »Kegelzähnen« als »Conodonten« bezeichnet wurden). Mit Hilfe des Rasterelektronenmikroskops und der Interferenzkontrastmikroskopie haben britische Wissenschaftler gezeigt, daß der Apparat zur Nahrungsaufnahme bei den Conodonten tatsächlich aus zellulären Knochen besteht.

Das Entscheidende ist, daß nur der Unterstamm der Wirbeltiere zelluläre Knochen besitzt. Damit sind die Conodonten vielleicht die ersten Wirbeltiere, 40 Millionen Jahre vor den bislang belegten versteinerten Knochen anderer Wirbeltiere. Die Conodonten widerlegen auch die Theorie, daß die ersten Knochen als Schutz dienten, denn der Besitz dieser Zähne weist sie als Räuber aus.

Die Menschen bringen ihre Umwelt an den Rand des Abgrunds und suchen nach einem neuen Lebensraum. Können wir – mit unserem knöchernen Erbe – in Siedlungen im Weltraum überleben? Professor Dennis Carter, Spezialist für Biomechanik an der Stanford University, hat mathematische Formeln für verschiedene Knochenarten aufgestellt. Innerhalb eines Computerprogramms helfen diese Formeln bei der Vorhersage, was Knochen in unterschiedlichen Umgebungen leisten.

Carter glaubt, daß die Knochenbildung mehr durch Umweltbelastungen als durch unsere Gene bestimmt wird. Ein entscheidender Faktor ist dabei die Schwerkraft.

Wenn wir Menschen nicht mehr auf der Erde leben wollen, müssen wir wahrscheinlich einen Planeten mindestens von der Größe des Mars nach dem Vorbild der Erde umgestalten und in einer Umlaufbahn Siedlungen errichten, die rotieren. Oder ein Raumschiff *Enterprise* mit künstlicher Schwerkraft erfinden!

Dinosaurier

Warum waren die Dinosaurier so groß? Sie waren die größten Landtiere aller Zeiten, einige zehnmal so schwer wie ein Elefant. Zwei Biologen, James Spotila von der Drexel University (Philadelphia) und Frank Paladino von der Purdue University (Lafayette, Indiana), haben eine Antwort auf diese Frage gesucht, indem sie Schildkröten beobachteten.

Schildkröten sind Reptilien und damit »kaltblütig«. Das bedeutet nicht, daß sie sich immer kalt anfühlen. Wenn sie draußen in der Sonne bleiben, erwärmen sie sich. Sinkt jedoch die Temperatur, so besitzen sie keinen biologischen Mechanismus, der sie warm halten könnte; sie kühlen deshalb ab. Vögel und Säugetiere verfügen über einen derartigen Mechanismus und werden daher als »warmblütig« bezeichnet; sie bleiben sogar bei kaltem Klima warm.

Je wärmer etwas ist, desto schneller können darin chemische Prozesse ablaufen. Ein warmes Tier ist geschmeidig und lebhaft, ein kaltes dagegen langsam und träge. Vögel und Säugetiere sind selbst noch bei kältestem Wetter aktiv, aber Reptilien und andere kaltblütige bzw. wechselwarme Landtiere bewegen sich immer langsamer, wenn es kälter wird, und wenn die Temperatur unter den Gefrierpunkt sinkt, drohen sie zu erfrieren.

Dennoch gibt es Hinweise darauf, daß viele Dinosaurier ein aktives Leben geführt und sich möglicherweise auch in kalten Klimazonen aufgehalten haben. Könnte es sein, daß Dinosaurier – oder wenigstens einige von ihnen – warmblütig waren? Einige Forscher glauben dies.

Auf der anderen Seite können wechselwarme Tiere selbst bei kaltem Wetter warm bleiben, wenn sie groß genug sind. Die Wärme der Tiere rührt von den chemischen Reaktionen her, die im lebenden Gewebe ablaufen. Je größer und schwerer ein Tier ist, desto mehr Wärme erzeugt es ganz automatisch. Diese Wärme wird durch die Oberfläche des Tieres an die Außenwelt abgegeben; je größer das Tier ist, desto mehr Fläche bietet es auch seiner Umwelt.

Die beiden Eigenschaften Gewicht und Oberfläche nehmen jedoch nicht im gleichen Maße wie die Größe eines

Tieres zu. Das Gewicht eines Tieres steigt mit der dritten Potenz seiner Größe, die Oberfläche dagegen erhöht sich nur in der zweiten Potenz. Wenn man also alle Maße eines bestimmten Tieres verdoppeln wollte, würde sich seine Oberfläche um den Faktor 2 x 2 bzw. viermal vergrößern, während sich sein Gewicht um den Faktor 2 x 2 x 2 bzw. achtmal erhöhen würde. Bei einer Verdreifachung seiner Maße würden seine Oberfläche um 3 x 3 bzw. neunmal und sein Gewicht um 3 x 3 x 3 bzw. 27mal wachsen.

Aus diesem Grund verliert ein großes Tier in einem bestimmten Zeitraum einen geringeren Anteil seiner Körperwärme als ein kleines Tier. Wenn ein wechselwarmes Tier groß genug ist, können die erzeugte Körperwärme und die Wärme des tagsüber aufgenommenen Sonnenlichts ausreichen, um das Tier in der Kälte der Nacht am Leben zu erhalten und selbst dann noch aktiv zu halten, wenn andere wechselwarme Tiere überwintern müssen und regungslos daliegen.

Ist dies das Geheimnis der Größe der Dinosaurier? Entwickelten sie sich zu Riesen, um warm und aktiv zu bleiben?

Leider kann man die Temperatur der Dinosaurier nicht messen, da sie alle ausgestorben sind. Aber wie verhält es sich heute mit den großen wechselwarmen Tieren? Die größten heute noch lebenden wechselwarmen Reptilien sind Leistenkrokodile und Lederschildkröten. Beide können bis zu einer Tonne schwer werden, während der Riesentintenfisch als größtes wirbelloses Tier bis zu zwei Tonnen wiegen kann. (Dies ist nur ein geringer Bruchteil des Gewichts der großen Dinosaurier, aber bessere Vergleichsobjekte haben wir nicht.) Von diesen drei Tieren läßt sich die Lederschildkröte am besten erforschen.

Lederschildkröten, die im kalten Meer schwimmen, scheinen eine Körpertemperatur zu haben, die bis zu 30 °C über der des Wassers liegt. Sind sie teilweise warmblütig? Wenn ja, dann muß die Geschwindigkeit, mit der sie Sauerstoff verbrauchen, höher sein als bei kleinen Reptilien, weil viel Sauerstoff notwendig ist, um die chemischen Reaktionen in Gang zu setzen, die ein Tier warm halten.

Spotila und Paladino untersuchten diese großen Schildkröten in Costa Rica, als sie zur Eiablage an Land kamen. Sie maßen den Sauerstoff und das Kohlendioxid im Atem der Schildkröten und stellten fest, daß sie schneller als andere große Reptilien Sauerstoff verbrauchten. Andererseits lief der Sauerstoffverbrauch nicht einmal halb so schnell wie bei einem warmblütigen Tier der gleichen Größe ab.

Die Schlußfolgerung lautet, daß die Lederschildkröte zwar eine Möglichkeit besitzen mag, um mehr Wärme zu erzeugen als erwartet, aber dies reicht nicht aus, um als warmblütig gelten zu können. Sie erhält ihre Temperatur nur durch ihre Größe aufrecht. Vielleicht waren die Dinosaurier dazu ebenfalls in der Lage.

Natürlich bringt die enorme Größe auch Nachteile mit sich. Große Tiere pflanzen sich langsamer fort und benötigen mehr Nahrung, weshalb sie nur in weit geringerer Zahl auftreten können als kleinere Tiere. Dies wiederum bedeutet, daß große Tiere eher verhungern oder sogar aussterben, wenn eine radikale Veränderung der Umwelt oder ein plötzlicher Nahrungsmangel eintritt.

Aus diesem Grund waren es auch die großen Tiere, die am meisten litten, als die Erde vor 65 Millionen Jahren mit einem Kometen kollidierte, der alle möglichen Katastrophen nach sich zog. Alle Dinosaurier und anderen Riesen jener Zeit wurden ausgelöscht, während die primitiven Vögel und Säugetiere überlebten, weil sie dank ihrer Warmblütigkeit klein und dennoch aktiv waren.

Die Arme des Ungeheuers

Man hat neue Hinweise zu der Frage erhalten, ob das schrecklichste Landraubtier der Erdgeschichte wirklich ein furchterregendes Ungeheuer war oder nur so aussah. Zu verdanken ist dies zwei Wissenschaftlern, Matt B. Smith von der Montana State University und Kenneth Carpenter vom Denver Museum of Natural History, die die Vorderfüße eines Allosaurus untersucht haben.

Die Allosaurier waren die größten und furchterregendsten aller fleischfressenden Dinosaurier. Das bekannteste Exemplar ist der *Tyrannosaurus rex* (lateinisch für »König der Herrenechsen« und allem Anschein nach ein passender Name). Der Tyrannosaurus war von der Nasen- bis zur Schwanzspitze 14 Meter lang. Er stand auf seinen Hinterfüßen, so daß sein Kopf fünfeinhalb Meter hoch aufragte. Damit war er so groß wie die größte Giraffe, aber viel schwerer. Er wog mindestens sieben Tonnen – so viel wie ein großer Afrikanischer Elefant. Das Furchterregendste an ihm waren sein gewaltiger, über einen Meter langer Kopf und das große Maul, dessen Zähne fast zwanzig Zentimeter lang und scharf wie Schlachtermesser waren.

Die meisten von uns haben in Walt Disneys klassischem Zeichentrickfilm *Fantasia* bereits einen imaginären Tyrannosaurus in Aktion gesehen: Ein Kampf zwischen einem Tyrannosaurus und einem Stegosaurus bildet den Höhepunkt des Teils, der von Igor Strawinskys *Sacre du printemps* untermalt wird. Man mußte kein Kind sein, um zu erschrecken, wenn der Tyrannosaurus zum ersten Mal auf der Leinwand erscheint und die Musik dazu anschwillt.

Der Tyrannosaurus war wie ein riesiges Känguruh gebaut, mit einem langen Schwanz und mächtigen Hinterbeinen. Natürlich war er zu schwer, um zu hüpfen, aber wahrscheinlich konnte er mit einer Schrittlänge von knapp vier

Metern laufen. Wie beim Känguruh waren die Vorderarme des Tyrannosaurus mit nur neunzig Zentimetern kurz und im Vergleich zur Gesamtgröße sehr klein. Nach der gängigen Vorstellung waren die Arme mehr oder weniger nutzlos und krümmten sich lediglich vor Wut, wenn der Tyrannosaurus mit seinen mächtigen Fangzähnen und den Klauen seiner gewaltigen Hinterbeine kämpfte.

Trotzdem glauben einige Paläontologen, daß das Fehlen nützlicher Vordergliedmaßen die Fähigkeit des Tyrannosaurus einschränkte, mit anderen großen Dinosauriern (wie dem Stegosaurus) fertigzuwerden, wenn diese um ihr Leben kämpften. Sie behaupten, der Tyrannosaurus sei trotz seiner äußeren Erscheinung ein Aasfresser gewesen; er habe sich entweder von den Resten der Beute anderer, geschickterer Räuber oder von der Beute unterlegener Räuber ernährt, die klein genug waren, um sie vertreiben zu können.

Man könnte sich fragen, warum ein Aasfresser derart furchterregende Kiefer und Zähne haben sollte, aber es gibt heute das Beispiel der Hyäne. Obwohl Hyänen extrem kräftige Kiefer haben, handelt es sich um Aasfresser. Sie können die dicksten und härtesten Knochen zerbeißen, setzen ihre Kiefer aber ungern gegen lebende Opfer ein. Sie streunen herum und warten darauf, daß andere Raubtiere die Vorarbeit erledigen. Waren Tyrannosaurier riesige Hyänen oder Riesenwölfe?

Smith und Carpenter untersuchten das 1988 ausgegrabene Skelett eines engen Verwandten des Tyrannosaurus. Sie analysierten sorgfältig den Knochenbau des Vorderarms und maßen die Breite eines Punkts auf einem der Knochen, an dem offensichtlich eine Sehne ansetzte, und die Entfernung zur Sehne des Bizepsmuskels.

Aus der Dicke der Sehne schlossen sie, daß der Bizeps so stark wie ein menschlicher Oberschenkel gewesen sein muß und der Arm ein Gewicht von nicht weniger als 193

Kilogramm heben konnte. Solche Arme sind ganz bestimmt nicht nutzlos.

Darüber hinaus besaß jeder Vorderarm zwei Klauen, die äußerst biegsam waren, was bei unnützen Armen nicht der Fall gewesen wäre. Die beiden Klauen zeigen sogar voneinander weg. Anstatt wie beim Menschen zueinander ausgerichtet zu sein, so daß sie zusammenkommen und greifen können, scheinen sie sich auseinanderzuspreizen.

Smith und Carpenter glauben, daß der Nutzen derartiger Klauen darin liegt, daß jede Klaue einen anderen Körperteil des Opfers durchbohren kann. Dies würde ausreichen, um es hilflos festzuhalten, während die Kiefer des Ungeheuers freie Bahn hätten, es zu zerreißen und zu töten.

Falls dies zutrifft, war der Tyrannosaurus in jeder Beziehung so grausam, wie er aussah. Es wäre daher zweifelhaft, ob irgendein anderes Tier dem entschlossenen Angriff eines Tyrannosaurus standhalten konnte. Sobald diese tödlichen Vorderklauen zupackten, war der Kampf so gut wie entschieden.

Einige Paläontologen kann die Entdeckung nicht überzeugen. Sie sind der Meinung, daß die Arme, so stark sie auch sein mögen, zu kurz sind, um in einem Kampf auf Leben und Tod viel ausrichten zu können. Sie würden sich trotzdem nur wild krümmen. Warum sind sie dann aber so kräftig und mit so guten Klauen ausgestattet?

Manche behaupten, wenn der Tyrannosaurus auf ein erlegtes Tier stieß, habe er seine Vordergliedmaßen dazu benutzt, den Kadaver festzuhalten, während er ihn mit den Zähnen zerfetzte – so daß er *doch* ein Aasfresser war. Die Sache ist also noch nicht geklärt.

Dinogangweise

Dinosaurier ist das griechische Wort für »schreckliche Echse«, aber trotzdem erfreuen sie sich überall größter Beliebtheit. Dinosaurier schmücken T-Shirts, verkaufen sich hervorragend als Spielzeug und sind die beliebtesten Ausstellungsstücke in Museen. In den USA hat eine Dinosaurierfamilie sogar ihre eigene Fernsehserie (als »Die Dinos« auch im deutschen Fernsehen), und dabei hat man seit 65 Millionen Jahren keinen einzigen lebenden Dinosaurier mehr gesehen. Richtige Drachen hat man noch nie zu Gesicht bekommen, aber sie sind ebenfalls populär. Vielleicht gibt es einen Zusammenhang zwischen unserer Vorstellung von Drachen und einer vagen Erinnerung an Dinosaurier, die sich tief in unser Säugetiergehirn eingegraben hat. Wie dem auch sei, die Erforschung der zwar ausgestorbenen, aber dennoch sehr realen Dinosaurier geht weiter.

Das Mesozoikum war ein aufsehenerregendes Zeitalter in der Erdgeschichte, das vor 190 Millionen Jahren mit der Trias einsetzte. Damals tauchten die Dinosaurier als Nachfahren primitiver, mit großen Wurzelzähnen ausgestatteter Reptilien auf, der »Thecodontia«, aus denen auch die Flugsaurier und Krokodile hervorgingen. Während der Jura- und der darauffolgenden Kreidezeit waren die Dinosaurier die unangefochtenen Beherrscher der Erde. Die Säugetiere im Mesozoikum waren kleine Insektenfresser, die versuchten, nicht unter diese gefährlichen Füße zu geraten.

Dinosaurier traten in allen Größen auf, wobei es zwei Hauptgruppen gab: die Ornithischier (»Vogelbecken-Saurier«) und die Saurischier (»Echsenbecken-Saurier«). Zahlreiche Dinosaurier waren viel dümmer als jedes heute lebende Krokodil, während andere intelligenter als jedes heute lebende Reptil waren; und wenn sie nicht ausgestorben wären, sondern die Chance erhalten hätten, sich weiterzuentwickeln, wären sie womöglich intelligenter geworden als wir.

Beide Gruppen von Dinosauriern hatten sowohl vierbeinige als auch zweibeinige Vertreter. Die Füße von großen Pflanzenfressern wie den Sauropoden waren elefantenartig, um das ungeheure Gewicht – von durchschnittlich zwischen 10 und 30, maximal aber bis zu 75 Tonnen – tragen zu können. Ihre Beine waren riesig und saßen an der Unterseite des Körpers, so daß sie wie Elefanten laufen konnten und nicht, wie man früher angenommen hatte, im Sumpfwasser waten mußten, um ihr Gewicht zu stützen.

Das American Museum of Natural History in New York besitzt ein neues Ausstellungsstück; es zeigt einen Sauropoden namens *Barosaurus*, der sich auf den Hinterbeinen aufrichtet, um seine Jungen vor einem räuberischen *Allosaurus* zu beschützen. Mit seinem langen Hals ist er so groß, daß ihm nur die runde Museumskuppel genug Platz bietet. Zweibeinige Dinosaurier reichten von hühnergroßen Geschöpfen bis zu riesigen Räubern wie dem *Tyrannosaurus rex*. Einer von ihnen, als *Dromiceiomimus* bezeichnet, sah ein wenig wie ein Strauß aus und konnte schneller als ein Pferd laufen. Die meisten zweibeinigen Dinosaurier besaßen dreizehige Füße, die stark an die von großen Vögeln erinnern, andere wiesen mehr Zehen auf, während einige, ähnlich wie die Urpferde, zusammengewachsene Zehen hatten (Dinosaurier schafften es nie, Hufe auszubilden). Früher hatte man die Hadrosaurier (Entenschnabel-Dinosaurier) für Zweibeiner gehalten, weil ihre Vorderbeine kürzer als ihre Hinterbeine waren, aber heute sind die Wissenschaftler der Ansicht, daß sie auf allen Vieren laufen konnten. Theorien über spezielle Gruppen von Dinosauriern müssen ständig revidiert werden.

Die vorherrschende Auffassung ist, daß sich Dinosaurier nicht apathisch langsam bewegt haben, sondern viele von ihnen gut laufen konnten. Wenn sie wollten, konnten sie bis zu den Grenzen ihrer Welt laufen, ehe der einzige Urkontinent Pangäa im späten Mesozoikum allmählich auseinanderbrach. Gute Lauffähigkeiten erfordern außerdem einen guten Kreislauf. Robert T. Bakker weist darauf hin, daß neue Daten zu bestimmten Dinosaurierschädeln die Theorie stützen, nach der Dinosaurier ähnlich wie Vögel Warmblüter waren. Die Schädel vogelartiger Dinosaurier und selbst des größten Landraubtiers aller Zeiten, des *T. rex*, wurden mit Computertomographen untersucht, die einen Nervengang wie bei Vögeln zum Vorschein brachten. Darüber hinaus besitzen die Schädel vogelartige Luftschlitze, die den Kopf leicht und kühl halten – was bei warmem Blut erforderlich ist.

Die Wirbeltierpaläontologin Emily Griffin untersuchte die Rückenmarkkanäle in der Wirbelsäule von Dinosauriern und kam zu dem Ergebnis, daß die meisten Dinosaurier in der Tat zu vielfältigen und überraschend schnellen Bewegungen fähig waren. Untersuchungen von Muskelspuren an der Wirbelsäule von Dinosauriern zeigen, daß Dinosaurier – darin den großen, schnellen Landtieren der Gegenwart vergleichbar – außergewöhnlich starke Muskeln zur Fortbewegung an Land hatten.

Zweibeinige Dinosaurier waren am schnellsten. Die meisten davon besaßen einen langen Schwanz, um beim Laufen das Gleichgewicht zu halten. Dies weiß man, weil von den Schwanzknochen seitlich Knochenstäbe weggehen, die den Schwanz steif hielten, wenn das Tier schnell lief. Einige langhalsige Dinosaurier (besonders kleine Fleischfresser) benutzten auch ihren ausgestreckten Hals dazu, um beim Laufen das Gleichgewicht zu bewahren. Ein interessanter Nebenaspekt zur Halswirbelsäule einiger Dinosaurier ist die Tatsache, daß diejenigen Dinosaurier, die man für Weidetiere hält, alle im Halsbereich eine S-förmig gebogene Wirbelsäule hatten, genau wie sie am Boden weidende Tiere heute noch besitzen. Darüber hinaus wuchsen die Dinosaurier ihren Knochen nach nicht so langsam wie Schildkröten und Krokodile, sondern so schnell wie Vögel.

In der Tat werden Vögel von vielen oft als gefiederte Dinosaurier betrachtet, die immer noch am Leben sind. Als ich neulich im Central Park auf einer Bank saß, fiel mir auf, daß Spatzen und Finken hüpfen, Stare und Tauben dagegen laufen. Wenn Vögel hüpfen, bewegt sich ihr Kopf nicht vor und zurück. Aber beobachten Sie einmal eine Taube. Sie kann gar nicht laufen, ohne mit dem Kopf zu wackeln, was meinem Genick schon beim Zuschauen weh tut. Offensichtlich kann man noch nicht mit Sicherheit wissen, ob bestimmte Dinosaurier hüpften oder gehende bzw. laufende Dinosaurier wie laufende Vögel mit dem Kopf wippten.

Ausgestorben – immer wieder

»Ausrottung« ist ein schreckliches Wort, wenn es nicht gerade Krankheitserreger, Küchenschaben oder Kobolde betrifft, die sich an Ihrem Computer zu schaffen machen. Bis zum Einsatz der Atombombe im Jahre 1945 wurde die Vernichtung der Menschheit im allgemeinen nur in Religionen in Betracht gezogen, doch wenige Jahre nach dem Beginn des Atomzeitalters hörte ich eine Vorlesung über Kernphysik. Die Stimme des Professors zitterte, als er über die Bombe und unsere ungewisse Zukunft sprach. Ich kam zu dem Schluß, daß es unsere eigene Schuld sein würde, wenn wir wie die Dinosaurier ausgelöscht würden. Seitdem ist mir bewußt geworden, daß es noch weitere Möglichkeiten gibt.

Mittlerweile ist bekannt, daß es viele Massensterben gegeben hat, von denen die meisten ziemlich rätselhaft sind. Allerdings nicht alle, denn bei einem Massensterben glaubt der Großteil der Wissenschaftler sicher zu wissen, was geschehen ist.

1980 erklärte Walter Alvarez, vor 65 Millionen Jahren habe ein außerirdischer Himmelskörper (Komet oder Meteor) die Erde getroffen und der Biosphäre einen solchen Schaden zugefügt, daß viele Arten ausstarben, darunter auch die Dinosaurier. Die Zeit vor 65 Millionen Jahren bezeichnet die »K-T-Grenze« zwischen der Kreidezeit und dem Tertiär. Die Wissenschaftler suchten deshalb jahrelang nach einem geeigneten Einschlagkrater, der das K-T-Aussterben erklären konnte. Vor zehn Jahren schien der 180 Kilometer durchmessende Chicxulub-Krater an (und unmittelbar vor) der Nordküste der Halbinsel Yucatan in Mexiko ein denkbarer Kandidat zu sein. Nun ist es endlich bewiesen.

Man hat eine chemische Ähnlichkeit zwischen dem damals geschmolzenen Gestein im Chicxulub-Krater und den »Glasperlen« (Mikrotektiten) festgestellt, die in Haiti und Nordostmexiko entdeckt wurden. Sowohl das Gestein als auch die Mikrotektiten sind das Ergebnis von etwas, das mit ungeheurer Wucht auf der Erde aufschlug. Das Alter des Kraters wurde mit Hilfe eines neuen geochronologischen Verfahrens genau bestimmt, nämlich mit der »Argon-Argon-Methode«, die vor kurzem selbst nochmals verbessert wurde. Der Krater und die Mikrotektiten haben dasselbe Alter: 65 Millionen Jahre.

Einige Geologen glauben, daß es vor 65 Millionen Jahren nicht nur einen Einschlag gab, sondern mindestens zwei: den bekannten, in seinem Alter bestimmten Chicxulub-Krater und einen weiteren in Iowa. Vielleicht war das, was die Erde traf, vor dem Aufprall zerbrochen.

Das K-T-Aussterben war in den vergangenen 200 Millionen Jahren das schlimmste, aber es hat mehrere andere gegeben, die für das Leben auf der Erde genauso verheerend und dazu weit rätselhafter waren.

Vor 500 Millionen Jahren, im Kambrium, verschwanden

viele der ersten hartschaligen Lebensformen – Ursache unbekannt. Vor 370 Millionen Jahren wurden im Devon dann die Trilobiten (Dreilappkrebse) dezimiert; 70 Prozent der übrigen im Meer lebenden Arten starben damals aus. Es könnte einen Zusammenhang zwischen dem Massensterben im Devon und Spuren von Einschlägen um diese Zeit geben, aber die Wissenschaftler sind sich nicht sicher; einige Forscher halten nämlich Vulkanausbrüche für die Ursache.

Das Massensterben im Perm vor etwa 250 Millionen Jahren war viel schlimmer als das K-T-Aussterben, denn es löschte neben komplexen Lebensgemeinschaften im Meer um den einzigen Urkontinent, Pangäa, herum auch viele Landlebewesen aus. Ein Großteil des Lebens wurde vernichtet, denn in der Folgezeit, in der unteren Trias, stößt man auf wenige Fossilien. Da es keine Hinweise auf einen dafür verantwortlichen Planetoideneinschlag gibt, vermuten die Wissenschaftler, daß das Aussterben durch ein Absinken des Sauerstoffgehalts bedingt gewesen sei, was immer dann eintritt, wenn organisches Material beim Fallen und erneuten Ansteigen des Meeresspiegels Sauerstoff ausgesetzt ist und sich mit diesem verbindet. Der Paläontologe Paul Wignall meint, wenn wir Menschen einen Treibhauseffekt und damit ein Ansteigen des Meeresspiegels herbeiführten, könnte dies zu einem niedrigeren Sauerstoffgehalt und damit zum Erstickungstod führen.

Nach dem Massensterben im Perm begann das Leben schließlich, sich wieder reichhaltig zu entwickeln, so daß in der oberen Trias viele Arten reif für ein weiteres Aussterben waren, das dann auch eintrat. Wie zertrümmerte Quarzkristalle nahelegen, die man in Italien gefunden hat, läßt sich vielleicht auch dieses auf einen Planetoideneinschlag zurückführen. Das Leben rappelte sich wieder hoch und entwickelte sich während der nächsten Perioden der Erdgeschichte sogar noch spektakulärer. Im Jura und in der

Kreidezeit streiften alle möglichen Dinosaurier über das Land, flogen durch die Luft und schwammen im Meer. Bis zur K-T-Grenze und jenem großen Planetoiden.

Auch wenn es seit der K-T-Grenze kein Massensterben mehr gegeben hat, wird die Erde ständig von kleinen Trümmern (teilweise sogar vom Menschen selbst produziert) getroffen. Der letzte große Einschlag ereignete sich 1908, als ein Himmelskörper (möglicherweise ein Komet) in der sibirischen Tunguska Bäume knickte. Wir haben alle schon »Sternschnuppen« beobachtet, Meteoriten, die in unserer Atmosphäre verglühen. Eines Tages könnte sich etwas Größeres und viel Gefährlicheres unserem Planeten nähern, so daß sich einige Menschen Gedanken machen, wie man ein Massensterben durch einen großen Einschlag verhindern kann. Die beste Möglichkeit wäre, sich um den Himmelskörper zu kümmern, bevor er der Erde überhaupt näherkommt. Die Entwicklung eines globalen Weltraumprogramms würde durchaus helfen.

Nicht alle großen Einschläge verliefen tödlich. Die organisch-chemischen Vorgänge (und letztlich das Leben) wurden möglicherweise durch einen »Impaktschock« unterstützt oder gar erst in Gang gesetzt, als die junge Erde mit Materie bombardiert wurde, die von der Entstehung des Sonnensystems übriggeblieben war. Vielleicht enthielt die Materie aus dem Weltraum, ähnlich wie die kohlenstoffhaltigen Meteoriten heute, auch organische Moleküle, die Bausteine des Lebens.

Seitdem das Leben begann, hat es sich trotz Massenvernichtungen hartnäckig gehalten. Wie sagen die Vertreter der Gaia-Hypothese: Selbst wenn die Menschheit ausstirbt, kann die Erde als lebendiger Planet überleben, was immer ihr außerirdische Himmelskörper oder menschliche Dummheit auch antun mögen.

Wale mit Beinen

Vor kurzem haben Paläontologen der University of Michigan und der Duke University unter der Leitung von Philip D. Gingerich die versteinerten Überreste eines alten Wals in der ägyptischen Wüste etwa 150 km südwestlich von Kairo entdeckt. Was hatte ein Wal in der Wüste verloren? Nun, vor 40 Millionen Jahren befand sich dort keine Wüste, sondern der Meeresarm eines Ozeans, der seitdem immer kleiner geworden ist und das Mittelmeer hinterlassen hat.

Das eigentlich Ungewöhnliche an dem versteinerten Wal war jedoch, daß er zwei kleine Hintergliedmaßen mit Knochen hatte, wie sie auch im menschlichen Bein vorhanden sind, darunter auch Knochen, die auf das Vorhandensein von drei Zehen an jedem Fuß schließen ließen.

Die Fossilien, die wir im Gestein finden, sind wie ein altes und unendlich wertvolles Buch, in dem jedoch leider die meisten Seiten fehlen. Hinzu kommt, daß manche der erhaltenen Seiten zu zerknittert oder verwischt sind, um ihren Inhalt klar erkennen zu können. Schließlich sind die versteinerten Zeugnisse eine halbe Milliarde Jahre alt und aufgrund von Gebirgsfaltung, Erosion, Erdbeben, Vulkanausbrüchen etc. stark beschädigt worden. Zu allem Überfluß sterben die meisten Lebewesen nicht unter Bedingungen, die eine Versteinerung begünstigen. Aus all diesen Gründen bleiben bei dem Versuch, aus den fossilen Zeugnissen schlau zu werden, viele Fragen offen.

Beispielsweise entwickelten sich an Land vor nicht weniger als 200 Millionen Jahren Säugetiere aus Reptilien. Seit dieser Zeit haben fast alle Säugetierarten an Land weitergelebt. Einige sind auf der Suche nach Nahrung zu einem Leben im Wasser zurückgekehrt, aber die meisten dieser Arten weisen eindeutige Indizien dafür auf, daß sie von Landsäugetieren abstammen.

Bei Ottern beispielsweise denkt man sofort an Flüsse, aber

sie unterscheiden sich nicht sehr von ihren Verwandten auf dem Land, den Wieseln, Frettchen und dergleichen. Seeotter sind dem Meer stärker angepaßt, aber auch bei ihnen haben sich die Ähnlichkeiten erhalten. Robben, Walrosse und Seekühe sind noch besser angepaßt, ja sogar so sehr, daß sie anstelle von landtauglichen Gliedmaßen Flossen haben. Während sie im Wasser also der Inbegriff von Eleganz sind, bewegen sie sich an Land doch recht unbeholfen. Ihre Flossen weisen trotzdem den gleichen Knochenbau auf wie die Beine von Landwirbeltieren.

Wale und Delphine (Waltiere oder lateinisch *Cetacea*) sind das eigentliche Rätsel, denn bei ihnen sind die Hinweise auf ihre Herkunft vom Land am schwächsten ausgeprägt. Es handelt sich dabei um Landsäugetiere, die vor 50 Millionen Jahren ins Meer zurückkehrten und jetzt am besten von allen Säugetieren an das Leben im Wasser angepaßt sind. Die Wale entwickelten eine stromlinienförmige, fischähnliche Gestalt, aber während sie Brustflossen besitzen, die einmal eindeutig Beine waren, fehlt von den Hinterbeinen fast jede Spur. Tief im Fleisch ihrer Hüftregion befinden sich kleine Überreste, die früher einmal Oberschenkelknochen gewesen sein müssen, aber das ist auch schon alles. Bis heute ist kein versteinerter Wal gefunden worden, der deutlichere Anzeichen für Hinterbeine aufgewiesen hätte.

Kann es sein, daß Wale keine Säugetiere sind? Nein, das ist ausgeschlossen. Sie bringen lebende Junge zur Welt, die sich mit Hilfe einer Gebärmutter im Mutterleib entwickeln und nach der Geburt mit Muttermilch gesäugt werden. Wale besitzen ein Zwerchfell; im embryonalen Zustand zeigen sie sogar Anzeichen von Behaarung. Sie haben alle Kennzeichen von Säugetieren; es ist also offensichtlich, daß ihre Vorfahren einmal an Land gelebt haben müssen.

Leider fehlen unter den Fossilien versteinerte Säugetiere, deren Merkmale die Aussage zuließen: Dies ist ein Säugetier, das auf dem Weg ist, sich zum Wal zu entwickeln. Genausowenig hatte man bislang ein versteinertes Säugetier gefunden, das eindeutig ein Wal ist, dabei aber mehr Anzeichen für eine Abstammung von Landsäugetieren zeigt als heutige Wale. Eine ärgerliche Lücke innerhalb der fossilen Zeugnisse!

Das neu entdeckte Fossil hat diese Lücke nun geschlossen. Bei dem sogenannten *Basilosaurus* handelt es sich um eine Art Urwal; er ist etwa 15 Meter lang, dünner und weniger massig als heutige Wale. Er hat einen relativ kleinen Schädel, einen kleinen Brustkorb und ein langes, gekrümmtes Rückgrat.

Der Basilosaurus ist etwa 40 Millionen Jahre alt und durchstreifte die Meere somit 10 Millionen Jahre nach der Entstehung der ersten Wale. Und obwohl bereits 10 Millionen Jahre vergangen waren, besaß er immer noch Hinterbeine. Kleine zwar, um genau zu sein, aber die Knochen sind vorhanden und nicht zu verwechseln. In ausgestrecktem Zustand wären sie insgesamt etwa 60 cm lang. Sie bestehen aus einem Oberschenkelknochen, einem Schien- und Wadenbein, Fußwurzelknochen und den Knochen von drei Zehen.

Das ist sehr kurz im Vergleich zur Größe des Basilosaurus selbst, so daß die Beine keinen großen Nutzen gehabt haben können. Offenbar waren sie dauernd angezogen und erfüllten an Land mit Sicherheit keinen Zweck. Auch beim Schwimmen waren sie nicht besonders hilfreich. Vielleicht halfen sie den Tieren, im seichten Wasser aus dem Schlamm zu krabbeln.

Manche Wissenschaftler sind der Ansicht, die Beine hätten in erster Linie dazu gedient, das Weibchen bei der Begattung festzuhalten. In diesem Fall waren sie möglicherweise nur für die männlichen Basilosaurier nützlich, während sie bei den Weibchen kleiner waren oder ganz fehlten. Es wäre deshalb interessant, weitere versteinerte Exemplare zu finden, um diese Möglichkeit zu untersuchen.

Tot wie ein Dodo

Mittlerweile wissen wir besser, wie der schon lange ausgestorbene Dodo ausgesehen hat, und zwar dank einem
Modell, das A. M. Kitchener vom Royal Museum of Scot-
land in Edinburgh präpariert hat. Der Vogel erscheint nun
schlanker und graziler, als er normalerweise dargestellt
wird. Um so bedauerlicher ist es, daß der Dodo nicht mehr
existiert.

Die Geschichte der Beziehung zwischen Mensch und Dodo
nahm 1510 ihren Anfang, als die im Indischen Ozean östlich
von Madagaskar gelegene Insel Mauritius von portugiesischen Seeleuten gesichtet wurde. Obwohl arabische Kauf-
leute die Insel kannten, war sie um diese Zeit noch unbesiedelt. Die Insel hat eine annähernd elliptische Form, 61 mal
47 Kilometer groß, und eine Fläche von etwa 2040 km².

Die Portugiesen ließen sie unbesiedelt, doch 1598 stießen
die Holländer auf die Insel und benannten sie nach dem
Regenten der Niederlande, dem Statthalter Moritz (Mau-
rits) von Oranien. Sie erhielt die lateinische Fassung seines
Namens und wurde zu Mauritius.

Der Versuch der Holländer, die Insel zu besiedeln, schlug
fehl; 1721 wurde sie von Frankreich übernommen. Der
Insel wegen wurde ein Krieg mit Großbritannien geführt,
aber bis zur Erlangung ihrer Unabhängigkeit im Jahre 1965
blieb sie mehr oder weniger französisch. Ihre Bevölkerung
zählt heute etwa eine Million Menschen, die überwiegend
indischer und afrikanischer Herkunft sind. Bei allem gebo-
tenen Respekt gegenüber der Bevölkerung von Mauritius
verdankt die Insel ihren Ruhm doch vor allem einem Vogel,
den es dort gar nicht mehr gibt.

Als erste berichteten die Portugiesen von dem Vogel, nachdem sie die Insel erkundet hatten. Der Vogel war groß,
größer als ein Truthahn, und wog etwa elf Kilogramm, die
auf stämmigen, gelben Beinen ruhten.

Er hatte gräuliche, an manchen Stellen weiße Federn und einen kleinen weißen Federbusch als Schwanz. Seine winzigen Flügel waren zum Fliegen nicht zu gebrauchen. Das Bemerkenswerteste an ihm war jedoch sein Kopf, der stolz einen in der Vogelwelt einzigartigen schwarzen Schnabel mit einer stark gekrümmten, rötlichen Spitze zur Schau trug. Dieser Vogel gehörte zur Familie der Tauben und wird auch häufig als große, flugunfähige Taube bezeichnet. Er kam nur auf Mauritius vor, wenngleich eine verwandte Art, der Einsiedler, auf den Nachbarinseln Réunion und Rodriguez heimisch war.

Der Vogel von Mauritius besaß keine besonderen Feinde und hatte deshalb nie Methoden zur Selbstverteidigung entwickelt. An die Erde gebunden und hilflos wie er war, erschien er seinen portugiesischen Entdeckern einfältig, und so tauften sie ihn »Dodo« (nach dem portugiesischen *doudo* für »Einfaltspinsel«).

Nach der Besiedlung von Mauritius wurde der Dodo von den Bewohnern nicht anders als von den Tieren, die in ihrem Gefolge nach Mauritius gekommen waren, skrupellos umgebracht. Damals war man nicht der Auffassung, seltene Arten sollten erhalten bleiben; es gab auch keine Zoologischen Gärten, die eine Handvoll Tiere retten konnten, wenn sie in der Natur ausgestorben waren. 1698 war schließlich der letzte Dodo tot, und mit ihm war ein wirklich prächtiges und ungewöhnliches Wesen für immer vom Erdboden verschwunden. Auch die verwandten Arten auf den Nachbarinseln waren ein paar Jahrzehnte später ausgelöscht.

Heute existiert der Dodo nur noch in der englischen Redewendung »dead as a dodo« (tot wie ein Dodo). Außerdem wird das Wort verwendet, um jemanden zu bezeichnen, der hoffnungslos rückständig ist und sich in einen verbohrten Konservatismus flüchtet. (Armer Dodo, daß er dafür herhalten muß!)

Das Aussehen des Dodo ist von Zeichnungen bekannt; darüber hinaus sind einige Skelette, ein Kopf und ein Paar Füße erhalten.

Wie er ausgesehen hat, wissen wir am besten durch seinen Auftritt als literarische Figur im dritten Kapitel von Lewis Carrolls *Alice im Wunderland*. Der berühmte Illustrator John Tenniel verewigte ihn in zwei seiner Zeichnungen, vor allem in jener, in der er Alice einen Fingerhut (ihren eigenen!) als Preis überreicht. In der Illustration wird der Dodo als korpulenter Vogel dargestellt, von dem man sich gut vorstellen kann, wie er ungelenk umherwatschelt. Sein Verhalten würde daher gut zu seinem Namen passen und erklären, warum er ausgestorben ist.

Kitchener zweifelt an der Richtigkeit dieser Vorstellung. Vielleicht beruht diese auf einigen gefangenen Vögeln, die überfüttert waren und ohne Bewegungsfreiheit gehalten wurden. Möglicherweise war sie auch von der gängigen Feststellung beeinflußt, daß er größer als ein Truthahn war, so daß man unwillkürlich an einen domestizierten, überfütterten Truthahn denkt. (Wer weiß! Wenn man Dodos gerettet hätte, gäbe es heute unter Umständen Dodofarmen und Dodofleisch, das vielleicht besser als Truthahnfleisch wäre.)

Kitchener griff statt dessen auf ältere Zeichnungen zurück, die schlankere Vögel zeigten. Sein Modell wirkt weit weniger unbeholfen und konnte wohl einigermaßen gut laufen. Schließlich braucht man auf das Unrecht der Ausrottung nicht noch den Vorwurf der Plumpheit zu setzen.

Als Beispiel für die Wechselbeziehung zwischen verschiedenen Arten läßt sich ein Baum auf Mauritius anführen, dessen Samen nicht keimen, wenn die Frucht nicht vorher den Verdauungstrakt des Dodo durchlaufen hat. Die Verdauungssäfte des Dodo ritzten den Samen an, und wenn er dann (zusammen mit Dünger) in den Boden eingebracht wurde, begann er zu sprießen. Alle Bäume dieser Art auf Mauritius sind nun mindestens dreihundert Jahre alt. Keine Schößlinge werden mehr treiben, und schließlich wird der Baum so tot sein wie – nun ja – ein Dodo.

Der erste Katalysator

Eine weitere Vorstellung, wie Leben entstanden sein könnte, basiert auf den unabhängig voneinander erstellten Arbeiten von Sidney Altman von der Yale University und Thomas R. Cech von der University of Colorado, die sich 1989 den Nobelpreis für Chemie teilten.

Der folgende Sachverhalt hat die Biochemiker im Hinblick auf die Entstehung des Lebens vor das größte Problem gestellt. In allen lebenden Zellen gibt es zwei wichtige Gruppen von Verbindungen. Da ist zunächst eine Nukleinsäure, die DNA, die leistungsfähig die gesamte Erbinformation speichert und riesige Mengen von Molekülen produziert, die wie sie selbst beschaffen sind, um die Information von einer Zelle an die andere und von den Eltern an die Nachkommen weiterzugeben. Die DNA befindet sich im Zellkern, aber sie leitet die genetische Information an eine andere Nukleinsäure weiter, die RNA. Die RNA kann den Zellkern verlassen und von dort aus die Produktion zahlreicher Proteinmoleküle überwachen.

Die vielen Eiweißmoleküle besitzen jeweils eine unverwechselbare Oberfläche, an der bestimmte chemische Reaktionen schnell ablaufen können, die normalerweise nur sehr langsam vor sich gehen würden. Die Proteine fungieren als »Enzyme« bzw. »Katalysatoren«; sie beschleunigen und steuern die chemischen Reaktionen, die es Zellen und Organismen ermöglichen, all die komplexen Umwandlungsprozesse durchzuführen, die sie lebendig machen.

Hier steckt nun das Problem. DNA-Moleküle können genetische Informationen erstaunlich gut speichern, aber nicht als Katalysator wirken. Proteinmoleküle sind zwar bemerkenswerte Katalysatoren, können aber keine genetische Information speichern – und eine lebende Zelle muß beides können.

Wie nahm dann das Leben seinen Anfang? Sind aus der zufälligen Wechselwirkung von Atomen und Molekülen einige DNA-Moleküle entstanden? In diesem Fall konnten solche Moleküle zwar genetische Informationen speichern und zusätzliche, mit ihnen identische Moleküle erzeugen, aber alleine konnten sie nichts zuwege bringen. Oder sind aus dem zufälligen Wechselspiel von Atomen und Molekülen Proteine entstanden? In diesem Fall konnten sie zwar Reaktionen katalysieren, aber nicht die Produktion von weiteren Molekülen wie sie selbst steuern und wären ausgestorben.

Sind DNA-Moleküle und Proteinmoleküle somit gleichzeitig durch eine zufällige Wechselwirkung entstanden? Das hieße vielleicht, ein Zusammentreffen zu vieler Zufälle zu bemühen. Wissenschaftler haben deshalb versucht herauszufinden, wie man mit DNA-Molekülen beginnt und aus ihnen Proteine entwickeln, oder wie man mit Proteinmolekülen beginnen und aus ihnen DNA-Moleküle entwickeln kann, aber bisher ist es nicht gelungen, ein plausibles Szenario der einen oder der anderen Art zu erstellen.

Wenn die DNA ihre Informationen an die RNA weitergibt, ist auch eine Menge sinnloser Sequenzen darin enthalten (der Grund für ihre Existenz ist nicht bekannt), und diese werden aus der RNA herausgeschnitten. Thomas Cech vermutete, daß die unsinnigen Sequenzen durch die Katalysatorwirkung bestimmter Proteine entfernt werden, denn nur Eiweiße galten als Katalysatoren.

1982 versuchte er, diejenigen Proteinkatalysatoren bzw. Enzyme zu isolieren, die die Sequenz zerschnitten. Nach und nach wurden alle Enzyme aus dem Gemisch entfernt, in dem die RNA von ihrem »Unsinn« befreit wurde – und die Reinigung ging immer weiter voran. Zum Schluß befand sich nichts mehr in der Lösung, aber die Unsinnssequenzen wurden trotzdem herausgeschnitten.

Die einzig denkbare Schlußfolgerung war, daß die RNA selbst katalytische Fähigkeiten hatte und sich reinigen konnte.

Dies war jedoch nur der erste Schritt. Bis dahin hatte man nur festgestellt, wie die RNA ausschließlich Wirkung auf sich selbst hatte. 1983 entdeckte Altman dann, daß eine andere Art der RNA, die als »Transfer-RNA« bezeichnet wird, ebenfalls vom Unsinn gereinigt werden mußte. Auch dies erfolgte durch die gewöhnliche RNA und nicht durch Proteine.

Die Arbeit wurde so gewissenhaft durchgeführt, daß sie von anderen Wissenschaftlern nahezu unverzüglich akzeptiert wurde. Die weitere Forschung zeigte, daß RNA-Moleküle eine große Vielfalt chemischer Umwandlungen katalysieren konnten; solche Moleküle sollten in der Folgezeit als eine Art Enzyme betrachtet werden. Da RNA für »Ribonukleinsäure« steht, werden die katalytischen RNA-Moleküle als »Ribozyme« bezeichnet. Cech und Altman teilten sich für diese Arbeit den Nobelpreis.

Sie sehen also: Es gibt eine Möglichkeit, sich den Beginn des Lebens in einer Weise vorzustellen, die die die uns in eine Sackgasse führende Alternative »DNA oder Protein« vermeidet.

Nehmen wir an, daß sich irgendwann während der ersten Milliarde Jahre des Bestehens der Erde RNA-Moleküle durch das zufällige Wechselspiel von Atomen und Molekülen bildeten, von der Energie von Sonnenlicht, Blitzen oder vulkanischer Tätigkeit gespeist. Die RNA-Moleküle konnten Erbinformation speichern und mehr Moleküle wie sie selbst produzieren. Darüber hinaus waren sie in der Lage, bei verschiedenen Reaktionen als Katalysator zu wirken, so daß eine Art von primitivem »RNA-Leben« entstand.

RNA-Moleküle sind jedoch nicht perfekt. Geringfügige chemische Veränderungen konnten dafür sorgen, daß sich einige RNA-Moleküle in DNA-Moleküle umwandelten. Diese hatten zwar keine katalytische Wirkung, konnten aber genetische Information viel besser als die RNA speichern. RNA-Moleküle konnten auch Proteine bilden, die zwar keine Erbinformation speicherten, dafür aber viel leistungsfähigere Katalysatoren als die RNA sind.

Als Folge davon entstand ein höher entwickeltes Leben, das sich aus DNA und Proteinen zusammensetzte und das primitive RNA-Leben verdrängte. Allerdings nicht ganz. RNA-Moleküle existieren auch noch in den heutigen Zellen und haben nach wie vor ihre Aufgaben zu erfüllen.

Das fünfte Reptil

1989 berichtete Susan F. Schafer vom Zoologischen Garten in San Diego über ein Tier, das in drei verschiedenen Arten vorzukommen schien. Wenn sich dies als richtig herausstellt, dürfte es für Zoologen von brennendem Interesse sein, denn das Tier gehört zu den ungewöhnlichsten der Welt.

Es handelt sich um ein Reptil, und vor 100 Millionen Jahren waren die Reptilien die beherrschende Lebensform an Land. Die riesigen, furchteinflößenden Dinosaurier, die großen Ichthyosaurier und Plesiosaurier des Meeres wie auch die fliegenden Pterosaurier waren ausnahmslos Reptilien. Sie alle verschwanden vor etwa 65 Millionen Jahren, wahrscheinlich als Folge einer Kollision zwischen der Erde und einem großen Planetoiden oder Kometen.

Primitive Vögel und Säugetiere überlebten jedoch zusammen mit einigen Reptilien. Die Reptilien, die die Katastrophe überstanden haben und heute noch existieren, umfassen vier »Ordnungen«, die jeder von uns kennt. Zum ersten gibt es die Schildkröten, die von allen am ältesten sind; sie entstanden bereits vor den Dinosauriern und sind immer noch am Leben. Zum zweiten gibt es die Alligatoren und Krokodile, die unter den Reptilien die engsten heute noch lebenden Verwandten der ausgestorbenen Dinosaurier darstellen. Drittens gibt es die verschiedenen Echsen und viertens die Schlangen; letztere sind die jüngsten und gleichzeitig die in der heutigen Welt erfolgreichsten Reptilien.

Aber halt, es gibt noch eine fünfte Reptilienordnung, von der außer den Experten kaum jemand gehört hat. Vor über 200 Millionen Jahren, als sich die Reptilien in die verschiedensten Spielarten entwickelten, gab es die Ordnung der *Rhynchocephalia* (abgeleitet von den griechischen Wörtern für »Schnabel« und »Köpfe«). Ihre Vertreter werden auch tatsächlich als »Schnabelköpfe« bezeichnet.

Die Schnabelköpfe entwickelten eine beachtliche Vielfalt von Arten, von denen einige sogar recht groß wurden, aber diese Ordnung war nicht erfolgreich. Schon als die Dinosaurier aufkamen und sich ausbreiteten, ging die Zahl der Schnabelköpfe zurück, so daß später nur noch eine Gattung übrigblieb, der *Sphenodon* (nach der griechischen Bezeichnung für »keilförmige Zähne«).

Die Tiere dieser Gattung hielten jedoch durch, und als die Katastrophe eintrat, der die Dinosaurier zum Opfer fielen, überlebte der Sphenodon irgendwie. Eine Art ist immer noch am Leben und in Neuseeland zu finden. Sie wird als *Tuatara* (nach dem Wort der Maori für »Stachelträger«) oder »Brückenechse« bezeichnet.

Die Brückenechse sieht wie eine große Eidechse aus, erreicht eine Länge von bis zu 60 Zentimetern und wird mitunter stolze 100 Jahre alt. Sie ist grau mit weißen und gelben Flecken. Aber auch wenn sie wie eine Eidechse aussieht, ist sie keine. Zum einen besitzt sie entlang ihrem Kopf- und Rückenkamm eine Reihe von stachelförmigen Hornschildern, die Eidechsen nicht haben. Außerdem hat sie anders als die Eidechsen eine dritte, durchsichtige Membran über den Augen. Auch ihre Knochen weisen bestimmte Merkmale auf, die man bei Echsen nicht findet.

Vielleicht das Faszinierendste an ihnen ist eine Öffnung oben am Schädel, unter der sich die Zirbeldrüse (ein Teil des Gehirns) befindet. Die Zirbeldrüse scheint einen ähnlichen Aufbau wie das Auge zu haben (bei den Tuataras wird sie manchmal als »Stirn-« oder »Scheitelauge« bezeichnet), und ist möglicherweise auch in gewissem Maße lichtempfindlich. Die Ähnlichkeit mit einem Auge ist besonders bei jungen Tuataras ausgeprägt, während bei erwachsenen Tieren die Kopfhaut pigmentiert ist und deshalb wenig Licht durchdringen kann. Das Stirnauge hilft dem Tier vielleicht, die Lichtstärke am Himmel besser zu bestimmen und so zwischen sonnigen und bewölkten Tagen oder zwischen Morgen, Mittag und Abend zu unterscheiden und sein Verhalten entsprechend zu steuern.

Früher lebten die Tuataras in ganz Neuseeland. Diese Inseln hatten sich schon so früh von anderen Landmassen getrennt, daß sich dort nie einheimische Landsäugetiere entwickelten und die Tuataras (wie auch die Riesenmoas und andere Vögel) in Frieden leben konnten. Als jedoch schließlich die Menschen mit ihren Haustieren kamen, schrumpfte die Zahl der Tuataras und der anderen einheimischen Tiere Neuseelands.

Heute sind nur noch wenige Tuataras am Leben, und die neuseeländische Regierung wacht mit großem Engagement darüber, daß diese Art erhalten bleibt. Auf der nur etwa vier Hektar großen North Brother Island gibt es etwa 500 Tuataras, auf Stanley Island und Red Mercury Island noch je 20 Exemplare. Frau Schafer besuchte die Inseln und entdeckte an den verschiedenen Orten genügend Unterschiede bei den Tieren, daß es den Anschein hat, als ob sie in drei eng verwandten Arten existieren.

Warum soll man sich nun darum bemühen, diese Tiere zu retten? Zum einen hängt man ein wenig an Tieren, die »lebende Fossilien« sind, schon vor den Dinosauriern vorhanden waren und bis heute überlebt haben. Bringen wir es übers Herz, sie einfach kaltblütig umzubringen?

Zum anderen müssen wir die Artenvielfalt erhalten. Das Funktionieren des gesamten Lebens ist auf die Wechselbeziehungen zwischen den Arten angewiesen. Jede Art, die verschwindet, reißt ein Loch in das Gefüge des Lebens und macht ein Überleben für alle anderen Arten weniger wahrscheinlich. Arterhaltung *muß* sein.

Täuschend echt

Zwei Biologen aus Florida, David B. Ritland und Lincoln P. Brower, haben die Gültigkeit des biologischen Phänomens der Batesschen Mimikry entkräftet.

Die Theorie stammt von Henry Walter Bates, dem Sohn eines Strumpfwarenfabrikanten, dem keine große Bildung vergönnt war, bevor er im Strumpfwarengeschäft seiner Arbeit nachging. Obwohl sein Arbeitstag 13 Stunden dauerte, schaffte er es noch, in die Abendschule zu gehen. Die Entomologie, das Studium der Insekten, wurde zu seinem Hobby und blieb es.

1844 freundete sich Bates mit Alfred Russel Wallace an (der zusammen mit Charles Darwin später die Theorie der Evolution durch natürliche Auslese aufstellte). Bates interessierte Wallace für die Entomologie, und Wallace schlug eine Reise in tropische Regenwälder vor, wo sie Exemplare sammeln und etwas über die Entstehung der Arten in Erfahrung bringen könnten.

Zu diesem mutigen Unterfangen gingen die beiden Freunde 1848 an der Mündung des Amazonas in Brasilien an Land. Wallace kehrte 1852 zurück, aber Bates blieb insgesamt elf Jahre dort, die meiste Zeit an den praktisch unbekannten oberen Flußabschnitten. Er sammelte mehr als 14 000 Tierarten, vor allem Insekten, von denen über 8000 bis dahin in Europa unbekannt waren.

Bald nach seiner Rückkehr wurde Darwins Buch *Über die Entstehung der Arten* veröffentlicht, das Bates von ganzem Herzen begrüßte. In der Tat lieferte Bates mit seiner Sammlung vom Amazonas viele Informationen über die Mimikry von Insekten, die in hohem Maße die Darwinschen Ideen unterstützten.

Man darf nicht glauben, daß eine Insektenart absichtlich das Aussehen einer anderen nachahmt; Imitationen können jedoch, wie man leicht erkennt, durch zufällig auftretende Abwandlungen entstehen. Wenn die nachgeahmte Art irgendwie schädlich ist oder widerlich schmeckt, so daß Räuber sie meiden, wirkt sich die Imitation für das nachahmende Insekt günstig aus. Der Nachahmer wird ebenfalls gemieden, und diejenigen, die dem unbekömmlichen Insekt am meisten ähneln, sind am wenigsten in Gefahr, gefressen zu werden. Daraus folgt, daß von Generation zu Generation am ehesten diejenigen überleben, die das nachteilige Insekt am erfolgreichsten imitieren.

Dies paßt genau zu den Darwinschen Vorstellungen und wird als »Batessche Mimikry« bezeichnet.

Als das beste Beispiel von Batesscher Mimikry galt die Ähnlichkeit von Monarchfalter und einem bestimmten Nymphaliden (Fleckenfalter). In seiner Larvenform frißt der Monarchfalter Wolfsmilch, was seinem Gewebe einen abscheulichen Geschmack verleiht, den kein Vogel ein zweites Mal kosten will. Ein junger Vogel, der noch nie auf einen Monarchfalter gestoßen ist, mag nach ihm schnappen, weil er ihn für einen gut erreichbaren Leckerbissen hält, aber ein Biß genügt. Dem Vogel wird übel, er fliegt davon und wagt sich nie wieder an einen Monarchfalter.

(Der Monarchfalter hat eine schöne, sehr auffällige Flügel-
zeichnung und ist daher leicht zu erkennen.)
1990 schrieb ich einen Aufsatz über den Monarchfalter;
darin behauptete ich:

> Tatsächlich gibt es einen weiteren Schmetterling, ei-
> nen Fleckenfalter, der etwas kleiner als der Monarch-
> falter ist, aber dank der blinden Kräfte der Evolution,
> nach denen diejenigen, die dem Monarchfalter am
> ähnlichsten sehen, am ehesten das fortpflanzungs-
> fähige Alter erreichen können, ganz ähnlich gefärbt
> ist. Der Fleckenfalter ist vollkommen genießbar, aber
> kein Vogel, der je versucht hat, einen Monarchfalter
> zu fressen, wird sich in die Nähe eines Fleckenfalters
> wagen. Ein solches Risiko einzugehen ist nutzlos.

Hier irrte ich. Aber ich fühle mich deshalb nicht beschämt,
denn offenkundig lag die gesamte Wissenschaft falsch.
Jeder war so überzeugt davon, daß es sich im Falle des
Fleckenfalters um eine Batessche Mimikry handelt, daß
niemand die Sache überprüfte. Bis auf die beiden Biologen
aus Florida, die drei verschiedene Schmetterlingsarten untersuchten, den Monarchfalter, die Königslibelle und den
Fleckenfalter, und ihre Flügel entfernten, so daß die Vögel
sie nicht nach dem Aussehen identifizieren und ihnen aus
dem Weg gehen konnten. Die plumpen, nackten Rümpfe
wurden dann an ahnungslose Sumpfhordenvögel verfüt-
tert, die begierig nach ihnen schnappten und anschließend
eine Phase starker Abscheu durchliefen.
Es stellte sich heraus, daß der Monarchfalter, die Königslibelle und der Fleckenfalter alle unbekömmlich waren.
Alle schmeckten fürchterlich. Es war somit kein Fall von
Batesscher Mimikry, und sofort vermuteten die Biologen,
daß eine solche Mimikry seltener vorkam, als man angenommen hatte.

Doch warum imitierte ein Schmetterling einen anderen dann so genau, wenn er nicht versuchte, unter den Schutz eines abstoßenden Geschmacks zu flüchten? Man geht heute davon aus, daß alle drei abscheulich schmeckenden Schmetterlingsarten davon profitieren, wenn sie sich gegenseitig nachahmen. Die Vögel erkennen das Flügelmuster und bleiben allen drei Arten fern. Ein junger Vogel, der nach einem der drei Schmetterlinge schnappt, wird anschließend alle drei meiden.

Schließlich könnte er ja auch als ersten einen Fleckenfalter aufpicken, und falls dieser gut schmeckte, würde er einen Monarchfalter fressen, wenn er auf einen stieß. Schlecht zu schmecken ist für alle drei von Vorteil.

Ameisen – und das Tierreich

Die Bibel betrachtet Ameisen als ein Beispiel für Fleiß und Weitblick, weil sie ständig arbeiten und Nahrung für den Winter beiseite schaffen. Es heißt dort: »Geh zur Ameise, du Fauler, betrachte ihr Verhalten, und werde weise!« (Sprüche 6,6). Die bekannte Fabel von der Ameise und der Grille beleuchtet ebenfalls den Gegensatz zwischen dem Fleiß der Ameise und der Genußsucht der Grille.

Auch die Naturwissenschaft schenkt der Ameise Beachtung. Kürzlich fand sogar ein »Erstes Internationales Symposium über die Interaktion zwischen Ameisen und Pflanzen« statt. Auch wenn wir die verblüffende Komplexität der Beziehung zwischen Ameisen und den Pflanzen, die jene fressen und nutzen, nicht im Detail untersuchen, können wir uns einige erstaunliche Erkenntnisse näher ansehen.

Die Gesamtheit der Lebensformen wird in etwa dreißig große »Stämme« eingeteilt. Ich spreche von *etwa* dreißig, weil sich die Biologen über die Details solcher Klassifizierungen nicht ganz einig sind.

Der uns vertrauteste Stamm ist natürlich derjenige, dem wir selbst angehören, der Stamm der Chordatiere oder Chordaten. Zu den Chordaten gehören alle Tiere mit Innenskelett, die sich im Grundbauplan ähneln. Sie umfassen alle Säugetiere, Vögel, Reptilien, Amphibien und Fische. Menschen, Spatzen, Schlangen, Frösche und Makrelen sind ausnahmslos Chordaten.

Für die meisten von uns mögen alle anderen Stämme nebensächlich sein. Sie umfassen Lebewesen wie etwa Käfer, Würmer, Pflanzen und Mikroben. Wenn wir uns vorstellen, welche Geschöpfe Noah mit der Arche gerettet hat, denken wir nicht unbedingt an sie. Illustrationen, auf denen die Tiere paarweise in die Arche marschieren, zeigen dem Betrachter fast ausschließlich Chordaten.

Bei genauerem Nachdenken sind natürlich auch Käfer und Würmer wichtig – aber in welchem Maße? Nun, es gibt einen Tierstamm, die Arthropoden oder Gliederfüßer, zu denen Krebse und Hummer, Milben und Spinnen, Hundert- und Tausendfüßer sowie Insekten gehören. Jeder, der die verschiedenen Tierstämme untersucht, müßte zugeben, daß die Gliederfüßer mindestens so wichtig sind wie die Chordaten. Und in einer Hinsicht sind die Arthropoden sogar weit bemerkenswerter.

Jeder Stamm ist in eine Vielzahl von Arten unterteilt, die sich nicht untereinander fortpflanzen können. Beispielsweise sind auch die Menschen eine Spezies der Chordaten, die sich mit keiner anderen Chordatenart paaren kann. Insgesamt gibt es Zehntausende verschiedener Chordaten.

Es mag also den Anschein haben, als seien die Chordaten ein Stamm mit einem großem Artenreichtum, aber sie verblassen im Vergleich mit den Gliederfüßern. Es gibt mindestens eine Million verschiedener Arten von Arthropoden, weit mehr als die Zahl aller anderen Arten von Lebewesen zusammen. Tatsächlich sind bei weitem noch nicht alle Tierarten auf der Erde erforscht und beschrieben worden;

dabei gehen die meisten Biologen davon aus, daß die unentdeckten Arten fast ausschließlich zu den Arthropoden gehören. Derzeit dürfte es auf der Erde nicht weniger als 10 Millionen Arten von Gliederfüßern geben.

Von den verschiedenen Gliederfüßerarten gehört die große Mehrheit zu den Insekten, und unter den Insekten sind wiederum die Käfer am häufigsten. Es gibt 700 000 bekannte Käferarten, und wer weiß, wie viele noch entdeckt werden.

Warum sind es so viele Insekten? Sie sind kleine Lebewesen, die jedes Jahr und in großer Zahl eine neue Generation hervorbringen. Riesige Mengen von Einzelwesen und Generationen bedeuten, daß der Evolutionsprozeß im Vergleich zur langsamen Vermehrung der Chordaten ungeheuer schnell verläuft.

Ständig entstehen neue Spielarten von Gliederfüßern; ein außerirdischer Beobachter, der die Erde studiert, könnte deshalb zu dem Schluß kommen, daß Käfer – zumindest im Hinblick auf ihre Zahl und Vielfalt – die wichtigsten Erdbewohner seien.

Die Käfer gehören jedoch zu den größeren Insekten. Was ist mit den kleineren? Was ist vor allem mit den winzigen Ameisen? Die Gruppe der Ameisen ist weit weniger vielfältig als die der Käfer. Es gibt nur 15 000 bekannte Ameisenarten, und auch wenn vielleicht noch viele weitere Ameisenarten auf ihre Entdeckung warten, kommen sie hinsichtlich ihrer Vielfalt doch nie an die Käfer heran. (Die Gesamtzahl der Säugetierarten, der warmblütigen, behaarten Chordaten, uns eingeschlossen, beläuft sich jedoch nur auf 4237; daran läßt sich ablesen, wie vielfältig die Ameisen im Vergleich zu den Säugetieren sind.)

Doch betrachten wir einmal nicht die Anzahl der Arten, sondern der einzelnen Lebewesen. Wissenschaftler haben kleine Waldgebiete untersucht und darin jedes Insekt gezählt. Ameisen machen danach etwa 70% aller einzelnen

Insekten aus, während nur 10% der einzelnen Insekten Käfer sind. Anders ausgedrückt: Wenn man sich eine riesige Waage vorstellt, in dessen eine Schale man alle Ameisen und in dessen andere Schale man alle anderen Tiere legt, würden sich beide gegenseitig ausgleichen. Das Gewicht der Ameisen entspricht dem Gewicht aller anderen Insekten zusammen.

Wir können uns sogar etwas weit Spektaluläreres vorstellen. Denken Sie sich noch einmal diese große Waage. In eine Schale haben Sie all die unzähligen Billionen von Ameisen geschaufelt. In die andere Schale setzen Sie alle anderen Tiere mit Ausnahme der Insekten. Hinein kommen alle 5 Milliarden Menschen, alle Elefanten, Nilpferde, Rinder, Pferde, Ratten und Mäuse, Strauße und Adler, Schlangen, Thunfische, Würmer, Hummer, und so weiter und so fort. Zwecklos. Sie können auch alle zusammen die Ameisen nicht aufwiegen.

Das Schnabeltier

Im Jahre 1800 kam aus dem neu entdeckten Kontinent Australien ein ausgestopftes Tier in England an. Auf diesem Kontinent hatte man zwar schon zuvor bis dahin unbekannte Pflanzen und Tiere entdeckt, aber dieses Exemplar war nun wahrhaft bizarr. Es war beinahe 60 Zentimeter lang und hatte ein dichtes Haarkleid. Darüber hinaus besaß es einen flachen, gummiartigen Schnabel, Füße mit Schwimmhäuten, einen breiten, flachen Schwanz und an jeder Ferse einen Sporn, der eindeutig zur Absonderung von Gift diente. Zu allem Überfluß gab es unter dem Schwanz nur eine einzige Öffnung.

Die Zoologen explodierten vor Wut. Das war ein dummer Scherz und überhaupt nicht komisch. Irgendein Witzbold in Australien mußte Körperteile von ganz verschiedenen

Tieren zusammengenäht haben, um unschuldige Wissenschaftler zum Narren zu halten. Es gab jedoch keinerlei Anzeichen für ein künstliches Zusammenfügen. Nach Jahrzehnten räumten die Zoologen allmählich ein, daß ein neues Lebewesen entdeckt worden war. Sein wissenschaftlicher Name lautet *Ornithorhynchus paradoxical* (Vogelschnabel paradox). In der breiten Öffentlichkeit jedoch wurde daraus das Schnabeltier.

Es schien auch wirklich ein Säugetier zu sein. Allein schon das Fell reichte aus, denn nur Säugetiere haben Haare. Gleichzeitig legte es offenbar Eier; die entsprechende Körpervorrichtung ähnelte stark der bei den Reptilien.

Aber erst 1884 hat man tatsächlich Eier gefunden, die ein behaartes Tier gelegt hatte. (Zu dieser Gruppe gehörte mit dem Ameisenigel ein weiteres Tier, das in Australien und Neuguinea beheimatet war.) Solche eierlegenden Säuger wurden als »Kloakentiere« bezeichnet.

Doch erst im 20. Jahrhundert erfuhr man mehr über das Leben des Schnabeltiers. Es ist ein Wassertier, das im Süßwasser lebt. Der Schnabel des Schnabeltiers hat in Wirklichkeit nichts mit einem Entenschnabel gemein. Die Nasenlöcher sitzen an einer anderen Stelle; außerdem ist er ein gummiartiges Gebilde und kein hornartiges wie bei einer Ente.

Das Schnabeltier lebt stets in Gewässern mit schlammigem Grund, den es nach Nahrung durchsucht. Es kann auch schwache elektrische Ströme wahrnehmen, die es auf der Suche nach Beute leiten.

Wenn für das weibliche Schnabeltier die Zeit für den Nachwuchs kommt, legt es eigens dafür einen Bau an, den es mit Gras auskleidet und sorgfältig verstopft. Dann legt es Eier mit knapp zwei Zentimeter Durchmesser, die von einer durchscheinenden, hornigen Schale umgeben sind. Die Eier schiebt das Muttertier zwischen Schwanz und Unterleib und rollt sich darüber zusammen.

Bis die Jungen ausschlüpfen, dauert es zwei Wochen. Die neugeborenen Schnabeltiere haben Zähne und sehr kurze Schnäbel und werden mit Milch gesäugt. Das Muttertier besitzt zwar keine Warzen, aber die Milch sickert durch Poren im Unterleib. Die Jungen lecken an diesen Poren und werden so ernährt. Wenn sie wachsen, werden die Schnäbel größer, und die Zähne fallen aus.

Bei allem, was die Zoologen über das Schnabeltier herausfanden, blieb immer noch die Frage offen, ob es sich um Säugetiere mit den Merkmalen von Reptilien oder um Reptilien mit den Merkmalen von Säugetieren handelte. Wenn sich dies anhand der lebenden Tiere nicht beantworten läßt, wie steht es dann mit der Vergangenheit? Versteinerungen gibt es von verschiedenen Tieren, aber diese Fossilien bestehen vor allem aus Knochen und Zähnen. Läßt sich daraus etwas ableiten?

Nun, alle lebenden Reptilien haben nach außen abgespreizte Beine, so daß der obere Teil vom Knie an aufwärts horizontal steht. Alle Säugetiere haben dagegen Beine, die durchgängig senkrecht gehalten sind. Reptilien besitzen überdies zumeist Zähne, die alle gleich aussehen, während die Zähne von Säugetieren differenziert sind, mit scharfen Schneidezähnen vorne, flachen Mahlzähnen hinten und konisch geformten Eckzähnen dazwischen.

Nun gibt es mit dem »Therapsiden« ein Fossil, das vertikale Beine und differenzierte Zähne besitzt, aber aufgrund anderer Unterschiede betrachtet man es eindeutig als Reptil. Bei allen lebenden Säugetieren besteht der Unterkiefer aus einem einzigen Knochen; der Unterkiefer von Reptilien weist dagegen mehrere Knochen auf. Der Unterkiefer der Therapsiden besteht aus sieben Knochen, von denen einer allerdings sehr groß ist. Die anderen sechs sind klein und befinden sich dicht gedrängt im hinteren Teil des Kiefers. Säugetiere besitzen auch einen Gaumen, über den sie die eingeatmete Luft in die Lunge saugen. Dies bedeutet, daß

das Atmen nur eine oder zwei Sekunden lang beim Schluk-
ken unterbrochen wird. Reptilien verfügen über keinen
solchen Gaumen, weil sie als wechselwarme Tiere keine
ständige Sauerstoffzufuhr brauchen. Einige der späteren
Therapsiden haben einen Gaumen, was auf Warmblütigkeit hinweist, und vielleicht sogar einen Pelz. Sie hatten
schon ein gutes Stück auf dem Weg zum Säugetier zurück-
gelegt, sind aber alle ausgestorben. Die einzigen lebenden
Therapsiden sind diejenigen, die alle Eigenschaften von
Säugetieren vollständig ausgebildet haben und deshalb
Säugetiere sind.

Doch da haben wir immer noch das Schnabeltier und den
Ameisenigel. Giles T. MacIntyre vom Queens College (New
York) untersuchte den Trigeminus oder Drillingsnerv. Bei
allen Säugetieren verläuft dieser Nerv durch einen Schä-
delknochen. Bei den Reptilien liegt er zwischen zwei Knochen. Bei einem jungen Schnabeltier, dessen Schädelkno-
chen nicht zusammengewachsen sind, verläuft der Trigeminus zwischen Knochen. MacIntyre betrachtet das
Schnabeltier aus diesem Grund als Reptil, doch die Auseinandersetzung hält an.

Das wahre Einhorn

Gunter Nobis, der ehemalige Direktor des Museums Alex-
ander König in Bonn, hat die Knochen untersucht, die man
in den Ruinen des antiken Palastes von Knossos auf Kreta
gefunden hatte. Die Ruinen wurden 1894 erstmals erforscht. Nobis gelangte zu einigen interessanten Schlußfolgerungen.

Der Palast von Knossos war ein unglaublich verzweigtes
System von Räumen und wird daher oft für das »Labyrinth« gehalten, das laut der griechischen Mythologie von
dem sagenhaften Erfinder Dädalus für König Minos von

Kreta erbaut wurde. Pasiphae, die Gemahlin von Minos, soll sich in einen heiligen Stier verliebt haben, und aus dieser Verirrung ging ein Ungeheuer hervor, das den Körper eines Menschen und den Kopf eines Stiers hatte: der Minotaurus. Das Labyrinth wurde als Versteck für den Minotaurus errichtet, der sich von den Feinden des Königs ernährte, bis ihn Theseus von Athen erschlug.

Die Wahrheit hinter dieser dramatischen Sage ist, daß die alten Kreter tatsächlich Stiere verehrten. Dies ist nicht überraschend, weil der Stier ein naheliegendes Symbol für Fruchtbarkeit ist und die Fruchtbarkeit in den Kulturen des Altertums irgendwie gefördert werden mußte. Auf diese Weise wollte man sicherstellen, daß sich die Herden vermehrten, die Getreideernten reichlich ausfielen und auch die Bevölkerung selbst zunahm. Man glaubte also, all dies durch die Verehrung von Stieren mit den entsprechenden Ritualen erreichen zu können.

Aus diesem Grund formten die Israeliten in der Wüste das »goldene Kalb« (in Wirklichkeit einen jungen Stier), um es anzubeten. Der Jerobeam von Israel stellte zwei goldene Jungstiere für seine Untertanen auf, damit sie diese verehrten. Vermutlich beteten auch die Kreter Stiere an. Sie veranstalteten sogar Spiele mit ihnen. Zumindest gibt es wunderbare kretische Gemälde, auf denen junge Männer Stiere bei den Hörnern packen und mit einem Salto über ihren Rücken springen.

Es kann also nicht überraschen, daß 60% der von Nobis untersuchten Knochen aus dem alten Labyrinth von Stieren stammen. Doch sie unterscheiden sich untereinander. Manche gehören tatsächlich zu der Art Rinder, die wir kennen. Andere waren hingegen deutlich größer und werden dem Auerochsen zugeschrieben, einem wilden Ochsen, aus dem sich vielleicht die gewöhnlichen Rinder entwickelt haben.

Die Auerochsen waren schwarz und wurden – mit einer

Schulterhöhe von bis zu 1,80 Meter – beträchtlich größer als normale Rinder. Sie hatten große, nach vorne gebogene Hörner und müssen wirklich prächtige Tiere gewesen sein. Selbstverständlich mußte man sie kleiner und zahmer züchten, wenn sie einen praktischen Nutzen haben sollten, und dies wurde auch getan.

Man geht davon aus, daß der Auerochse in der Bibel mit dem hebräischen Wort *re'em* bezeichnet wird. In den modernen Bibelfassungen wird es mit »der wilde Ochse« übersetzt, denn der Auerochse gilt dort als Beispiel eines kraftvollen und unbezähmbaren Tieres. In der englischen »King-James-Version« ist es mit »unicorn« (Einhorn) falsch übersetzt worden; und das führte auch zu der Vorstellung, ein sagenhaftes einhörniges Tier müsse existiert haben, weil es ja in der Bibel erwähnt wird. Keineswegs! Das wahre Einhorn ist der Auerochse, und der hatte zwei große Hörner.

Der Auerochse überlebte die Antike und das Mittelalter. Die letzte Herde von ihnen lebte in Mittelpolen und wurde 1627 ausgerottet. Das ist traurig, denn es waren prächtige Tiere.

Anhand der von Nobis untersuchten Knochen zeigt sich, daß die Kreter Herden von gewöhnlichen Rindern wie auch von Auerochsen hatten, und daß beide als Nahrung, für religiöse Opfer, für Spiele und zur Zucht gehalten wurden.

Am interessantesten war die Entdeckung von Nobis, daß einige Knochen eine mittlere Größe hatten. Möglicherweise wurden Rinder und Auerochsen miteinander gekreuzt, so daß sich Mischformen dieser beiden Arten ergaben. Sie entstanden ganz von selbst, wenn Rinder und Auerochsen gemeinsam gehalten wurden. Vielleicht hielten die Kreter diese Kreuzungen für nützlich und förderten deshalb ihre Zucht.

So besitzt ein Muli, eine Kreuzung aus Pferd und Esel,

einige Eigenschaften, in denen es den beiden Elterntieren überlegen ist (es ist beispielsweise stärker und intelligenter als beide). Obwohl Mulis unfruchtbar sind und selbst keinen Nachwuchs haben können, sind seit jeher Mulis gezüchtet worden, weil sie in mehrfacher Hinsicht nützlicher sind. Möglicherweise hatte auch die Kreuzung aus Rind und Auerochse ihren Wert, so daß sie von den Kretern besonders geschätzt und für bestimmte Zwecke gehalten wurde.

Nachdem sie diese Kreuzungen womöglich von ihrer Umwelt abschotteten, könnte es sein, daß sie außerhalb von Kreta von einer Aura des Geheimnisvollen umgeben waren. Vielleicht wußte man zwar, daß Kreuzungen gezüchtet wurden, verstand aber nicht genau, woraus die Kreuzung entstand. Selbstverständlich wurde die aufregendste Version der Geschichte auch am häufigsten erzählt, wiederholt und geglaubt, und da mußte natürlich die Kreuzung zwischen Mensch und Stier herauskommen. Vielleicht entstand so die Sage vom Minotaurus. Sie könnte unser einziges Überbleibsel vom Auerochsen, dem wahren Einhorn, sein.

Ein etwas anderes Pferd

Eine seltene Pferdeart – um genau zu sein, die seltenste – wird heute wieder in ihrem ursprünglichen Lebensraum angesiedelt, wo sie ein Vierteljahrhundert lang nicht mehr zu sehen war.

Die Aufmerksamkeit westlicher Naturforscher wurde erstmals auf dieses Pferd gelenkt, als ein Forschungsreisender aus der polnischen Provinz des russischen Zarenreiches in den 70er Jahren des letzten Jahrhunderts ein Exemplar in der westlichen Mongolei schoß. Er übergab Haut und Knochen des Tieres dem Museum von St. Petersburg. Dort fand man heraus, daß es sich nicht um ein gewöhnliches Pferd handelte, sondern um eine eigene Art.

Da der Forschungsreisende Nikolai Przewalski hieß, wurde das Tier als »Przewalskipferd« bezeichnet. Während das normale Pferd, das Kutschen zieht und auf der Rennbahn läuft, den wissenschaftlichen Namen *Equus caballus* trägt, wurde die neue Art *Equus przewalskii* getauft.

Worin unterscheiden sich die beiden Pferdearten? Der Unterschied ist nicht groß. Wer ein Przewalskipferd sieht, würde es sofort für eine Art Pony mit unauffälliger, gräulich-brauner Färbung, struppigem Fell und einer kurzen Mähne halten. Bei genauerer Betrachtung zeigen sich jedoch Unterschiede, von denen der bemerkenswerteste vielleicht der ist, daß in jeder Zelle eines Equus p. zwei Chromosomen mehr vorhanden sind als bei einem stinknormalen Equus c.

Das Przewalskipferd war in der Mongolei zu Hause und dürfte dort früher weit verbreitet gewesen sein, aber mittlerweile ist es so stark dezimiert worden, daß die kleine Herde ständig vom Aussterben bedroht war. In gewisser Weise trat dies auch ein, denn in den 60er Jahren wurde das letzte Przewalskipferd in freier Wildbahn gesehen.

Dennoch starb dieses Pferd nicht vollständig und unwiderruflich aus. Eine Reihe von Przewalskipferden hatte man gefangen und in Tierparks gebracht, und sie schienen sich auch in Gefangenschaft problemlos zu vermehren. Während also kein einziges Pferd dieser Art mehr in Freiheit am Leben ist, entwickeln sich etwa tausend Exemplare in Zoos bestens. Gegenwärtig wird versucht, einige dieser eigenartigen Pferde in die Mongolei zurückzubringen und in freier Wildbahn auszusetzen.

Vielleicht fragen Sie sich, warum es so wichtig ist, sie unbedingt in die Mongolei zu bringen. Ist die mongolische Umgebung besonders geeignet für das Przewalskipferd? Kann es woanders nicht gedeihen? Dies wäre eigenartig, denn gewöhnliche Pferde leben in der ganzen Welt recht gut – aber genau das ist das Problem der Przewalskipferde. Zum besseren Verständnis muß man sich vor Augen halten, wie sich Arten teilen. Normalerweise bringt eine bestimmte Spezies andere Exemplare dieser Art hervor und behält ihre Identität bei. Natürlich gibt es immer Mutationen, kleine Veränderungen in den Merkmalen, die zufällig auftreten, so daß keine zwei Mitglieder einer Art vollkommen gleich sind. Paarungen untereinander mischen diese Mutationen und verbreiten sich in der Art.

Wenn dagegen zwei Populationen einer bestimmten Art getrennt werden und über längere Zeit keinen Kontakt haben, bildet jede Art eigene Mutationen aus. Wenn die Phase der Trennung lange genug dauert, finden in jeder Population so viele verschiedenartige Mutationen statt, daß die Populationen mit der Zeit zu verschiedenen Arten werden.

So stammen die Kamele alle von einem gemeinsamen Vorfahren ab, aber die Kamele im Vorderen Orient und die Kamele in der Mongolei haben sich auseinanderentwickelt. Nach wie vor sind beide unzweifelhaft Kamele, aber erstere, die Dromedare, haben einen einzigen Höcker, während letztere, die Trampeltiere, zwei Höcker, kürzere Beine und längere Haare besitzen. Das südamerikanische Lama hat sich schon viel länger eigenständig weiterentwickelt und dabei so verändert, daß es trotz seiner Verwandtschaft nicht einmal mehr als Kamel erkennbar ist, aber es ist mit den Kamelen verwandt.

Ebenso gibt es zwei verschiedene Arten von Elefanten, den Indischen und den Afrikanischen Elefanten. Darüber hinaus findet man auch Säugetiere wie den Tapir, der mit dem Elefanten zwar einen gemeinsamen Vorfahren hat, sich aber so verändert hat, daß die Verwandtschaft nicht sofort auffällt.

Wenn sich zwei Arten teilen, durchlaufen sie verschiedene

Phasen der gegenseitigen Verwandtschaft. Zum Schluß sind sie so verschieden, daß sie sich untereinander nicht mehr paaren können und dazu auch gar keinen Drang mehr verspüren. Bevor ein solches Stadium der Verschiedenheit erreicht ist, können sich zwei Arten zwar immer noch kreuzen, bringen aber unfruchtbare Nachkommen hervor, die unfähig sind, die »gemischte« Art fortzuführen. So können sich Pferde und Esel zwar paaren, aber dabei entstehen Maultiere und Maulesel, die sich selbst nicht vermehren können.

Sind zwei Arten immer noch enger verwandt, so können sie sich kreuzen und fruchtbare gemeinsame Nachkommen erzeugen. Wenn dies geschieht und eine der beiden Arten zahlenmäßig viel kleiner ist als die andere, geht sie in der größeren auf und verschwindet damit als eigenständige Tierart. Die Art mit der größeren Population kann die genetische Beimischung verkraften, ohne sich beträchtlich zu verändern.

Genauso verhält es sich mit den beiden Pferdearten. Wenn sich eine Herde von Przewalskipferden in der Nähe gewöhnlicher Pferde aufhielte, käme es zu Kreuzungen, und das Przewalskipferd würde verschwinden. Aus diesem Grund werden sie in einem Gebiet in der Mongolei ausgesetzt, wo es keine gewöhnlichen Pferde gibt und diese auch nicht eindringen dürfen. Auf diese Weise kann das etwas andere Pferd in freier Natur als einzigartige Art erhalten bleiben.

Gehirne

Die Bezeichnung *Homo sapiens* hat etwas Überhebliches an sich, denn wir Menschen halten uns für die klügsten Geschöpfe der Erde. Jahrhundertelang glaubten wir, kein anderes Lebewesen hätte etwas im Kopf, auf das es stolz sein könnte; deshalb ist es auch immer eine Nachricht wert, wenn gezeigt wird, daß andere Lebewesen besser denken können, als wir bisher angenommen haben.

Zögernd räumen wir ein, daß Lebewesen, deren Gehirn ähnlich aufgebaut ist wie unseres, intelligenter sind als der Rest des Tierreichs (und wir gehen zufrieden davon aus, daß Pflanzen überhaupt nicht intelligent sind und dies auch nie sein werden). Schimpansen und Gorillas können eine Zeichensprache erlernen, abstrakte, expressionistische Künstler werden und alles in allem demonstrieren, daß sie unsere nächsten Verwandten sind.

Wir sind stolz auf unsere Hunde, die offenkundig schlau genug sind, uns als Rudelführer zu akzeptieren und zu folgen. Da ein Hund ein Säugetier ist, weist sein Gehirn zwar Ähnlichkeiten mit dem unseren auf, aber natürlich ist es in den entscheidenden Bereichen (die wir zu komplizierten Denkvorgängen benutzen) nicht so wunderbar groß.

Doch nicht die gesamte Intelligenz hängt von der Großhirnrinde ab. Vielleicht trägt die große Furche am Gehirn der Papageien dazu bei, daß sie bei Intelligenztests so gut abschneiden. Sie können zählen, Gegenstände, Farben und Formen genau erkennen und sogar Wörter bilden, um wie der Gorilla Koko Gegenstände zu bezeichnen.

Als die Dinosaurier zu Vögeln wurden, die besser fliegen konnten als die fliegenden Reptilien (wie die Flugsaurier), wurde ein großer Teil des Gewichts geopfert, damit sie wahre Herren der Lüfte wurden. Da es für fliegende Wesen nicht möglich war, das Gehirnvolumen eines Primaten auszubilden, blieb das Gehirn zwar klein, funktionierte aber effizienter als das Gehirn von Säugetieren. So besitzen Vögel zwar eine kleine Großhirnrinde, aber ein relativ großes Zwischenhirn. Vielleicht ist ihr kleines Gehirn deshalb und aufgrund ihres hervorragenden Kreislaufs so leistungsfähig. Ganz einfache Tauben schaffen es nicht nur, eiligen Städtern aus dem Weg zu gehen, sie können sogar Objekte klassifizieren und aus Szenen, die bereits die menschliche Sehkraft übersteigen, die relevanten heraus-filtern.

Viele Wissenschaftler befassen sich mit dem Bewußtsein von Tieren. Einige untersuchen die bemerkenswerte »Intelligenz« der wimmelnden Masse eines Insektenschwarms, aber die meisten konzentrieren sich auf unseren eigenen Hauptzweig des Tierreichs, den Stamm der Chordaten (Tiere mit dorsalem Stützorgan und Rückenmark), und hier insbesondere den Unterstamm der Wirbeltiere. Warum sollte man bei der Untersuchung der Fähigkeiten des Gehirns nicht höheren Säugetieren und den am höchsten entwickelten Vögeln den Vorzug geben?

Die Antwort auf diese Frage lautet, daß sich einfachere Gehirne auch leichter untersuchen lassen. Glauben Sie nun aber nicht, daß kein anderer Tierstamm eine erwähnenswerte Intelligenz besäße. Von Zeit zu Zeit sorgt der Stamm der Weichtiere für Schlagzeilen. Er stellt eine faszinierende Gruppe des Tierreichs dar und zieht schon jetzt viele Forscher an, die beim zehnarmigen Tintenfisch die Übertragung von Nervenimpulsen über das riesige Axon studieren können.

Insgesamt gibt es bei den Weichtieren etwa 100 000 Arten, die entweder im Wasser oder in Feuchtgebieten leben. Weichtiere tauchten erstmals im Kambrium auf, als von echten Wirbeltieren noch Millionen Jahre lang keine Rede war. Die meisten Weichtiere sind bilateral (doppelseitig) symmetrisch, wobei ein Ende mehr oder weniger den Kopf bildet. Ihre Eingeweide sind von einem fleischigen Mantel umgeben. Sie bewegen sich auf einem muskulösen Fuß an der Bauchseite vorwärts. Viele von ihnen legen sich eine Schale zu.

Die Menschen essen Weichtiere sehr gern. Mitglieder der Klasse der Beilfüßer oder Muscheln werden häufig im ganzen und lebendig geschluckt. Doch wenn Ihr Gericht nicht gerade in verschmutztem Wasser gelebt hat, brauchen Sie sich keine Sorgen zu machen. Muscheln und Austern sind ein Beispiel für eine »rückschreitende Evolution« des Stamms, weil sie keine sichtbaren Beine oder Köpfe haben und überhaupt nicht intelligent sind.

Zum Stamm der Weichtiere gehört auch die bemerkenswerte Klasse der Kopffüßer (Cephalopoda), deren Tentakeln vom Kopf ausgehen. Von den 10 000 Arten von Kopffüßern, die sich in den Urmeeren tummelten, sind nur noch etwa 700 am Leben.

Kopffüßer haben acht oder mehr Arme um den Kopf herum; im Inneren der scharfen Kiefer sitzt eine »Radula« oder Raspelzunge, die die Beute zermahlt, und eine kräftige Mantelmuskulatur steuert ein Rückstoßsystem, das eine schnelle Fortbewegung erlaubt. Verglichen mit trägen Krebsen besitzen die Kopffüßer ein geschlossenes, leistungsfähiges Kreislaufsystem mit dünnwandigen Kapillaren und raschem Gasaustausch.

Das Nervensystem eines Kopffüßers wirkt nicht sehr beeindruckend; das kleine Gehirn besteht aus ein paar miteinander verknüpften Ganglien, aber dank einer konvergenten Entwicklung arbeitet es in zweierlei Hinsicht wie das unsere. Zum einen ist es mit präzise arbeitenden »Gleichgewichtsrezeptorensystemen« verbunden: eines für die Wahrnehmung der Schwerkraft und eines für die Winkelbeschleunigung, was dem Tintenfisch oder Kraken auch komplizierte Manöver ermöglicht. Zum anderen besitzt das Auge der Kopffüßer eine zur Wahrnehmung von Bildern geeignete Netzhaut, die mit der unseren zwar nicht identisch ist, aber doch Ähnlichkeiten aufweist.

Eine Krake ist genial, wenn es darum geht, aus der Gefangenschaft auszubrechen, selbst wenn sie dazu eine Weile an der Luft bleiben muß. Man kann ihr auch etwas beibringen, wie beispielsweise die Auswahl bestimmter Gegenstände. Vor kurzem haben Forscher der Zoologischen Forschungsstation von Neapel sie auf die Fähigkeit hin untersucht, etwas durch Beobachtung von Artgenossen zu erlernen. Die ungesellige Krake übertraf die in sie gesetzten Erwartungen und bestand rasch eine Prüfung, nachdem sie beobachtet hatte, was zuvor anderen Kraken gelungen war.

Unterschätzen Sie also kein Gehirn, das nicht dem Ihren gleicht. Wenn ein intelligenterer Computer kommt, werden seine Schaltkreise nicht wie ein menschliches Gehirn aussehen, aber er könnte fast genausogut funktionieren. Oder besser?

Das Fingertier

Lemuren sind die primitivsten Primaten oder Herrentiere; die meisten von ihnen leben auf Madagaskar. Sie haben ein fuchsartiges Gesicht und verlieren leider meist in ihrem Kampf ums Überleben. Das rührt vor allem daher, daß mit dem Baumbestand auf Madagaskar auch ihr Lebensraum zerstört wird.

Der seltenste und eigenartigste Lemur von allen ist das Fingertier oder Aye-Aye. Mit einer Länge von 80 Zentimetern von der Nase bis zum Schwanz ist er der größte Nachtlemur der Welt. Er besitzt riesige Ohren wie Fledermäuse und ständig nachwachsende Schneidezähne, wie es bei den Nagetieren der Fall ist.

Wenn Lemuren auf ein kleines Loch in einem Baum stoßen, können sie feststellen, ob eine Insektenlarve darin ist oder nicht. An ihr Futter kommen sie, indem sie gegen das Holz von Bäumen klopfen und feststellen, ob sich Insektenlarven darunter befinden. Sie sind die einzigen Säugetiere, die auf diese Weise ihr Futter finden.

Sie können die Insektenlarven zweifellos dank ihrer großen Ohren hören; mit ihren ständig nachwachsenden Schneidezähnen knabbern sie sich dann durch die Rinde, um an die Larven zu kommen. Darüber hinaus ist das Fingertier auf eine besonders ungewöhnliche Weise angepaßt: Es besitzt einen sehr dünnen und sehr langen Mittelfinger, mit dem es in ein Loch eindringt und eine Larve oder einen Käfer herausholt, um ihn anschließend zu verspeisen.

Manchmal wird darauf hingewiesen, daß Spechte fast genau dasselbe tun, wenn sie mit ihrem kräftigen Schnabel Futter freilegen, das sie anschließend mit ihrer langen Zunge herausholen. In Madagaskar gibt es aber keine Spechte, und so hat man die Theorie aufgestellt, daß das Fingertier die Rolle des Spechts übernommen hat.

Carl Erickson von der Duke University hat das Fingertier untersucht, um genau herauszufinden, wie es seine Beute lokalisiert. Er verwendete dazu vier gefangene Tiere und setzte Mehlwürmer in Löcher im Holz. Den Fingertieren bereitete dies überhaupt keine Schwierigkeiten; sie konnten die Mehlwürmer problemlos lokalisieren und nutzten dazu nicht einmal die deutlich erkennbaren Löcher, in denen die Mehlwürmer versteckt waren. Erickson versah das Holz mit zusätzlichen Löchern, denen die Fingertiere aber keine Beachtung schenkten. Sie steuerten sofort die Löcher an, in denen Mehlwürmer steckten.

Erickson fand auch heraus, daß die Fingertiere Hohlräume aufbrachen, sogar solche, die zwei Zentimeter unter der Holzoberfläche lagen. Wenn sie geöffnet wurden, befanden sich darin Mehlwürmer oder eine ähnliche Beute. Erickson merkte an, daß die Fingertiere ihren langen Mittelfinger benutzten, um gegen das Holz zu klopfen. Ihr Gesicht hielten sie dabei nahe an die Rinde, so daß sie mit Hilfe der großen Ohren die Beute hören konnten.

Wie kommt das Fingertier darauf, zu klopfen? Vielleicht hört es Bewegungen; das Klopfen bringt dann möglicherweise die Würmer dazu, sich zu verraten. Womöglich setzt es zusätzlich zum Klopfen auch den Geruchssinn ein. Auf jeden Fall bekommt es die Nahrung, und das Klopfen ist unter Säugetieren schlichtweg einzigartig.

Es ist sehr bedauerlich, daß das Fingertier akut vom Aussterben bedroht ist. Wir sind bereits daran gewöhnt, große Tiere in dieser prekären Situation zu sehen. Da gibt es den Afrikanischen Elefanten, verschiedene Arten des Rhinozeros, den Sibirischen Tiger und so weiter. Die Zahl all dieser Tiere nimmt rapide ab; es wird deshalb nicht mehr lange dauern, bis die letzten Exemplare in Zoos leben.

Das Fingertier jedoch ist klein und harmlos; es sollte sich nicht in der gleichen Situation befinden.

Orang-Utans bewohnen Bäume auf Borneo und Sumatra, aber diese Bäume werden gefällt und die Orang-Utans damit zurückgedrängt. Irgendwann werden sie einfach nicht mehr in der Lage sein, einen Lebensraum zu finden, so daß man sie nur noch in Zoos antreffen wird. Der Panda ist auf Bambus angewiesen, und mit dem Bambus wird auch der Panda verschwinden. Der Koala lebt auf bestimmten Eukalyptusbäumen. Wenn es sie nicht mehr gibt, ergeht es dem Koala genauso. Kurz gesagt: Tiere existieren nur so lange, wie es den Lebensraum gibt, den sie gewöhnt sind.

Anscheinend ist das Fingertier ebenfalls auf Bäume in Madagaskar angewiesen, und sollten diese gefällt werden, dann verschwindet mit ihnen auch das Fingertier. Wir werden sie noch in Tierparks haben, aber es ist nicht bekannt, wie gut sie sich dort vermehren. So pflanzt sich der Panda im Zoo alles andere als bereitwillig fort.

Für das Fingertier und diejenigen unter uns, die es für ein besonderes und interessantes Tier halten, sieht es also schlecht aus. Schließlich ist das Fingertier, wie gesagt, das einzige Säugetier, das durch Klopfen auf Holz an Nahrung kommt; es ist das einzige Tier mit einem langen

Mittelfinger, der zum Herausholen von Insektenlarven geeignet ist.

Warum sollten wir es aussterben lassen? Viel wichtiger ist es, daß wir das Menschenmögliche tun, um es am Leben zu erhalten und vor dem Aussterben zu retten.

Vielleicht gelingt es uns. In den letzten Jahren wurde mit großem Engagement daran gearbeitet, Tierarten am Leben zu erhalten, die auszusterben drohten. Warum sollten wir nicht das gleiche für das Fingertier tun? Ich denke, es gelingt, und das kleine Tier kann weiter in den Wäldern von Madagaskar leben – unter unserem Schutz und in seinem heimischen Lebensraum.

Unser engster Verwandter

Die Hinweise mehren sich, daß die Schimpansen näher mit uns verwandt sind als mit den Gorillas. Wir Menschen neigen zu der Ansicht, daß wir von allen anderen Lebensformen getrennt seien. Schließlich sind wir unbehaart, haben keinen Schwanz, gehen auf zwei Beinen, verfügen über die Fähigkeit zu denken und besitzen angeblich eine unsterbliche »Seele«. Hier sind wir also, und alle anderen Lebewesen befinden sich auf der anderen Seite einer großen Scheide.

Selbst als sich die Evolutionstheorie immer stärker durchsetzte und man langsam begriff, daß der Mensch von »niederen Tieren« abstammte, wiegte man sich noch immer in der Gewißheit, daß es zwischen dem Menschen und diesen niederen Tieren eine tiefe Kluft gab.

Trotzdem steht außer Frage, daß die Menschenaffen eine beachtliche Ähnlichkeit mit dem Menschen aufweisen. Von den vier Arten von Menschenaffen scheinen der Gibbon und der Orang-Utan relativ weit von uns entfernt zu sein; man sah es auch als selbstverständlich an, daß sich Gorillas und Schimpansen zwar untereinander stark ähneln, vom Menschen aber deutlich unterscheiden.

Anfang der 60er Jahre untersuchte Morris Goodman von der Wayne State University die Bluteiweiße der drei verschiedenen Arten, um festzustellen, wie sie aufeinander reagierten. Blut von einem bestimmten Tier reagiert stark auf ein anderes, aber ähnliches Tier und weniger stark auf ein nicht so eng verwandtes Tier. Zu seiner Überraschung entdeckte er, daß Schimpansenblut auf Menschenblut eine stärkere Reaktion zeigte als auf das Blut von Gorillas. Dies war der erste Hinweis darauf, daß Schimpansen und Menschen zusammen auf der einen und Gorillas auf der anderen Seite stehen.

Viele Biologen akzeptierten die Resultate der gegenseitigen Reaktionen nur zögerlich und blieben beim alten System, doch in der Zwischenzeit lernte die Biologie allmählich, wie Gene analysiert werden konnten. Gene steuern die chemischen Vorgänge in einer Zelle und unterscheiden sich bei jeder Tierart. Je enger zwei Arten entwicklungsgeschichtlich verwandt sind, desto mehr Gene haben sie gemeinsam.

1984 entnahmen Charles Sibley und Jon Ahlquist an der Yale University Gensequenzen von einem Tier und brachten sie zur Reaktion mit denen eines anderen Tieres. Je enger die beiden Tiere verwandt waren, desto ähnlicher waren ihre Gensequenzen, und desto stärker verbanden sie sich auch miteinander.

Wiederum kam heraus, daß die Gensequenzen des Schimpansen denen des Menschen näher standen als denen des Gorillas.

Die Wissenschaftler waren sich nicht einig, aber schließlich wurde es möglich, Genketten zu identifizieren und ihren Aufbau zu bestimmen. Es war nicht länger notwendig, die Art und Weise zu untersuchen, wie zwei Gensequenzen miteinander reagierten. Man mußte sich nur von einer Art eine Genprobe verschaffen und die Beschaffenheit ihrer Nukleotide (der Bausteine der Gene) aufzeigen.

Dies wurde zunächst für einen bestimmten Abschnitt der menschlichen Gene und anschließend für denselben Abschnitt der Gene von Schimpansen und Gorillas durchgeführt. Es stellte sich heraus, daß es in diesem Abschnitt einen Unterschied von 1,6% zwischen dem Menschen und dem Schimpansen gab. Der Unterschied zwischen Gorillas und Schimpansen betrug im gleichen Abschnitt 2,1%. Andere Studien kamen zu den gleichen Ergebnissen.

Jüngere Untersuchungen haben sich mit den Mitochondrien befaßt, kleinen Gebilden in der Zelle, die die Energieerzeugung steuern. Sie enthalten Gene. Eine Gruppe an der Harvard University unter der Leitung von Maryellen Ruvolo untersuchte einen 700 Gene langen Abschnitt anhand der Mitochondrien, eine Sequenz, die für die Bildung des Enzyms »Cytochromoxidase« verantwortlich ist. Sie untersuchten den gleichen Genabschnitt bei Schimpansen und Gorillas und entdeckten einen Unterschied von 9,6% zwischen Schimpansen und Menschen, aber von 13,1% zwischen Schimpansen und Gorillas.

Immer häufiger geht man davon aus, daß Schimpansen und Menschen auf der einen Seite einer großen Kluft stehen und die übrigen Menschenaffen (und natürlich die restlichen Lebensformen) auf der anderen.

Doch warum unterscheiden sich Schimpansen so stark von uns, wenn sie so viele ihrer Gene mit uns gemeinsam haben? Nun, die gesamte genetische Information im menschlichen Körper entspricht etwa 1000 Bänden einer großen Enzyklopädie. Wenn der Schimpanse nur um 1,6% abweicht, bedeutet dies, daß sich immer noch 16 Bände dieser Enzyklopädie von uns unterscheiden. Das genügt, um eine andere Art zu sein.

Zwei Hominiden, zwei Ernährungsweisen

Vor 1,5 bis 2 Millionen Jahren durchstreiften mindestens zwei Arten von »Hominiden« die Ebenen Ost- und Südafrikas. Diese Lebewesen gingen aufrecht und ähnelten dem Menschen stärker als den Menschenaffen. Eine der beiden Arten starb aus, während die andere überlebte und zum Vorfahren des Jetztmenschen wurde. Vor kurzem lieferte die Archäologin Julia Lee-Thorp von der Universität Kapstadt in Südafrika eine interessante Begründung, warum es dazu gekommen sein könnte.

Von den beiden Hominiden war einer der *Australopithecus robustus* und der andere der *Homo habilis*, die sich mit Ausnahme gewisser Unterschiede im Aufbau des Schädels sehr ähnlich waren. Der A. robustus war etwas größer und stämmiger, der H. habilis könnte dagegen ein etwas größeres Gehirn gehabt haben. Die körperlichen Unterschiede waren offenbar nicht groß genug, um zu erklären, warum A. robustus ausstarb und H. habilis unser Vorfahr wurde. Aber was ist dann der Grund dafür?

Die Ernährung! Das Überleben könnte davon abgehangen haben, was sie aßen. Aber wie läßt sich feststellen, was diese Urhominiden tatsächlich zu sich nahmen?

Zunächst einmal enthält alles, was irgendwann einmal gelebt hat oder noch lebt, Kohlenstoffatome, die in zwei stabilen Spielarten (»Isotopen«) vorkommen: Kohlenstoff 12 (^{12}C) und Kohlenstoff 13 (^{13}C). ^{12}C enthält sechs Protonen und sechs Neutronen in seinem Kern, 12 Teilchen insgesamt. ^{13}C enthält sechs Protonen und sieben Neutronen in seinem Kern, zusammen 13 Teilchen.

Das chemische Verhalten eines Kohlenstoffatoms hängt nicht von seinem Kern, sondern von der Elektronenhülle ab, und *beide* Typen von Kohlenstoffatomen enthalten sechs Elektronen. Dies bedeutet, daß sich ^{12}C und ^{13}C chemisch gleich verhalten. Was der eine tut, tut auch der andere, wohin sich der eine bewegt, dorthin bewegt sich auch der andere. Dies wiederum bedeutet, daß der gesamte Kohlenstoff, mit dem wir es zu tun haben, ein Gemisch von beiden Spielarten ist, die immer im selben Mischungsverhältnis vorkommen: Auf jeweils 90 ^{12}C-Atome kommt ein ^{13}C-Atom.

Aber dieses einfache Bild hat einen Haken. Obwohl sich die Kohlenstoffarten gleich verhalten, ist ^{13}C dank seines zusätzlichen Teilchens ein klein wenig schwerer und bewegt sich ein klein wenig langsamer. Aus diesem Grund kann es bei jedem chemischen Vorgang dazu kommen, daß ^{12}C etwas häufiger oder etwas geringer vertreten ist als normal, je nachdem, um was für einen Vorgang es sich handelt. Darüber hinaus haben die Chemiker gelernt, die Kohlenstoffatome mit einer solchen Genauigkeit zu analysieren, daß sie das Verhältnis zwischen ^{12}C- und ^{13}C-Atomen präzise genug messen können, um diese geringfügigen Veränderungen exakt zu bestimmen.

Nun absorbieren alle Pflanzen Kohlendioxid aus der Luft und lassen es eine lange Reihe komplizierter chemischer Prozesse durchlaufen, die damit enden, daß einige dieser Kohlenstoffatome in das Gewebe eingebaut werden. Es ist nicht überraschend, daß verschiedene Pflanzenarten diesen Vorgang nicht ganz identisch durchführen und zum Schluß zu einem unterschiedlichen Mischungsverhältnis zwischen ^{12}C und ^{13}C kommen. Der Unterschied ist natürlich winzig, aber anhand des Verhältnisses können Chemiker verschiedene Arten von Pflanzen bestimmen.

Wenn Tiere Pflanzen (oder andere Tiere) fressen, durchlaufen die Kohlenstoffatome relativ einfache Prozesse, wenn sie von pflanzlichem zu tierischem Gewebe oder von einer Art tierischen Gewebes zu einer anderen überwechseln. Aus diesem Grund kann das Verhältnis zwischen ^{12}C und ^{13}C weitgehend so bleiben, wie es bei den gefressenen Pflanzen (oder Tieren) vorher der Fall war.

Knochen enthalten ein Protein namens »Kollagen«, das natürlich Kohlenstoffatome enthält; diese kann man verwenden, um ein solches Mischungsverhältnis zu bestimmen. Der Haken dabei ist, daß Kollagen beim Alterungsprozeß von Knochen abgebaut wird. Knochen in tropischen Gebieten, die mehr als 10 000 Jahre alt sind, lassen sich für diesen Zweck nicht mehr verwenden. Lee-Thorp suchte nach etwas Haltbarerem, nämlich nach Zähnen. Der Zahnschmelz ist das härteste Gewebe des Säugetierkörpers. Er enthält nur sehr geringe Mengen an Protein, aber was er besitzt, hält er beinahe unendlich lang fest. 1,5 Millionen Jahre alte Knochen enthalten vielleicht kein Protein mehr, aber Zähne dieses Alters können immer noch das notwendige Verhältnis zwischen ^{12}C und ^{13}C liefern.

Eine Theorie bedeutet noch keine Gewißheit. Prozesse im Tierkörper können selbst gewisse Veränderungen hervorrufen, oder die Veränderungen ergeben sich sehr langsam nach dem Tod. Trotzdem deuten die Zähne des A. robustus darauf hin, daß sich dieser Hominide von Früchten, Nüssen und Gräsern ernährte. Eine solche Ernährungsweise ist an sich nicht falsch, aber H. habilis scheint ein Allesfresser gewesen zu sein.

Nun macht jede Einschränkung bei der Ernährung das Überleben unsicherer. Wenn man zu sehr von einer bestimmten Nahrung abhängt, ist man auf Gedeih und Verderb auf sie angewiesen. Wenn man aber alles essen kann, was einem unter die Finger kommt, ist es unwahrscheinlich, daß die gesamte Nahrung gleichzeitig ausgeht. Allesfressende Lebewesen wie Ratten, Schweine und Menschen besitzen einen enormen Vorteil. Es scheint, als habe auch H. habilis diesen Vorteil gegenüber A. robustus gehabt, und vielleicht hat deshalb der eine überlebt und der andere nicht.

Straußeneier und die Menschheit

Um den Zeitpunkt prähistorischer Ereignisse zu bestimmen, benutzen wir mehrere Methoden: die Messung des Zerfalls verschiedener Arten von radioaktiven Atomen, die Analyse der jährlichen Ablagerungsschichten (»Warven«) am Grund seichter Gewässer, die Untersuchung von Jahresringen an Bäumen usw. Aber würden Sie glauben, daß man dazu auch Straußeneier hernehmen kann? 1990 gab eine Gruppe von Wissenschaftlern unter der Leitung von Alison S. Brooks von der George Washington University bekannt, daß sich die Schalen von Straußeneiern zur Altersbestimmung einsetzen lassen.

Dies könnte sich als außerordentlich nützlich erweisen. Das bekannteste Verfahren zur Altersbestimmung, der Zerfall von radioaktivem Kohlenstoff 14 (^{14}C), erlaubt eine verläßliche Altersbestimmung nur für einen bis zu 35 000 Jahre zurückliegenden Zeitpunkt. Die nächsthäufige Methode, der Zerfall von Kalium 40 (^{40}K), liefert nur für einen mehr als 200 000 Jahre zurückliegenden Zeitraum zuverlässige Ergebnisse. Die Lücke dazwischen, die Zeit vor 35 000 bis 200 000 Jahren, könnte durch eine Untersuchung der Schalen von Straußeneiern geschlossen werden.

Straußeneier können nur in den Teilen der Welt gefunden werden, wo Strauße vorkommen, aber in prähistorischer Zeit war das Verbreitungsgebiet des Straußes größer als heute. Straußeneier finden sich in ganz unterschiedlichen Gegenden von Afrika und selbst in China.

Die Eierschalen werden in recht großer Zahl entdeckt, weil sie in prähistorischer Zeit nützlich waren. Der Inhalt eines Straußeneis entspricht zwei Dutzend Hühnereiern und war deshalb ein beliebtes Nahrungsmittel.

Doch was nützt die Eierschale noch, wenn das Ei geköpft und der Inhalt verzehrt ist? Die Schale eines Straußeneis ist erstaunlich stabil. Sie ist etwa 1,6 Millimeter dick und so stark gebaut, daß sich ein 115 Kilo schwerer Mann hinaufstellen kann, ohne sie zu zerbrechen. Als die Menschen noch keine Töpferei kannten, war das Straußenei ein ideales Gefäß, leicht und stabil, um Wasser zu befördern. Ein Straußenei, das an der schmalen Spitze geköpft wurde, konnte einen Liter Wasser fassen.

An Orten, die schon in der Ur- und Frühgeschichte besiedelt waren, finden sich daher Bruchstücke von Schalen anstelle von getöpferten Gegenständen, auf die man erst an späteren Fundstätten stößt.

Inwiefern trägt dies zur prähistorischen Altersbestimmung bei? Nun, in lebendem oder abgestorbenem Material, sogar in harten Gegenständen wie Knochen, Muscheln oder Eierschalen, findet man immer etwas Eiweiß. Die Eiweißmoleküle setzen sich aus Ketten kleinerer Bestandteile, den sogenannten »Aminosäuren«, zusammen.

Aminosäuren kommen (wie die linke und die rechte Hand) in zwei spiegelbildlichen Spielarten vor, die als »L« und »D« bezeichnet werden. Wenn Chemiker Aminosäuren im Labor herstellen, entstehen beide Arten in gleicher Zahl. Bei lebenden Organismen wird nur eine, die »L«-Variante, gebildet.

Beide Spielarten sind recht stabil, aber wenn sie lange Zeit (d. h. Tausende von Jahren) unberührt bleiben, besteht die allmähliche Neigung, daß sich einige L-Aminosäuren in D-Aminosäuren umwandeln. Aus der jeweiligen Menge von »L« und »D«, die man in der Schale eines Straußeneis findet, kann man schließen, wieviel Zeit seit der Eiablage vergangen ist.

Dieses Verfahren ist seit den 50er Jahren beispielsweise bei alten Knochen angewendet worden, aber es gibt da einen Haken. Bei warmen Temperaturen erhöht sich die Umwandlungsrate; auch Feuchtigkeit führt zu einer Beschleunigung. Man weiß nicht immer, wie hoch die Temperatur in der Vergangenheit war, oder wieviel Feuchtigkeit und Niederschläge es gegeben hat, so daß man sich auch nicht sicher sein kann, ob die Umwandlungsrate von »L« zu »D« immer konstant geblieben ist. Vielleicht lag sie in manchen Zeiten höher und in anderen niedriger. Dies bringt einen großen Unsicherheitsfaktor hinsichtlich des tatsächlichen Alters eines Objekts mit sich.

In jüngster Zeit ist diese Meßmethode allerdings deutlich verfeinert worden. Außerdem ist die Schale eines Straußeneis weit weniger porös als Knochen. Es dringt nicht soviel Wasser ein, weshalb sie vermutlich von Feuchtigkeit und Regen weniger angegriffen wird und ihr Alter sich zuverlässiger bestimmen läßt.

Aus diesem Grund glauben die Wissenschaftler, die darüber berichtet haben, daß sie das Alter prähistorischer Fundstätten in der Kalahari-Wüste einigermaßen genau bestimmen können. Die dort in den älteren Schichten der Ablagerungen gefundenen Straußeneier könnten zwischen 65 000 und 85 000 Jahren alt sein. An manchen Stellen in Afrika lassen sich vielleicht sogar Reste von Straußeneiern finden, die bis zu 200 000 Jahre alt sind. In China, wo die Temperatur insgesamt niedriger liegt als in Afrika, lassen sich womöglich bis zu einer Million Jahre alte Objekte datieren.

Es ist natürlich ohnehin sehr nützlich zu wissen, wie alt bestimmte Überreste sind, aber nun bietet sich insbesondere die Gelegenheit, eine genauere Vorstellung vom Alter des »Jetztmenschen« (eine Bezeichnung, die alle heute auf der Erde lebenden Menschen einschließt) zu bekommen. Im allgemeinen geht man davon aus, daß der Jetztmensch erstmals vor 50 000 Jahren auftrat, aber manchmal werden die Schalen von Straußeneiern zusammen mit Menschenknochen gefunden, die vom Jetztmenschen zu stammen scheinen. Wenn man das Alter der Schalen bestimmt, kennt man zugleich das Alter der Knochen. Wir können dann abschätzen, *wann* der *Homo sapiens* auftauchte, und vielleicht können wir sogar unseren Blick dafür schärfen, *wo* wir entstanden sind.

Überfahrt nach Australien

Wann sind zum ersten Mal Menschen nach Australien gekommen? Die ältesten versteinerten Menschenknochen, die auf dem Kontinent gefunden wurden, sind etwa 30 000 Jahre alt, und normalerweise geht man davon aus, daß die heutigen Ureinwohner (Aborigines) vor etwa 40 000 Jahren nach Australien gelangten. Doch 1990 legte eine Gruppe australischer Wissenschaftler unter der Leitung von Richard Roberts Hinweise darauf vor, daß die ersten Menschen bereits vor 60 000 Jahren nach Australien gekommen sein könnten.

An einer Fundstätte in Nordaustralien grub die Gruppe Steinobjekte aus, die wie Werkzeuge von Menschenhand aussehen, obwohl von Menschen selbst keine Überreste gefunden wurden. Durch eine Untersuchung der Art und Weise, wie dort gefundene Quarzkörnchen bei Erwärmung Licht abgeben (»Thermolumineszenz«), kann man bestimmen, wie lange diese Körnchen (und die dazugehörigen Werkzeuge) vergraben waren.

Dieses mögliche frühe Auftreten von Menschen in Australien wirft interessante Probleme auf. Der Vorfahr des *Homo sapiens* (»Jetztmensch«) war der *Homo erectus*, der ein kleineres Gehirnvolumen aufwies. Die Überreste des Homo erectus wurden auf der großen Landmasse Eurasiens und Afrikas gefunden, aber weder auf dem amerikanischen Doppelkontinent noch in Australien. Der Homo erectus konnte anscheinend nicht die Wasserschranke überqueren, die Asien von Nordamerika bzw. Australien trennte. Vielleicht hielten sie auch dem sibirischen Winter nicht stand.

Ein berühmtes fossiles Überbleibsel des Homo erectus wurde in den 90er Jahren des vorigen Jahrhunderts auf der Insel Java entdeckt. Doch in Südostasien ist die Insel Sumatra von der Malaiischen Halbinsel nur durch eine Meerenge getrennt, und die Straße zwischen Java und Sumatra ist sogar noch schmaler. Möglicherweise hat sich der Homo erectus auf Flößen hinübertreiben lassen oder ist sogar zu einem Zeitpunkt hinübergewatet, als der Meeresspiegel gesunken war (was ab und zu vorkommt). Zwischen den östlichen und den westlichen Inseln des heutigen Indonesiens gibt es jedoch einen breiten, tiefen Kanal, den sie niemals überqueren konnten.

Der unternehmungslustigere und mit einem größeren Gehirn ausgestattete Homo sapiens drang weiter vor: Der Jetztmensch kolonisierte als erster Australien und Amerika. In der Frühphase der Menschheitsgeschichte war die Erde fest im Griff der großen Eiszeit, aber Sibirien lag unter keiner so dicken und weiten Eisdecke wie Nordamerika. Jäger, die auf der Suche nach Nahrung große Tiere und insbesondere das Mammut verfolgten, drangen immer weiter nach Sibirien vor.

In den Eiskappen über den Kontinenten war soviel Wasser gebunden, daß der Meeresspiegel vor 20 000 Jahren um ca. 120 Meter niedriger lag als heute. Eine Landbrücke verband Sibirien mit Nordamerika. Sibirische Jäger überquerten sie nach Nordamerika und breiteten sich langsam über die Weiten Nord- und Südamerikas aus. Als die Eiskappen schmolzen und der Ozean zurück in die Beringstraße floß, waren die Menschen auf dem amerikanischen Kontinent vom Rest der Welt solange isoliert, bis in Europa das Zeitalter der Entdeckungen einsetzte.

Aber was war mit Australien? Auf dem Höhepunkt der Eiszeit waren die Malaiische Halbinsel, Sumatra und Java zweifellos alle miteinander verbunden. Das gleiche gilt für Neuguinea und Australien. Es wäre für Menschen relativ einfach gewesen, von Asien nach Sumatra und Java und vielleicht sogar nach Borneo und Celebes zu gelangen. Von Celebes nach Neuguinea und Australien überzusetzen wäre allerdings schwierig gewesen, denn dort stand keine Landbrücke zur Verfügung.

Wenn die Menschen wirklich vor 60 000 Jahren ankamen,

94

war die Eisdecke auf dem Kontinent viel kleiner, und der Meeresspiegel lag höher. Ein mindestens 400 Kilometer breites Gewässer mußte überquert werden. Ist es möglich, daß die ersten Menschen, die nach Australien übersetzten, Vertreter des Homo erectus oder des Neandertaler, einer frühen Unterart des Jetztmenschen, waren?

Dies ist unwahrscheinlich. Es gibt keine Hinweise darauf, daß der Homo erectus oder der Neandertaler die Fähigkeit besaßen, breite Gewässer zu überqueren. Außerdem umfaßten die an der nordaustralischen Fundstätte entdeckten Objekte einen Mahlstein und gemahlene rote und gelbe Minerale. Dies läßt darauf schließen, daß die dort lebenden Menschen sich und die Wände ihrer Behausung bemalten. Dies ist charakteristisch für den Homo sapiens und wurde sogar von den Ureinwohnern praktiziert, als die Europäer zum ersten Mal nach Australien kamen.

Damit liegt die Vermutung nahe, daß die ersten, die Australien erreichten, Vertreter des Homo sapiens waren, und daß dies sehr früh in der Geschichte des Jetztmenschen geschah. Wenn dies alles stimmt, wirft es ein überraschendes Licht auf die Aborigines. Die Europäer hielten die australischen Ureinwohner lange für die primitivste Rasse des heutigen Menschen, aber wenn sie Australien tatsächlich so früh erreichten, waren sie möglicherweise die ersten Menschen überhaupt, die mit Flößen oder Kanus eine weite Strecke über das offene Meer zurücklegten. Nicht schlecht für eine angeblich »primitive« Rasse.

Unentbehrliche Kooperation

»Kooperation« ist ein wichtiges Wort in der belebten Welt. Alle vielzelligen Wesen existieren dank der Kooperation ihrer einzelnen Zellbestandteile. Mitunter wirkt die Zusammenarbeit auf dem Gebiet von Zellen erstaunlich selbstlos. Üblicherweise geht man ja davon aus, daß Samenzellen unabhängig sind und miteinander konkurrieren. Doch man hat herausgefunden, daß eine normale Samenzelle einer Ratte bei dem Versuch, die Eizelle als erste zu befruchten, von anderen, in der Regel deformierten Samenzellen des gleichen Schubs unterstützt wird. Wenn die normale Samenzelle zu einer erfolgreichen Befruchtung unterwegs ist, verklumpen die deformierten Spermien zu einem Pfropf und verhindern, daß andere Spermien in den Fortpflanzungstrakt gelangen können.

Bestimmte Bakterien arbeiten anscheinend zusammen, wenn sie ihre Beute jagen und angreifen. Andere Bakterien sind vor sehr langer Zeit in lebende Zellen eingedrungen, nicht um sie zu zerstören, sondern um zum beiderseitigen Nutzen mit ihnen zu kooperieren. Diese Bakterien wurden zu den Mitochondrien, die heute wichtige Zellbestandteile sind. Ohne unsere Mitochondrien könnten wir nicht auskommen.

Es scheint, als sei das Eigeninteresse, das man früher als die treibende Kraft hinter der Evolution gesehen hat, nicht unbedingt die Norm. Es bringt gewaltige Vorteile mit sich, wenn man selbstlos und kooperativ ist, weil so sichergestellt wird, daß die Art selbst dann überlebt, wenn das einzelne Lebewesen zugrunde geht. Am deutlichsten ist dies bei den staatenbildenden Insekten zu erkennen: den Termiten, Bienen, Wespen und Ameisen. Einige Mitglieder dieser komplexen Gemeinschaften pflanzen sich niemals fort, sondern arbeiten, um ihren Artgenossen zu helfen.

Bei den Bienen beispielsweise ist die Selbstlosigkeit genetisch angelegt. Eine weibliche, aber unfruchtbare Arbeiterin kann nichts an ihrer Anlage ändern und bemüht sich ganz von selbst und ohne nachzudenken darum, ihren genetisch verwandten Schwestern zu helfen. Bei anderen besonders kooperativen Tieren beruht die Zusammenarbeit darauf, daß sich die Eltern ganz ihren Jungen widmen, von denen einige in der Nähe bleiben, um die Eltern und ihre neuen Geschwister mitzufüttern.

Der afrikanische Nacktmull gehört zur Familie der *Bathyergidae* (Sandgräber), Unterordnung *Hystricognathi* (zu der auch Meerschweinchen und Stachelschweine zählen). Die Nacktmulle sehen den weitgehend unbehaarten Jungen von Ratten ähnlich, aber sie sind faszinierend, weil sie unter den Säugetieren so etwas wie die Entsprechung zu den staatenbildenden Insekten sind. Sie haben eine Königin, die sich fortpflanzt, und selbstlose Arbeiter, die sich um sie kümmern und die große, unterirdisch lebende Kolonie in Gang halten. Ihre komplexe Gemeinschaft wurde erst vor wenigen Jahren von Jennifer U. M. Jarvis erstmals beschrieben und wird jetzt intensiv erforscht. Wir Menschen sind offenbar fasziniert von dieser Selbstlosigkeit und Zusammenarbeit, die tatsächlich funktioniert.

Urmenschen haben den Wolf gezähmt und zu einem hilfreichen Hund gemacht, der einen Menschen als Leittier anerkennt. Dies war möglich, weil sowohl der Hund als auch der Mensch wußten, wie man gemeinsam jagt und zusammenlebt. Wie die Menschen sind auch Wolfsjungen nicht genetisch darauf programmiert, zu einer sozialen Gruppe zu gehören, sondern lernen es. Ein Wolfsjunges, das von Menschen aufgezogen wird, betrachtet diese als sein »Rudel« und gehorcht dem Leittier – ganz zu unserem Vorteil. Seit einiger Zeit machen sich Farmer im amerikanischen Westen diesen Aspekt des Hundecharakters zunutze und ziehen die Welpen zusammen mit Schafen auf. Die heranwachsenden Welpen halten die Schafe für ihre Familie und verteidigen sie.

Auch unsere engsten Verwandten, die Schimpansen und Gorillas, leben kooperativ. Wenn Schimpansen miteinander gekämpft haben, küssen sie sich und vertragen sich anschließend wieder, damit Frieden einkehrt. Vor kurzem hat man entdeckt, daß Waldschimpansen in großen, zusammenarbeitenden Gruppen jagen – ganz ähnlich, wie sich vermutlich unsere Hominidenvorfahren verhalten haben. Die Waldschimpansen teilen Fleisch eher als andere Schimpansen miteinander; sehr wahrscheinlich war eine solche Selbstlosigkeit auch für das Überleben der frühen Hominiden förderlich.

Jane Goodalls Arbeit mit Schimpansen zeigt, daß Einzelwesen länger überleben, wenn sie enge, langfristige Bindungen eingehen. Eine Schimpansenmutter lebte bis ins hohe Alter, weil ihr Sohn für sie sorgte. Leider starb er nach ihrem Tod anscheinend an Trauer. Sie sind wirklich eng mit uns verwandt.

Menschen sind der Inbegriff sozialer Primaten. Man kann nicht aus dem Fenster auf die Wolkenkratzer von Manhattan blicken, ohne zuzugeben, daß so etwas nur durch Zusammenarbeit entstehen kann, wie sich die Menschen auch immer unten in den Straßen verhalten mögen.

Neue Hinweise, die der Archäologe John Rick von der Stanford University zusammengetragen hat, deuten darauf hin, daß die Peruaner der Steinzeit ökologischer lebten, als man es Urmenschen bisher zugetraut hätte. Um das Wachstum einer Population nicht zu gefährden, waren sie offensichtlich bemüht, keine Jungtiere zu töten. Sie hielten ihre eigene Bevölkerungszahl konstant, ohne auf das Mittel der Kindstötung zurückzugreifen; vermutlich übten sie sich in sexueller Abstinenz und forderten junge Erwachsene auf, sich einen anderen Ort zu suchen. Sie lebten in einer gemeinschaftlichen Harmonie, die man heute nicht oft findet.

In einer Zeit, da die Nationalstaaten im Streit miteinander liegen oder in mehrere verfeindete Teile zerfallen, fällt es schwer, sich den Menschen als ein »kooperatives Tier« vorzustellen. Aber die Menschen sind seit jeher sozial zusammenarbeitende Lebewesen und Teil eines biologisch kooperativen Planeten Erde. Wenn wir nicht zusammenarbeiten, sind die Folgen grausam und augenfällig.

Links, rechts

Jeder hat sie: die Neigung, bevorzugt eine der beiden Hände einzusetzen. Bei Rechtshändern liegen die Zentren für Sprache und Feinmotorik in der linken Großhirnrinde. Linkshänder (etwa jeder zehnte) haben Sprachzentren auf einer der beiden oder auf beiden Seiten des Großhirns.

Über die Linkshänder ist viel Pessimistisches berichtet worden. Linkshändige Kinder, die mit einer rechtshändigen Welt zurechtkommen müssen, sollen eher zu Lesestörungen und zum Stottern neigen. Ältere Studien schienen zu belegen, daß Linkshänder anfälliger für verschiedene körperliche Krankheiten sind, früher sterben und mehr Unfälle und Verletzungen erleiden.

Die ursprünglichen düsteren Angaben werden inzwischen in Frage gestellt. Es scheint, als habe Linkshändigkeit zwar die Lebenserwartung von Menschen beeinträchtigt, die vor 1890 geboren wurden, aber für die Zeit danach gilt das nicht mehr. Die Unfallhäufigkeit ist ebenfalls nicht eindeutig faßbar, denn sowohl das Alter und das Geschlecht der Person als auch die Art des Unfalls spielen eine wichtige Rolle.

Linkshändigkeit ist nicht so schlimm. Der stets als genial verehrte Benjamin Franklin war ein Linkshänder, der ein stattliches Alter erreichte und an seinem Lebensabend noch stark auf die Gründung und frühe Entwicklung der Vereinigten Staaten Einfluß nahm. Johann Sebastian Bach war ein linkshändiges musikalisches Genie; er zeugte zwanzig Kinder, von denen drei Komponisten wurden. Leonardo da Vinci schrieb mühelos in Spiegelschrift, was viele Linkshänder automatisch können.

Warum sind so viele Menschen rechtshändig? Unsere Verwandten unter den Primaten scheinen bei ihren normalen Aktivitäten keine der beiden Hände zu bevorzugen, aber unsere frühesten Vorfahren waren im täglichen Leben offensichtlich rechtshändig. Hominiden, die vor etwa zwei Millionen Jahren lebten, fertigten Steinwerkzeuge, indem sie Steine gegeneinander schlugen, um eine scharfe Kante zu erzeugen. Ein Rechtshänder behaut einen Stein im Uhrzeigersinn, so daß die Splitter nur auf der rechten Seite etwas von der Steinoberfläche haben. Frühe Hominiden hielten ihren Steinhammer augenscheinlich in der rechten Hand.

Neuere Forschungen weisen darauf hin, daß sich die Rechtshändigkeit lange vor den Hominiden entwickelt haben könnte. Es stimmt zwar, daß andere Primaten normalerweise keine der beiden Hände bevorzugen, aber unter bestimmten Testbedingungen ist dies anders. Sie setzen ihre rechte Hand eher für feinmotorische Aufgaben ein, insbesondere wenn es ihnen Probleme bereitet, zu erkennen, was sie gerade tun. Einige Wissenschaftler vermuten, daß sich unsere Vorfahren als Baumbewohner mit der rechten Hand an Ästen festhielten und mit der linken zugriffen. Als einige Primaten weitgehend zu Bodenbewohnern wurden, benutzten sie vielleicht die kräftigere rechte Hand zum Öffnen von Nüssen. Selbst heute tun sie zumeist mehr mit der rechten Hand als mit der linken.

Der interessanteste Aspekt an diesem Problem ist, daß sowohl Menschen als auch Menschenaffen ihre Säuglinge auf der linken Seite tragen. Dies wird als Hinweis auf die frühe Neigung zur Rechtshändigkeit gewertet, die davon herrühren soll, daß die Mutter, wenn sie ihren Säugling auf der linken Seite hält, ihn stärker mit dem linken Ohr hört und vorwiegend im linken Teil des Gesichtsfelds wahrnimmt. Was man links hört und sieht, wird von der rechten Hälfte der Großhirnrinde verarbeitet, die für die emotionalen Sinneswahrnehmungen zuständig ist. Die Mutter hält, wie man glaubt, den Säugling automatisch so, daß Informationen über das Kind an die Gehirnhälfte gehen, die am besten geeignet ist, die gefühlsmäßigen Wahrnehmungen zu interpretieren und auf sie zu reagieren. Vielleicht erlaubt dies der Mutter und ihrem Kind, eine engere gefühlsmäßige Beziehung herzustellen, die für das Überleben des Kindes sehr wichtig ist, oder vielleicht werden Säuglinge auch deshalb auf der linken Seite gehalten, weil sie dort den Herzschlag der Mutter besser hören können. Es stimmt zwar, daß das Herz eigentlich in der Mitte liegt, aber das ist genau unter dem Brustbein. Die Herzspitze ist leicht nach links versetzt, wo ein Arzt mit einem Stethoskop das Herz abhört. Ein Baby lauscht neun Monate lang dem Herzschlag der Mutter und scheint sich nach der Geburt tatsächlich besser zu entspannen, wenn es auf der linken Seite getragen wird.

Was war zuerst da: Rechtshändigkeit, Sprache oder aufrechter Gang auf zwei Beinen? Vielleicht kam die Körperbehaarung entweder zuerst oder zusammen mit dem aufrechten Gang. Alle anderen Primaten haben eine Körperbehaarung, an der sich die Jungen festhalten können. Gorillasäuglinge, die zunächst genauso hilflos wie Menschenbabys sind, können sich im Alter von drei Wochen im Fell der Mutter festkrallen. Wenn sich ein unbehaarter Hominide bemüht, auf zwei Beinen zu laufen (vielleicht um über das hohe Gras in der raubtierreichen Savanne zu blicken), muß das Baby von der Mutter getragen werden. Schreit das Baby auf der linken Seite weniger, so wird es ebenso wie seine Mutter vor Raubtieren sicherer sein.

Sollte Rechtshändigkeit in unserer Ahnenreihe weit zurückreichen, dann vergessen Sie nicht, daß nach der neuesten Theorie das Universum selbst linksseitig sein könnte. Von der Asymmetrie von Kernteilchen über die Aminosäuren in lebenden Zellen bis zur Rotation von Galaxien gibt es im Universum eindeutig eine Tendenz zur Linksseitigkeit.

Gene bei der Arbeit

Die Genetik macht so schnell Fortschritte, daß es eine geradezu herkulische Aufgabe ist, mit den Entwicklungen auf diesem Gebiet Schritt zu halten. Dies ist eine kurze Einführung mit ein paar Beispielen, was derzeit in der Genetik geschieht.

Zunächst einmal sind Gene keine einfachen, winzigen Bausteine des Erbguts. Als der österreichische Mönch Gregor Mendel in den 60er Jahren des 19. Jahrhunderts seine großartigen Experimente durchführte, hatte er keine Ahnung, daß Chromosomen im Zellkern für seine interessanten Ergebnisse bei der Kreuzung von Erbsenpflanzen verantwortlich waren. Er führte genau Buch und bemerkte, daß seine Erbsenpflanzen ganz bestimmte, meßbare Merkmale hatten (von ihm als »Faktoren« bezeichnet), die immer paarweise aufzutreten schienen. Mendel stellte fest, daß ein »rezessiver« Faktor nicht vernichtet wurde, sondern verborgen blieb und in der nächsten Generation wieder auftauchen konnte.

Als die Chromosomen ihren Namen erhielten (1888 von einem Herrn von Waldeyer), kannte niemand ihre Zusammensetzung, aber schließlich wurde klar, daß die Chromosomen etwas mit den Mendelschen »Faktoren« zu tun hatten. 1909 bezeichnete der dänische Biologe Wilhelm Ludvig Johannsen die Faktoren nach dem griechischen Wort für »erzeugen« als *Gene*.

Da die Zahl der für jede Art eigentümlichen Chromosomen weit geringer ist als die Zahl der vererbbaren Merkmale, kamen die Biologen zu dem Schluß, jedes Chromosom müsse aus einer ganzen Sammlung von Genen bestehen. Dank der sich schnell vermehrenden Taufliege, die lediglich vier Chromosomen besitzt, fand man heraus, daß Gene auf komplizierte Weise angeordnet und miteinander verbunden sind. Außerdem können Gene, wie bereits Mendel entdeckte, zu einem anderen Chromosom überwechseln (Crossing-over) und mutieren. Tierzüchter hatten sich schon lange die Tatsache zunutze gemacht, daß »Keimplasma« zur Mutation neigt. 1791 züchtete ein Farmer in Massachusetts aus einem einzigen merkwürdigen Lamm kurzbeinige Schafe, die die Steinmauern um seine Felder nicht überspringen konnten.

Die Taufliege machte es möglich, Gene in einem Chromosom zu zählen (bei der Taufliege sind es mindestens 10 000) und herauszufinden, daß ein einzelnes Gen ein Molekulargewicht von 60 Millionen besitzt. Menschen haben größere Chromosomen als Taufliegen; sie enthalten zwischen 20 000 und 90 000 Gene pro Chromosomenpaar. Damit nehmen auch Molekulargewicht und die Komplikationen zu.

Die Wissenschaftler setzen sich mit diesen Komplikationen auseinander. Die moderne Molekulargenetik ist ein beunruhigendes Gebiet, das zu verstehen und zu *steuern* versucht, wie Gene funktionieren. Es hat sich herausgestellt, daß diese »Bausteine des Erbguts« DNA-Moleküle sind (die berühmte Doppelhelix). DNA steht für Desoxyribonukleinsäure; diese besteht aus vier verschiedenen Nukleotiden in unterschiedlichen Kombinationen, was heute als »genetischer Code« bezeichnet wird. Wissenschaftler versuchen, die Kombinationen zu verändern, was der Öffentlichkeit als »rekombinante DNA«, »Gentechnik« oder »Genmanipulation« präsentiert wird.

Verfolgt diese Arbeit einen Zweck? Sicher. Es gibt kleine Kinder, die in keimfreien Blasen leben müssen, weil sie genetisch bedingt ein fehlerhaftes Immunsystem mitbekommen haben. Eines Tages könnte ihnen die Gentechnik vielleicht ein normales Leben ermöglichen. Vielleicht wird es einmal möglich, daß sich Menschen mit beschädigter DNA diese reparieren lassen.

Gegenwärtig werden medizinische Experimente durchgeführt, um Leben durch eine Gentherapie zu retten, d. h.

durch das Einfügen von gesunden oder speziell veränderten Genen bei kranken oder mit Geburtsfehlern behafteten Patienten. Die Übertragung genetisch veränderter Lymphozyten auf Menschen mit tödlichen Immundefekten gibt zu Hoffnung Anlaß.

Auch die Diagnose verbessert sich. Eine führende medizinische Fachzeitschrift berichtete, daß es jetzt möglich sei, Gene in zirkulierenden Lymphozyten bei Menschen aus Familien zu untersuchen, die zu erblich bedingter hypertrophischer Kardiomyopathie neigen; dies ist eine Krankheit, die sich erst bemerkbar macht, wenn ein davon betroffenes Kind heranwächst. Vielleicht gelingt es, durch diesen Screening-Test die Krankheit vor ihrem Ausbruch festzustellen, eventuell Präventivmaßnahmen zu ergreifen und – nicht zuletzt – andere Familienmitglieder zu beruhigen, die das betroffene Gen nicht haben.

Mit der Entwicklung der Gentherapie werden auch bald Fortschritte in der Behandlung von Krebs, Diabetes und anderen Problemen möglich, die sehr viele Leben mit Hinfälligkeit und Tod bedrohen. Eine solche Behandlung macht Menschen weder zu »Mutanten«, noch bedroht sie den Rest von uns mit um sich greifenden schrecklichen Krankheiten.

Die Arbeit mit Genen ist nicht auf den medizinischen Bereich beschränkt und mitunter einfach reizvoll. Beispielsweise hat man herausgefunden, daß die DNA aus erhalten gebliebenem Gewebe des ausgestorbenen Quagga identisch mit der DNA von heute lebenden Zebras ist. Das Quagga sah vorne wie ein Zebra aus, war hinten einfarbig braun und hatte eine weiße Bürste als Schwanz. Zebrazüchter versuchen nunmehr, Tiere hervorzubringen, die wie Quaggas aussehen.

Morgen das Quagga – im nächsten Jahrhundert der Neandertaler?

Gene, Onkogene und Krebs

Für eine grundlegende Entdeckung im Zusammenhang mit Krebs erhielten J. Michael Bishop und Harold Varmus von der University of California in San Francisco 1989 den Nobelpreis für Medizin. Die Geschichte, wie es dazu kam, beginnt ein Dreivierteljahrhundert vorher.

1911 berichtete ein amerikanischer Arzt namens Francis Peyton Rous, er könne Krebs von einem Huhn auf ein anderes übertragen. Wenn ein Huhn einen bestimmten Tumor, ein sogenanntes »Sarkom«, habe, könne er dieses Sarkom zerdrücken und durch einen feinen Filter geben, der zu einer klaren Flüssigkeit ohne lebende Zellen darin führe. Injiziere er dann einem gesunden Huhn etwas von der Flüssigkeit, so entwickle dieses Huhn ein Sarkom.

Es schien, als müsse die Flüssigkeit als Infektionsüberträger einen Virus enthalten, der so klein war, daß er den Filter passieren konnte. Dieses Virus erhielt die Bezeichnung »Rous-Hühnersarkom-Virus«; die Entdeckung selbst implizierte, daß zumindest einige Krebserkrankungen Virusinfektionen waren.

Andere Wissenschaftler waren skeptisch, aber im Laufe der Jahre entdeckte man weitere Fälle der Entstehung von Krebs durch Infektion bei Tieren. 1966, 55 Jahre nach der Entdeckung, erhielt Rous (damals 87 Jahre alt und immer noch tätig) dafür einen Nobelpreis.

Daß Viren Nukleinsäuren enthalten, war bekannt. Dies gilt für alle lebenden Zellen. Die wichtige Spielart der Nukleinsäure in Zellen – ob beim Menschen oder beim Huhn – ist die DNA. Die DNA bildet eine andere Nukleinsäure, die RNA (Ribonukleinsäure), die in den Zellen die Produktion von all den verschiedenartigen Proteinmolekülen überwacht. Genau diese große Vielfalt von Proteinmolekülen läßt die Zellen und die aus Zellen aufgebauten Organismen so hervorragend funktionieren.

Und so lautet das zentrale Dogma der Biochemie: Genetische Information gelangt von der DNA über die RNA zu den Proteinen.

Die Tumorviren jedoch enthalten RNA. Wenn sie Krebs hervorrufen, müssen sie dies tun, indem sie die DNA der Zellen so modifizieren, daß sie eine Kette von Veränderungen auslösen, die am Schluß zu Krebs führen. Da in diesem Fall genetische Information von der RNA auf die DNA übertragen wird, bezeichnet man Tumorviren als »Retroviren«; die lateinische Vorsilbe »*retro*« bedeutet dabei »zurück«.

Bis Mitte der 70er Jahre herrschte unter den Wissenschaftlern die Meinung vor, Zellen (menschliche und andere) würden diese Retroviren irgendwie von außen aufnehmen. Die Retroviren blieben angeblich ruhig in den Zellen, täten die meiste Zeit über gar nichts und ähnelten so tickenden Zeitbomben. Dann würden sie früher oder später durch irgendeine Einwirkung wie etwa Strahlung, Chemikalien oder etwas anderes aktiviert werden und die Zelle in Richtung Krebs verändern.

Einige Wissenschaftler zweifelten dies jedoch an. Ihrer Ansicht nach beruhte Krebs nicht auf äußeren Viren, sondern war in das normale Funktionieren der Zelle integriert. Danach gab es in der Zelle bestimmte normale Gene, die selbst tickende Zeitbomben waren. Sie waren es auch, die durch Strahlung, Chemikalien oder etwas anderes beeinflußt werden konnten, sich als Folge davon leicht veränderten und zu abnormen Genen wurden, die wiederum die Veränderungen auslösten, die zu Krebs führten. Das abnorme, krebserzeugende Gen war ein »Onkogen« (*onko-* stammt von dem griechischen Wort für »Tumor«). Das normale Gen, das dem Onkogen vorausging, war ein »Proto-Onkogen« (*proto-* stammt von dem griechischen Wort für »erster«).

1976 berichteten Bishop und Varmus über die ersten wichtigen Experimente, die diese Vorstellung von Onkogenen zu untermauern schienen. Die Proto-Onkogene halfen bei der Steuerung normaler Vorgänge des Zellwachstums und der Differenzierung von Zellen, die die Zahl und die verschiedenen Arten von Zellen vervielfachten. Diese normalen Prozesse kommen zum Stillstand, wenn der Körper genügend Zellen besitzt. Verändern sich aber die gesunden Gene in Onkogene, so verlieren sie die Fähigkeit, den Vorgang zu beenden. Abnorme Zellen wachsen unbeschränkt und befallen normales Gewebe, bringen den Körper durcheinander und erzeugen im allgemeinen eine tödliche Krebserkrankung.

Seit 1976 haben weitere Hinweise diese Auffassung bestätigt. Es hat sich herausgestellt, daß Retroviren ebenfalls Produkte der Onkogene sind, sich auch im Körper bilden können und nicht von außen kommen müssen. Für diese Arbeit erhielten Bishop und Varmus dreizehn Jahre nach ihren bahnbrechenden Experimenten einen Nobelpreis.

Da sich unser Wissen über den Ursprung von Krebs nun erweitert haben dürfte, können sich Wissenschaftler daran begeben, die Proto-Onkogene zu identifizieren und detailliert die Veränderungen zu untersuchen, die sie zu Onkogenen machen. Die Hoffnung dabei ist, daß eine entsprechende Behandlung die Gefahr der Bildung von Onkogenen vielleicht verhindern oder zumindest verringern oder ihre Auswirkungen mildern (oder sogar umkehren) könnte, wenn sie einmal entstanden sind.

Aber warum sollte es normale Gene geben, die irgendwann ein Krebsstadium durchmachen? Zum einen existiert das Leben bereits seit etwa 3,5 Milliarden Jahren, aber erst vor 0,8 Milliarden Jahren entstanden vielzellige Organismen. Vielleicht hat die Evolution das System der Bildung und Steuerung einer Kombination aus vielen Zellen noch nicht perfektioniert, und Krebs ist eine mitgeschleppte Unvollkommenheit in diesem Prozeß.

Die prächtigen Mikroben

Menschen betrachten Mikroben normalerweise nicht als schön oder überhaupt als tolerierbar. Als Anton von Leeuwenhoek im 17. Jahrhundert erstmals Mikroorganismen entdeckte, war niemand sonderlich daran interessiert. Seit Louis Pasteurs Keimtheorie der Krankheiten, die er in den 60er Jahren des letzten Jahrhunderts entwickelte, weiß man, daß Mikroben existieren und für das menschliche Leben allzuoft tückisch sind.

Der am häufigsten als schädlich gebrandmarkte Mikroorganismus ist das einfache Bakterium. Sein Name stammt von dem griechischen Wort für »Stab«, vielleicht weil sehr viele Bakterien wie kleine Stäbe aussehen. Der Psalmist in der Bibel sprach mit Sicherheit nicht von Bakterien, als er die berühmte Zeile »... dein Stock und dein Stab geben mir Zuversicht« schrieb.

Doch viele Bakterien sind »gut« für das menschliche Leben. Die bekanntesten »guten« Bakterien tragen zur Fruchtbarkeit des Bodens bei, indem sie Stickstoff aus der Luft binden, oder sind im menschlichen Darmtrakt bei der Verdauung der Nahrung hilfreich. Und wenn es keine Bakterien gäbe, würden wir haushoch im Abfall stecken.

Neuerdings sind Bakterien sogar Nachrichten wert. Die Molekularbiologie des Verhaltens wird mit Hilfe von *Escherichia coli* erforscht, einer Bakterienart, die gewöhnlich im menschlichen Darm vorkommt. Die E. coli bewegen sich fort, indem sie ihre Spiralfäden abwechselnd im oder gegen den Uhrzeigersinn rotieren lassen. Sie faszinieren die Wissenschaftler, weil sie anscheinend eine Veränderung der Menge chemischer Substanzen in ihrer Umgebung messen und ihre eigene Bewegung darauf einstellen können.

Ein neues japanisches Tiefsee-Unterseeboot wird Mikroben vom Meeresgrund nach oben holen. Bei der Erforschung der Tiefseeökologie sind die Wissenschaftler bemüht, mehr über den Ursprung des Lebens zu erfahren. Man vermutet, daß Meereshyperthermophilen (Mikroben, die man in unterseeischen heißen Spalten gefunden hat) die Vorfahren aller Lebewesen sind. Biotechniker (in Japan ein florierender Berufszweig) werden die Tiefseebakterien ebenfalls auf Gene hin untersuchen, die für sie ebenso bedeutend sind wie die Gene in Bakterien, die in heißen Quellen leben.

Die Biotechnik nutzt bereits viele andere Mikroben. Eine Mikrobenart wurde für die Herstellung eines japanischen Waschmittels eingesetzt, weil sein Zellulose-Enzym Schmutz entfernt, indem es verschmutzte Zelluloseflächen aufbricht, ohne die Baumwollfasern anzugreifen. Eine andere Mikrobe produziert das Enzym »alkalische Amylase«, das Glukosemoleküle in ein anderes Molekül mit Namen »Cyclodextrin« einbaut; der Anwendungsbereich sind hier Kapseln, die ihren Inhalt langsam freisetzen. Nicht zuletzt gibt es Bakterien, die Ölflecken verdauen.

Weiterhin gibt es den Gesteinslack. Dies ist eine dunkle, weniger als einen halben Millimeter dicke Schicht aus Mineralen (vor allem Lehm und Mangan), die nach heutigem Wissensstand von Bakterien abgelagert wird, die auf zumindest zeitweilig feuchten, porösen Steinoberflächen leben. Mancher Gesteinsüberzug ist sehr alt und datierbar. Wenn man ein wenig von diesem Lack über eine Felsenmalerei streicht, kann man das darunterliegende Bild datieren, ohne es zu beschädigen.

Der Gesteinsüberzug läßt Rückschlüsse auf frühere Umweltbedingungen und klimatische Veränderungen zu. Auf diese Weise kann man »stabile Landformationen« erkennen, so daß die Menschen beruhigt auf Schwemmlandböden leben können, ohne Angst haben zu müssen, eines Tages überflutet zu werden. Und falls ein sicherer Platz gesucht wird, um Giftmüll zu lagern, läßt sich auch dafür die Stabilität der Oberfläche ablesen.

Das große und äußerst wichtige diazotrophe Cyanobakterium (Blaualge) *Trichodesmium* ist ein Phytoplankton. Abgesehen davon, daß es einen merkwürdigen Namen hat, scheint es im tropischen Nordatlantik den meisten Stickstoff zu binden. Pflanzen brauchen diesen Stickstoff; außerdem ernährt der Ozean viele Tiere, darunter auch uns.

Die neue Mikrotechnik hat den Mikroben ein enorm wichtiges neues Einsatzgebiet eröffnet und Möglichkeiten gefunden, um sie zu züchten und genetisch zu verändern, damit sie Erzeugnisse produzieren, die wir benötigen. Menschliche Hormone sowie Rezeptoren für Medikamente und Wachstumsfaktoren können von Bakterien in großen Mengen produziert und zusammen mit Nahrung verabreicht werden, die vor allem aus verarbeiteten Algen besteht. Noch wichtiger ist es, daß Mikroben mithelfen, Medikamente genau zu den Stellen des Körpers zu befördern, wo sie benötigt werden. So produzieren bestimmte Bakterien Enzyme, die es ihnen erlauben, sich in einem Magnetfeld zu orientieren. Wenn man diese Enzyme in einem Medikament verwendet, kann ein Arzt das Medikament mit einem Magneten an die kranke Stelle lenken.

Andere genetisch veränderte Mikroben bringen Pestizide oder Dünger direkt zu Leguminosenpflanzen (z. B. Luzerne, Bohnen, Klee und Erbsen). Im genetischen Code der Mikrobe sitzt ein »Aktivator«, der wie ein Kippschalter auf die chemischen Botschaften der Pflanze reagiert. Mit Hilfe der Methode des Genspleißens fügen Wissenschaftler den Kippschalter bei einem anderen Gen ein, das das Pestizid oder den Dünger ausschließlich den Wurzeln der Pflanze zuführt. Dies ermöglicht den Einsatz einer niedrigeren Konzentration von Pestiziden und Düngern, was auch einen geringeren Eingriff in die Umwelt bedeutet.

Mikroben sind auch deshalb prächtig, weil sie unsere ältesten Verwandten sind, die Vorläufer allen Lebens auf der Erde. Wir und alle anderen vielzelligen Wesen bestehen aus eukaryotischen Zellen. Viele Wissenschaftler sind heute der Meinung, daß alle eukaryotischen Zellen aus früher isoliert existierenden Bakterien zusammengesetzt sind, die gelernt haben, mit- und ineinander auszukommen.

Jeder von uns besteht aus einer Gemeinschaft von Zellen, die alle wiederum eine Gemeinschaft von Lebewesen bilden: Ist da die Hoffnung überzogen, daß eines Tages das gesamte intelligente Leben ebenfalls eine kooperative Gemeinschaft sein wird?

Wunderbare Vielfalt

Verschiedenheit bedeutet wirklich Vielfalt. Der Mensch liebt die Vielfalt. Besonders früher wurden manche Geschäfte als »Gemischtwarenhandlungen« bezeichnet. In Ländern, wo die Produktion von Konsumgütern verstaatlicht war, verlangen die Bürger heute lautstark nach der Vielfalt, die andere Menschen genießen.

Das Problem dabei ist nur, daß jemand, der sich für ein Auto, einen Anzug oder ein Fernsehprogramm entscheidet, vergißt, daß es auf der Erde stets um Vielfalt geht und wir Menschen unseren armen Planeten zu einer Eintönigkeit »verstaatlicht« haben, die nicht nur langweilig, sondern auch gefährlich ist.

Vor allem besteht das Problem darin, daß es zu viele Menschen gibt. Zu viele von einer Art ist schlecht, aber wenn diese Art technisch dazu in der Lage ist, ihre Lebensgrundlagen aufzubrauchen und zu zerstören, wird sie in Schwierigkeiten kommen. Zum Menschsein gehört der Einsatz von Technologien, und dazu zählt auch die primitive Brandrodung, um nutzbares Land zu gewinnen. Der Einsatz von Feuer ist eine der ersten Technologien, die wir uns angeeignet haben.

Länder ohne Öl (das früher oder später sowieso allen ausgehen wird) bemühen sich um die Diversifizierung ihrer Energiequellen. Andere Länder und Städte sorgen sich um die Diversifizierung von Arbeit, besonders wenn ein Gebiet zu stark auf einen Industriezweig konzentriert war. Als die Sowjetunion ihr Interesse am nuklearen Wettrüsten verlor und anschließend ganz aufhörte, als Staat zu existieren, zitterte man in den amerikanischen Rüstungsfabriken verständlicherweise aus Angst um Arbeitsplätze.

Aber worum wir uns sorgen müssen, ist der Planet selbst, denn wir sind Teil seines Lebens und völlig auf ihn angewiesen. Wenn wir Menschen fortwährend versuchen, »die Natur zu steuern«, verlieren wir die Kontrolle über unsere Stellung innerhalb der Natur und sind dann auf dem besten Weg, heimatlos zu werden. Die Menschen sollten ihren Lebensraum erweitern, so daß einige in Kuppeln auf dem Mond und dem Mars oder in Raumstationen in einer Umlaufbahn leben, aber da wir nicht bereit gewesen sind, in diesen Sicherheitsfaktor zu investieren, sollten wir uns nun besser um unsere einzige Heimat kümmern.

Die Ökologie (nach den griechischen Wörtern für »Haus« und »Wissenschaft«) macht deutlich, daß unser »Haus«, der Planet Erde, eine unglaubliche Vielfalt an Leben besitzt. Neue Untersuchungen der Regenwälder haben gezeigt, daß die Zahl der Arten auf der Erde stark nach oben korrigiert werden muß. Sind all diese Arten notwendig, insbesondere für uns? Was ist mit dem Pupfish (ein Zahnkärpfling), dem Panda und seltenen Orchideen? Sind sie notwendig?

Wir wissen es nicht. Vielleicht werden wir niemals genau erfahren, was für unser eigenes Wohlergehen notwendig ist. Aus diesem Grund sollten wir besser sehr vorsichtig mit der Vielfalt der Welt umgehen, denn wir wissen nicht, was uns eine schlechte Behandlung einbringen wird. So schnell, wie die Regenwälder verschwinden, entdecken Wissenschaftler neue Medikamente, die aus Pflanzen gewonnen werden, die vom Aussterben bedroht sind. Durch Rinder- und Schafzucht veröden Gebiete, die sonst viele verschiedene Pflanzenfresser ernähren könnten. Häßliche Alligatoren sollten leben, denn sie schaufeln Sandgruben, die zu Teichen werden und bauen Nisthügel, die zu Inseln werden.

Alles ist miteinander verbunden. Die Vielfalt des irdischen Lebens ist aufs engste miteinander verwoben; die Teile, die sich dabei überlappen, sichern gegenseitig ihre Existenz. Ökosysteme funktionieren am besten, wenn sie komplex sind, d. h., wenn verschiedene Tiere und Pflanzen viele Nischen ausfüllen und nicht unbedingt miteinander konkurrieren.

Für uns bedeutet Vielfalt eine Risikoversicherung. Wir setzen uns der Gefahr einer schrecklichen Katastrophe aus, wenn wir uns nur auf ein paar Tiere und Pflanzen als Nahrung konzentrieren, deren genetische Verschiedenheit nicht ausreicht, um einschneidende Veränderungen der Umweltbedingungen auszuhalten. Wir sollen mehr Fisch essen, aber wir haben nicht die Gewässer geschützt, in denen die Fische leben, und in bestimmten Gewässern wird zuviel gefangen, ohne dafür zu sorgen, daß der Fischbestand wiederhergestellt wird. Wir mögen und brauchen viele Pflanzen, aber wir schützen nicht die Tiere, die diese Pflanzen befruchten: Insekten, Vögel und Fledermäuse.

Stellen Sie sich ein Szenario vor, in dem unserem Planeten nur noch Menschen und menschliche Erzeugnisse verblieben sind. Dies ist nicht realistisch, schon deshalb nicht, weil wir aller Wahrscheinlichkeit nach niemals so lang durchhalten würden, aber nehmen wir es einmal an. Vermutlich würden wir die Vielfalt neu erfinden: Millionen unterschiedlicher Roboter, um alle Nischen auszufüllen. Dann würden wir darüber streiten, ob wir sie alle steuern sollten oder nicht, und entweder würden wir uns dagegen entscheiden oder wären gar nicht in der Lage dazu. Am

Schluß gäbe es Roboter, die friedlich Bäume pflanzten, Pflanzen befruchteten und gegen Wilderer auf Streife gingen.

Wie auch immer, in Wahrheit lieben wir die Vielfalt und schätzen die Wildnis, wie Thoreau es genannt hat. Wir fahren gerne ans Meer, in die Berge und in die Wüste – wo wir uns als Teil von etwas größerem als uns selbst erleben, als Teil eines Planeten, der noch weiterleben wird, wenn wir einmal verschwunden sind.

Und außerdem: Wären Sie mit einer einzigen Sorte Obst zufrieden? Oder mit gewöhnlichem Toastbrot? Denken Sie daran, daß Vielfalt sogar gut schmeckt!

II

Unser Planet und
unsere Nachbarn

Mantel und Kern

Sind Sie wegen der wirtschaftlichen Lage besorgt? Wegen der politischen? Oder wegen der anscheinend unauslöschlichen Neigung des Menschen, nicht nur sein eigenes Leben, sondern sogar den Planeten, den er bewohnt, ins Chaos zu stürzen? Manche Naturwissenschaften eröffnen eine so weite, tiefe oder ferne Sicht der Dinge, daß es eine Erleichterung ist, sich darin zu vertiefen und die Widrigkeiten des Alltags zu vergessen.

Astronomie und Kosmologie gehören in diese Kategorie, doch manchmal wirken sie auch abschreckend, weil sie scheinbar nichts mit dem Menschen zu tun haben. Isaac erhielt einmal einen Anruf von einer schluchzenden jungen Person, die fragte: »Ist es wirklich möglich, daß das Universum eines Tages zu existieren aufhört?« Es ist möglich, aber es wäre müßig, sich schon jetzt darüber Gedanken zu machen.

Dann gibt es noch die Geologie. Mineralienfreunde sammeln ihre Proben auf einer zweifellos angenehmen Flucht vor der Wirklichkeit, aber bei der Geologie geht es um mehr als Steine. Sie liegt uns so nahe, wie es einer Wissenschaft nur möglich ist, denn sie befaßt sich mit unserer Heimat, der Erde. Geologen sind die Wissenschaftler, die beispielsweise Vulkanausbrüche (die sich nur allzu oft auf das Leben von Menschen auswirken) und Erdbeben (ebenso) erforschen.

Doch wenn Geologen und Geophysiker die Tiefenstruktur der Erde erforschen, ist die Perspektive sicherlich breiter als bei den meisten Alltagsproblemen der Menschen. Die geophysikalische Geschichte des Planeten stellt die gesamte romantische Geschichtsschreibung aller Länder in den Schatten, die sich auf der nur 64 km dicken Erdkruste befinden. Unser Sonnensystem entstand vor 4,6 Milliarden Jahren durch die Verdichtung von Gas- und Staubwolken. Als die Kugel aus Gas und Staub anwuchs, sammelte sich das leichte Material außen als Atmosphäre, während sich das schwere Material als Planet selbst zusammenpreßte und Druck und Hitze tief im Inneren zunahmen. Dieses Erdinnere ist ein bemerkenswerter Ort, wenngleich es keinerlei Ähnlichkeit mit Jules Vernes Beschreibung in der *Reise zum Mittelpunkt der Erde* aufweist.

Unter der vorwiegend aus Gesteinen bestehenden Erdkruste liegt der etwa 2900 km dicke Erdmantel. Der Mantel enthält ebenfalls Gesteine, aber die Gesteine dort gehören zum Olivintyp und sind reich an Magnesium und Eisen und dichter als in der Erdkruste. Vermutlich würden Sie nicht glauben, daß es im Erdmantel Wasser gibt, aber es kommt dort tatsächlich vor, als Hydroxylgruppen strukturell in den Mineralen gebunden. Heute geht man davon aus, daß es im Erdmantelgestein in Form von Hydroxylgruppen so viel Wasser wie in einem Großteil der Weltmeere gibt und daß das Gestein im Erdmantel eine wichtige Rolle beim Wasserkreislauf durch die obersten Erdschichten spielt. Neuere Studien weisen außerdem darauf hin, daß der Wasserstoff in den OH-Gruppen zur elektrischen Leitfähigkeit des Erdmantels beitragen könnte.

Unter dem Mantel liegt der Kern des Planeten; er ist einem Druck zwischen 1500 t/cm^2 am oberen Rand und 3900 t/cm^2 im Zentrum ausgesetzt. Nach dem Studium von seismographischen Ergebnissen stellte der britische Geologe Richard Dixon Oldham die Theorie auf, der Gesteinsmantel der Erde grenze an einen flüssigen Bereich. Jahrelang glaubte man, daß der gesamte Kern flüssig sei, aber heute weiß man, daß es einen äußeren Kern aus geschmolzenem Nickel und Eisen gibt, der sechsmal mächtiger ist als der feste innere Kern; dieser treibt darin wie ein winziger Planet, 5000 Kilometer unter unseren Füßen.

Als die Erde in ihrer frühen Entwicklungsphase abkühlte, entstand der innere Kern durch eine langsame Verfestigung des flüssigen Kerns. Es mag nicht weniger als 3,6 Milliarden Jahre gedauert haben, bis der feste Kern seine heutige Größe erreichte. Der kanadische Geophysiker Dr. Douglas Smylie erforschte und demonstrierte vor kurzem, wie der feste innere Kern im flüssigen äußeren Kern schwingt. Neue Methoden könnten eventuell genauere Schätzungen der Masse des inneren Kerns ermöglichen.

Die beiden Bestandteile des Erdkerns bilden einen »Geodynamo«, der von der Wärmekonvektion der Flüssigkeiten des äußeren Kerns sowie dem Wachstum des festen inneren Kerns gespeist wird; letzterer ist inzwischen so groß, daß die von ihm beigesteuerte Gravitationsenergie die wichtigste Kraftquelle des Geodynamos sein dürfte. Geophysiker an der Cambridge University haben ein analytisches Modell erstellt, das auf der Erhaltung der globalen Wärme beruht und (anderen Geophysikern, nicht mir) die Entwicklungsgeschichte des Kerns erklärt.

Es mag den Anschein haben, als sei diese Vorstellung vom Inneren der Erde – geschmolzenes Metall, das träge um eine sehr langsam wachsende, feste Kugel herumschwappt, zu unanschaulich ist und für die meisten von uns zu fern liegt, um noch von Bedeutung zu sein, aber das stimmt nicht. Dieser innere Geodynamo erzeugt das Magnetfeld der Erde, das einen Teil der tödlichen kosmischen Strahlung zerstreut, die auf den Planeten einfällt. Die periodischen Umkehrungen unseres Erdmagnetfelds werden vielleicht durch Veränderungen gelenkt, die sich nicht nur im flüssigen äußeren Kern, sondern auch im darüberliegenden Gesteinsmantel selbst vollziehen. Das Rätsel der magnetischen Umkehrungen wird weiter verfolgt.

Die Grenzen zwischen Kern und Mantel sowie zwischen Mantel und Kruste werden intensiv erforscht. An manchen ständigen *hot spots*, Aufschmelzungszonen, die nahe der

Grenze zwischen Mantel und Kern beginnen, steigt Material aus dem Mantel wie eine Rauchfahne *(plume)* nach oben und durchbricht die Erdkruste als Vulkan. Inseln wie z. B. die Gruppe der Hawaii-Inseln entstehen vermutlich, wenn sich die tektonischen Platten der Kruste über heiße Stellen des Mantels schieben. Roger Larson hat die Hypothese aufgestellt, daß es vor 120 Millionen Jahren zur Eruption einer *Superplume* aus dem Erdmantel kam, die nicht nur eine Krustenbildung, sondern auch eine vorübergehende (nun ja, 40 Millionen Jahre dauernde) Stabilisierung der Ausrichtung des Magnetfelds der Erde bewirkte. Superplumes erhöhen möglicherweise die Geschwindigkeit der Bewegung im flüssigen äußeren Kern und verändern dadurch die Kraft des Geodynamos.

Unter der zerbrechlichen Schicht des Lebens, das sich an die Erdkruste klammert, liegen der Erdmantel und der Erdkern, das Herz unseres Planeten, das zu erforschen sich sehr wohl lohnt.

Die ältesten Gesteine

Jahrelang haben Geologen versucht, wirklich alte Gesteine an der Erdoberfläche zu finden, um aus ihnen Rückschlüsse auf die Frühzeit der Erdgeschichte zu gewinnen. Das ist nicht einfach, denn man muß Gesteine finden, die vor Milliarden von Jahren fest wurden und seitdem ohne ernsthafte Störungen im Boden geruht haben.

Vor ein paar Jahren haben Samuel A. Bowring von der Washington University in St. Louis und seine Kollegen Gesteine im Nordwesten Kanadas entdeckt, die 3,96 Milliarden Jahre alt zu sein scheinen. Sie müssen entstanden sein, als die Erde nur etwa 600 Millionen Jahre alt war und damit gerade ein Achtel ihres heutigen Alters erreicht hatte.

Wie kann man wissen, daß die Steine so alt sind? Die Antwort scheint in winzigen Zirkonkristallen zu stecken, die im Gestein eingeschlossen sind. Zirkon ist »Zirkoniumsilikat«, d. h., es handelt sich um eine mineralische Substanz, die Atome des nicht besonders seltenen Metalls Zirkonium zusammen mit Silizium- und Sauerstoffatomen enthält. Natürlich gibt es in der Umgebung auch Atome weiterer metallischer Elemente. Einige dieser Metallatome passen in das Gitter und können hin und wieder ein Zirkoniumatom ersetzen. Andere Metallatome passen nicht hinein und bleiben deshalb aus dem winzigen Kristall ausgeschlossen.

Günstig am Zirkonkristall ist, daß es zwar zufällig in der Nähe befindliche Uranatome, aber kein Blei aufnehmen kann. Aus diesem Grund weisen die Zirkonkristalle Spuren von Uran, nicht aber von Blei auf.

Zumindest enthalten sie am Anfang kein Blei, aber sie bilden Blei, weil Uranatome radioaktiv sind. Hin und wieder zerfällt eines von ihnen und läßt eine andere Art von radioaktivem Atom entstehen, das dann wiederum zu einer anderen Atomart zerfällt, und so weiter. Dieser Zerfallsprozeß endet schließlich mit der Bildung eines Bleiatoms, das stabil ist und erhalten bleibt.

Der Zerfall von Uran erfolgt nicht sehr schnell. Er geht sogar so langsam vor sich, daß es volle 4,5 Milliarden Jahre dauert, bis die Hälfte des Urans in einem Zirkonkristall zu Blei geworden ist. Andererseits geht der Zerfall sehr konstant vor sich und folgt einfachen Gesetzmäßigkeiten, die im Labor genau erforscht worden sind. Wenn sich bei der Analyse eines Zirkonkristalls ergibt, daß es eine bestimmte Menge an Uran und so und soviel Blei enthält, kann man berechnen, wie lange es gedauert haben muß, damit das Uran zerfallen ist und diese Menge Blei erzeugt hat; dies wiederum verrät das Alter des Gesteins.

Natürlich ist die Sache nicht ganz so einfach, wie es sich

hier anhört. Die Durchführung der eigentlichen Messungen und ihre richtige Interpretation sind nicht gerade leicht. Eigentlich wäre es naheliegend, den gesamten Zirkonkristall zu verwenden und auf seinen Uran- und Bleigehalt hin zu untersuchen. Nur ist leider nichts vollkommen: Der Zirkonkristall könnte winzige Haarrisse haben, durch die vielleicht Blei ausgetreten ist.

Deshalb muß man verschiedene Teile des winzigen Kristalls analysieren, um die Bereiche aufzufinden, in denen der Bleigehalt am höchsten ist und wo folglich am wenigsten Blei verlorengegangen ist.

Zu diesem Zweck brachte Bowring seine Steine nach Australien, wo es eine Anlage gab, die für diese Art von Messung perfekt geeignet war. Man beschoß den Zirkonkristall mit einem Strahl geladener Teilchen; die Energie des Aufpralls ließ dabei etwa zwei Milliardstel Gramm des Materials verdampfen. Diese winzige Menge Zirkondampf wurde dann mit Hilfe eines sogenannten »Massenspektrometers« analysiert, der den Bleigehalt praktisch Atom für Atom zählt. Und so fand man heraus, daß die Steine 3,96 Milliarden Jahre alt waren.

Seltsamerweise hat man noch ältere Zirkonkristalle entdeckt. Bei winzigen, in australischen Gesteinen gefundenen Zirkonkristallen wurde ein Alter von 4,3 Milliarden Jahren bestimmt. Diese Kristalle befinden sich jedoch in relativ jungen Gesteinen. Ursprünglich müssen sie zu extrem alten Gesteinen gehört haben, aber die Erosionskräfte sorgten für deren Zerfall, so daß die Kristalle dann in jüngere Gesteine eingefügt wurden. Die bloße Existenz dieser uralten Zirkonkristalle verrät uns nichts über die Frühgeschichte der Erde. Wir müssen solche extrem alten Kristalle in ihrem ursprünglichen Gestein finden, aber es läßt sich nicht sagen, ob dies den Geologen je gelingen wird.

In der Zwischenzeit interessieren uns die Steine aus Nordwestkanada. Sie bestehen aus Granit, dem Gestein, aus dem auch die Kontinente der Erde sind. Dies würde bedeuten, daß es vor knapp vier Milliarden Jahren auf der Erde bereits Kontinente gab.

Diese Granitbrocken sind außerdem nicht das, was wir als Urgestein erwarten würden. Alles deutet darauf hin, daß sich solche Granitgesteine aus einfacheren Vorläufern entwickelt haben. Dies bedeutet, daß die Erde bereits vor vier Milliarden Jahren komplexe Veränderungen seit dem Zeitpunkt ihrer Entstehung durchgemacht hatte.

Älter als angenommen

Wenn neue Informationen gewonnen werden, müssen Wissenschaftler immer wieder einmal Theorien modifizieren, die sie bis dahin kaum angezweifelt hatten. Dies war auch der Fall, als Bohrungen in Korallenriffen dazu zwangen, einige Daten zu revidieren, auf die sich die Archäologen gestützt hatten.

Die Daten, um die es dabei geht, erhält man bei der Untersuchung des ^{14}C-Gehalts von alten Objekten. Kohlenstoffatome kommen in drei Spielarten vor, als ^{12}C, ^{13}C und (in winzigen Spuren) als ^{14}C. Davon sind ^{12}C und ^{13}C stabil, während ^{14}C langsam zerfällt. Solange ein Organismus am Leben ist, fügt er ständig frischen Kohlenstoff in sein Gewebe ein, darunter auch ^{14}C. Das neue ^{14}C wird so schnell eingebaut, wie das alte zerfällt, wodurch der Anteil im Gewebe gleichbleibt.

Wenn ein Organismus jedoch stirbt, zerfällt das darin enthaltene ^{14}C; das tote Material kann aber keinen weiteren Kohlenstoff mehr aufnehmen. Dies bedeutet, daß die ^{14}C-Menge langsam abnimmt, und anhand des Grades der Abnahme können die Wissenschaftler feststellen, wieviel Zeit vergangen ist, seitdem das Material am Leben war.

Auf diese Weise können Wissenschaftler alte Holz- oder Holzkohlenstücke datieren und bestimmen, wie lange es schon her ist, daß sie zu einem lebenden Baum gehörten. Sie können alte Samenkörner oder Bruchstücke abgestorbener Korallen datieren und sagen, wann sie lebendig waren.

Die Methode hört sich absolut zuverlässig an. ^{14}C zerfällt mit einer gleichmäßigen, sich nicht verändernden Geschwindigkeit. Die Meßergebnisse der vorhandenen Menge sind außerdem fein und genau. Was kann da noch schiefgehen?

Viel hängt davon ab, wieviel ^{14}C (in Form von Kohlendioxid) zu Beginn in der Umwelt vorhanden ist. Wenn dieser Gehalt zunimmt, wird mehr aufgenommen; nimmt der Gehalt ab, so wird auch entsprechend weniger aufgenommen. Vulkanismus erhöht den ^{14}C-Gehalt in der Luft ebenso wie ein Anstieg der kosmischen Strahlung. Durch ein Absinken der Meerestemperatur erhöht sich die Menge des im Ozean gelösten Kohlendioxids. All diese Auswirkungen funktionieren auch in der anderen Richtung.

Dies bedeutet, daß sich Wissenschaftler nicht sicher sein können, wieviel ^{14}C eigentlich in den alten Stoffen gewesen sein »muß«, als diese lebendig waren. Deshalb können sie auch nicht angeben, welches Alter der gegenwärtige Gehalt anzeigt. Am einfachsten wäre die Annahme, daß der ^{14}C-Gehalt in der Umwelt immer weitgehend konstant war, aber dies ist doch recht unsicher.

Am besten setzt man die ^{14}C-Ergebnisse zu anderen Methoden der Altersbestimmung in Beziehung. Beispielsweise läßt sich das Alter in manchen Fällen sowohl anhand der Jahresringe von Bäumen als auch anhand des ^{14}C-Gehalts bestimmen. Die durch Jahresringe ermittelten Daten lassen den schwankenden Gehalt von ^{14}C erkennen, weshalb man annehmen darf, daß die Altersbestimmungen mittels ^{14}C normalerweise etwas zu niedrig gegriffen waren. Um wieviel war gleichwohl schwer zu sagen, denn die aus Jahresringen gewonnenen Daten reichen nur 10 000 Jahre zurück.

Die Bohrungen in den Korallen ergeben ein viel höheres Alter, das sich anhand der Menge der vorhandenen Uran- und Thoriumisotope nachweisen läßt. Auch diese zerfallen mit einer gleichbleibenden, bekannten Geschwindigkeit, aber es ist ausgeschlossen, daß sich die Menge der Isotope mit der Zeit verändert. Die anhand von Uran bzw. Thorium vorgenommenen Altersbestimmungen sind somit verläßlicher als die ^{14}C-Daten; dies gilt insbesondere, da die Techniken zur Messung der Uran- und Thoriumisotope verfeinert und präzisiert worden sind.

Wie sich nun zeigt, klaffen die Altersbestimmungen um etwa 20% auseinander. ^{14}C-Daten schienen darauf hinzudeuten, daß der Höhepunkt der letzten Eiszeit vor 18 000 Jahren lag, während es nun den Anschein hat, als sei dieser in Wirklichkeit bereits vor 21 500 Jahren gewesen.

Wann immer solche Korrekturen notwendig werden, meinen Laien oft mehr oder weniger schadenfroh, »nun müßten ja wohl alle Lehrbücher umgeschrieben werden«; doch das ist nur in den seltensten Fällen der Fall. In Wirklichkeit gilt es nur, ein paar Absätze zu modifizieren. Die Neubewertung von ^{14}C-Datierungen ändert nichts an der Reihenfolge, in der sich die Dinge vermutlich abgespielt haben. Es macht nur alles, was mit Hilfe der ^{14}C-Methode bestimmt worden ist, um bis zu 20% älter als bisher angenommen.

Das soll aber nicht heißen, daß solche Veränderungen nicht in anderer Hinsicht wichtig sein könnten. Viele Wissenschaftler glauben beispielsweise, daß die Eiszeiten der letzten Million Jahre in Übereinstimmung mit leichten zyklischen Veränderungen der Umlaufbahn der Erde um die Sonne eintraten und aufhörten, die zu einer leichten Zu- oder Abnahme der von der Erde empfangenen Wärme führten.

Diese zyklischen Veränderungen weisen, falls sie richtig berechnet worden sind, darauf hin, daß vor etwa 23 000 Jahren eine leichte Tendenz zur Erwärmung einsetzte. Dadurch verminderte sich zunächst die Geschwindigkeit, mit der die Gletscher vordrangen; nach ein paar tausend Jahren kamen sie ganz zum Stillstand und mußten sich wieder zurückziehen. Eine Verzögerung von 5000 Jahren, bevor der Höhepunkt erreicht war und der Rückzug einsetzte, war etwas zu lang, so daß sich die Wissenschaftler fragten, warum die Gletscher fortbestanden. Wenn dieser Höhepunkt nun allerdings vor 21 500 Jahren erreicht war, sind das nur 1500 Jahre, nachdem die Tendenz zur Erwärmung einsetzte, und das ist viel besser. Zumindest für diese Theorie ist das modifizierte System der Altersbestimmung wirklich willkommen.

Wasser – der Kreislauf unten

Die Erde besitzt einen Ozean. Trotz der verschiedenen Namen für die verschiedenen Abschnitte bildet der Ozean eine Einheit, was jedes aus dem Weltraum aufgenommene Foto belegt. Unser Planet ist ein wunderschöner blauer Planet, weil er als einziger im Sonnensystem einen offenliegenden, flüssigen Ozean besitzt. Auf Europa, einem Satelliten des Jupiters, könnte sich unter der gefrorenen Oberfläche ebenfalls flüssiges Wasser befinden, aber nichts kann es mit dem Ozean der Erde aufnehmen.
Selbst während einer Eiszeit ist die Erde zu über 70% von flüssigem Wasser bedeckt, das im Durchschnitt 3730 Meter tief reicht. Dieser Ozean sorgt sogar auf dem Land für Leben, denn Wasser verdunstet, zirkuliert oben in der Atmosphäre und kommt in Form von Regen oder Schnee wieder auf das Land zurück.
Das Meer ist in Bewegung, und zwar nicht nur als Ebbe

und Flut, die gegenüber dem Land zurückweichen bzw. wieder ansteigen, sondern auch in großen Strömungen fließenden Wassers. Durch die Erddrehung rotiert ihre Oberfläche am Äquator mit über 1600 km/h, während die Geschwindigkeit nach Norden und Süden zu den Polen hin abnimmt. 1835 untersuchte der französische Mathematiker Gaspard-Gustave de Coriolis die Auswirkung der Erdrotation und zeigte, daß sie für die sogenannte »Coriolis-Kraft« verantwortlich ist: Jeder Körper, der sich auf oder nahe der Erdoberfläche bewegt, scheint sich seitwärts zu verschieben.

Die Coriolis-Kraft wirkt auf den Ozean, wo sich Strömungen auf der nördlichen Erdhalbkugel im Uhrzeigersinn und auf der südlichen gegen den Uhrzeigersinn bewegen. Viele Strömungen sind wohlbekannt, insbesondere der Golfstrom, den der Amerikaner Matthew Fontaine Maury einen »Fluß im Ozean« nannte, den größten Fluß der Erde. Neue Daten zeigen, daß dies keine genau zutreffende Beschreibung ist, denn der Golfstrom wirkt zwar wie eine in sich geschlossene Einheit im Atlantik, besteht aber in Wirklichkeit aus einem System von Strömungen, die wärmeres Wasser in kältere Bereiche transportieren.

Trotz der Anziehungskraft ist der Ozean nicht »eben«; es gibt Steigungen und Gefälle, die von der Coriolis-Kraft hervorgerufen werden. Forschungssatelliten, die in den letzten Jahren auf eine Umlaufbahn geschickt wurden, zeigen, daß es auf dem 30. nördlichen und südlichen Breitengrad eine deutliche Ausbuchtung zwischen den vorherrschenden Winden gibt. Vom äußeren Rand des Golfstromsystems zur Mitte hin besteht tatsächlich ein Gefälle von 1,4 Metern!

Im Ozean gibt es zwei Arten von Zirkulation. Die eine wird vom Wind verursacht und vollzieht sich weitgehend an der Oberfläche. Die andere ist die tiefere und langsamer ablaufende thermohaline Zirkulation, die durch Unterschiede in der Wasserdichte und -temperatur hervorgerufen wird: Salzhaltigeres oder kälteres Meerwasser sinkt ab und schiebt sich unter das Wasser an der Oberfläche.

Wenn das Meerwasser zirkuliert, mildert es gleichzeitig die Gesamttemperatur des Planeten, nicht nur indem es die Wärme verteilt, sondern auch, weil es Gase absorbiert, die sonst zum Treibhauseffekt beitragen würden, den wir Menschen durch das Verheizen fossiler Brennstoffe offensichtlich unbedingt verstärken wollen. Wir brauchen unseren Ozean, und wir müssen ihn sauber und unversehrt halten. Die Dringlichkeit dieses Anliegens hat eine intensive Erforschung des Ozeans bewirkt.

Die australischen Ozeanographen Nathaniel Bindoff und John Church haben festgestellt, daß sich das Tiefseewasser im Pazifik seit 1967 um 0,01 °C erwärmt hat. Das klingt nicht gerade weltbewegend, aber eine solche Erwärmung bedeutet, daß sich das Meerwasser ausgedehnt hat und der Meeresspiegel bislang um fast drei Zentimeter angestiegen ist.

Da die Zirkulation im Meer so wichtig ist, untersuchen die Wissenschaftler nicht nur ihre gegenwärtige, sondern auch ihre frühere Struktur. Man hatte geglaubt, eine Vergletscherung werde vielleicht durch frisches Schmelzwasser (von Gletschern) gefördert, das den Salzgehalt des Ozeans verringert und dabei die Unterschiede in der Dichte zwischen Wasser in der Tiefe und an der Oberfläche aufhebt. Dann gibt es nichts mehr, was den Austausch zwischen Oberflächenwasser und tiefem Wasser antreiben könnte. Diese »Zirkulationsschleife« verlangsamt sich, und warmes, tropisches Wasser fließt nicht mehr wie gewohnt nach Norden. Die Theorie lautet, daß diese Kette von Ereignissen zu einer Eiszeit führt, die selbst wieder Süßwasser in Form von Eis bindet. Dadurch gibt es kein Schmelzwasser mehr, was schließlich Unterschiede in der Dichte bewirkt. An diesem Punkt setzt die Zirkulation wieder ein, warmes Wasser kann erneut nordwärts fließen, und die Eiszeit hört auf.

Die Paläoozeanographen E. Jansen und T. Veum sind mit dieser Theorie der Meereszirkulation nicht einverstanden. Die aus der Untersuchung von Kohlenstoffisotopen in Kleinstfossilien gewonnenen Daten bringen sie zu der Auffassung, daß die Tiefenzirkulation sogar während einer Eiszeit weitergeht, auch wenn sie aus irgendeinem Grund nicht dazu führt, daß warmes Wasser nach Norden fließt. Es sind weitere Studien im Gange, um herauszufinden, ob die (thermohaline) Tiefenzirkulation ein- und aussetzt oder auf einer anderen Ebene weiterwirkt.

Es heißt, »wer die Geschichte nicht kennt, ist dazu verdammt, sie zu wiederholen«. Ich glaube, daß derjenige, der die Vergangenheit der Erde nicht kennt, nicht auf ihre Zukunft vorbereitet ist. Wenn wir die Erde schon einem Treibhauseffekt aussetzen, sollten wir besser herausfinden, wie die Meereszirkulation bisher funktioniert hat und heute funktionieren dürfte.

Die jüngsten Nachrichten über die Meeresverschmutzung sind sehr deprimierend: Überfischung, Küsten von Abwässern belastet, Vögel und andere Tiere an Vergiftung und Krankheit sterbend, oder weil sie sich in Kunststoffen und den übelsten Arten von Fangnetzen verheddern, Korallenriffs ausgeraubt und verwüstet. Gibt es noch Hoffnung?

Ein wenig. Mehr Berichte darüber, mehr interessierte Menschen. Es gibt eine neue, computergesteuerte ozeanographische Sonde, die die Wasserqualität überwacht und der Überwachungsstation Umfang und Ort von Verschmutzungen anzeigt. Außerdem untersuchen Wissenschaftler gerade den am Meeresgrund lebenden Plattfisch *Limanda limanda* (Kliesche oder Scharbe), dessen Leber molekulare und chemische Veränderungen aufweist, die auf die Verschmutzung zurückzuführen sind. Derzeit zeigt diese Leber eine Verfettung auf, die eine Vorstufe zum Krebs darstellt.

Die Menschen sollten Wolfsmilch anbauen. Sie lockt nicht

nur den Monarchfalter an, sondern ihre Fasern eignen sich (neben Baumwolle und Ganbohanf) auch dazu, Ölschlick auf dem Meer aufzusaugen. Jedes Bißchen hilft. So auch die Veränderung unserer Lebensgewohnheiten.

Luft – der Kreislauf oben

Einem Arzt kommt bei dem Wort *Kreislauf* sofort ein sauber in rot und blau gezeichnetes Diagramm der menschlichen Blut- und Lymphgefäße in den Sinn. Andere denken bei dem Wort vielleicht an den Geldkreislauf, oder daran, wie gut ein Elektromotor die Kaltluft in das Innere eines Kühlschranks transportiert.

Wichtiger aber ist die Zirkulation unserer Luft, denn nirgendwo sonst im Sonnensystem gibt es die sauerstoffreiche Atmosphäre der Erde. Unsere lebenserhaltende Atmosphäre besteht etwa zu 21% aus Sauerstoff- und zu 78% aus Stickstoffmolekülen; hinzu kommen noch 1% Argon sowie Spuren von Kohlendioxid, Helium, Neon, Krypton, Xenon, Stickoxide, Methan und Kohlenmonoxid.

In den hohen oberen Schichten der Atmosphäre, wo die 1:4-Mischung aus Sauerstoff und Stickstoff viel dünner ist, spaltet energiereiche Strahlung von der Sonne etwas Sauerstoff und weniger Stickstoff in ihre einzelnen Atome auf. Etwas weiter unten verbindet die Sonne einzelne Sauerstoffatome mit gewöhnlichen Sauerstoffmolekülen zu einer Spielart mit drei Atomen, die als »Ozon« bezeichnet und heute so oft in Zeitungen und Wissenschaftsmagazinen erwähnt wird. Ozon ist instabil; es gibt also nie viel davon, aber die vorhandene Menge schützt die Erde vor der tödlichen ultravioletten Sonnenstrahlung.

Alles schön und gut, abgesehen von der Zirkulation. Die Erdatmosphäre liegt nicht einfach wie eine Decke um die Erde. Sie bewegt sich, wobei Material in ihr nach oben steigt und darin kreist. Man hat die Atmosphäre auch mit einem Meer aus Luft verglichen, auf dessen Grund wir leben. Was wir unserem Teil des Luftmeeres zufügen, wirkt sich aufgrund der Zirkulation auch auf die übrigen Bereiche aus.

Die Erde ist rund (eigentlich ein massiger, abgeplatteter Sphäroid) und dreht sich auf ihrer Umlaufbahn um den Stern, den wir »Sol« nennen. Die Atmosphäre bewegt sich ebenfalls, und zwar dank der Eigendrehung der Erde um ihre Achse und dank der Wärme der Sonne, die von der Erdoberfläche absorbiert und reflektiert wird. Da wärmere Luft aufsteigt, bewegt sich die tropische Luft nach oben und seitwärts, nach Norden und Süden zu den Polen der Erde, kühlt dann ab, sinkt wieder nach unten und wird von der Erdrotation als Wind vorangepeitscht. Auf der nördlichen Erdhalbkugel treibt die Atmosphäre schräg im Uhrzeigersinn (und unterhalb des Äquators umgekehrt). Viel von dem, was bei der Zirkulation geschieht, bezeichnen wir als »Wetter«.

Bislang können die Menschen das Wetter nicht steuern, aber vielleicht reguliert die Erde – als lebendiger Planet – ihre Atmosphäre mit Hilfe biologischer Mittel teilweise selbst. Eine neue Studie über das Gas Methan (das den Treibhauseffekt begünstigt) zeigt, daß einige Bakterien im Boden Methan sogar in der Wüste oxidieren können. Bakterien im Waldboden schaffen dies am besten, aber der Mensch zerstört die Wälder, während er durch den Einsatz fossiler Brennstoffe gleichzeitig zum Anstieg des Methangehalts beiträgt.

1992 bemühten sich 150 Nationen darum, strenge internationale Grenzwerte für die Produktion von Gasen festzulegen, die für den Treibhauseffekt mitverantwortlich sind. Da die Vereinigten Staaten ihre Zustimmung verweigerten, wurden keine strengen Grenzwerte festgelegt. Zur selben Zeit erschienen am gleichen Tag zwei Schlagzeilen in verschiedenen Publikationen. Die eine lautete »Ozonschicht erliegt dem Anschlag«, die andere »Ozon überlebt«. Der erste Artikel zeigte auf, daß chemische Schadstoffe mehr von der Ozonschicht zerstören, als man früher geglaubt hatte. Der zweite Artikel beschrieb, daß das Loch in der Ozonschicht über der Arktis nicht so groß war wie befürchtet. Wenn man nach der Überschrift weiterliest, wird klar, daß sich die beiden Artikel einig sind: Die Situation wird sich verschlimmern. Die Zirkulation unserer Atmosphäre kann die ihr zugeführte Verschmutzung nicht verkraften, und die Ozonschicht nimmt ab.

Auch andere Planeten besitzen eine Atmosphäre. Die Venus hat eine, die ebenfalls mit der Rotation des Planeten zirkuliert. Von den Venussonden *Galileo* und *Pioneer* gesammelte Daten werden sorgfältig untersucht, insbesondere von den Astronomen M. D. Smith, P. J. Gierasch und P. J. Schinder. Anscheinend bilden sich die dicken Wolken der Venusatmosphäre am Äquator, wandern zu den Polen und werden dort in ein charakteristisches Y-förmiges Streifenmuster zerteilt, das sich alle vier oder fünf Tage als Wind um die Venus herum bewegt. Dieses Muster, das nur auf UV-Bildern erkennbar ist, hält man für eine besondere Art von Welle, die als »Kelvin« bezeichnet wird. Sie wird von der Schwerkraft angetrieben, durch die Auswirkungen der Rotation des Planeten verändert und wahrscheinlich von der »Wolkenrückwirkung« der Wärme aufrechterhalten. Das ist interessant, aber es bleibt die Tatsache, daß die weitgehend aus Kohlendioxid bestehende Atmosphäre der Venus in einer übermächtigen Treibhaussituation gefangen ist, die für Menschen viel zu heiß und giftig zum Atmen wäre.

Dann haben wir den Mars: keine Marsmenschen, wahrscheinlich überhaupt kein Leben, und eine sehr dünne, sauerstoffarme Atmosphäre.

Zurück zur Erde. Kürzlich wurde ein Telefonat mit Freunden im mittleren Westen durch ein lautes Geräusch am anderen Ende der Leitung unterbrochen. Sie erzählten mir, es sei nur die örtliche Wirbelsturmwarnung. Es blieb zwar ruhig, aber mir kam für eine Weile zu Bewußtsein, wie die Zirkulation der Erdatmosphäre die Menschen am Leben erhält und gleichzeitig gefährdet (mit Ausnahme der glücklichen Dorothy, die ins Zauberreich Oz gewirbelt wurde).

Wir können die Launen unseres Wetters, die von uns selbst verschmutzte Luft, die Gefahren eines potentiellen Treibhauseffekts und den Abbau der schützenden Ozonschicht verfluchen. Aber wie die Daten von anderen Planeten zeigen, können wir nirgendwohin ausweichen, noch nicht. Zweierlei ist trotzdem für uns möglich: 1. für unseren Planeten Sorge zu tragen, und 2. – falls wir mit Nr. 1 scheitern – uns woanders einen schützenden Lebensraum einzurichten, auf dem Mond, dem Mars oder in künstlichen rotierenden Welten, die wir entwerfen. Wir sollten besser schon damit anfangen.

Der tiefste See

Der Baikalsee in Ostsibirien ist nicht der größte See der Welt. Diese Ehre gebührt dem Oberen See an der Grenze zwischen den Vereinigten Staaten und Kanada, der eine Fläche von 82 000 km^2 aufweist, während der Baikalsee nur auf 31 500 km^2 kommt. Allerdings ist der Obere See maximal 405 Meter tief, während der Baikalsee an seiner tiefsten Stelle 1741 Meter hinabreicht.

Der Baikalsee ist der einzige See, in dem es Tiefseefische gibt. Aufgrund seiner Tiefe enthält er ein Fünftel des gesamten Süßwassers der Erde. Er besitzt in der Tat doppelt so viel Wasser wie die fünf Großen Seen in den USA und Kanada zusammen. Es gilt deshalb herauszufinden, wie der Baikalsee »funktioniert«. Wie kann beispielsweise das Wasser so zirkulieren, daß die tiefsten Schichten sehr sauerstoffreich sind und sich als Lebensraum eignen?

Vor kurzem hat Dr. Ray F. Weiss von der Scripps Institution of Oceanography zu diesem Zweck Freon benutzt. Dieses Gas wird normalerweise in Kühlgeräten und Spraydosen eingesetzt; inzwischen hat man auch herausgefunden, daß es zur Zerstörung der Ozonschicht der Erde beiträgt. Da Freon sehr stabil ist und sich nicht verändert, läßt es sich als Marker verwenden. Man kann es dem Wasser des Baikalsees beigeben, so daß sein Vorhandensein an verschiedenen Stellen über die Zirkulation des Wassers Aufschluß gibt.

Weiss fand heraus, daß jedes Jahr 12,5% des Wassers in den Tiefen des Baikalsees erneuert werden und das Wasser dort somit etwa alle acht Jahre einen frischen Sauerstoffvorrat erhält.

Mitte der 80er Jahre wurde von einer Gruppe unter der Leitung von Kathleen Crane von der Abteilung für Geologie and Geographie des Hunter College eine noch wichtigere Entdeckung im Baikalsee gemacht.

In den letzten Jahren hat man in den Meeren »hot spots« bzw. »hydrothermale Öffnungen« entdeckt. An solchen heißen Stellen steigt aus der Tiefe Material nach oben, auf dem bestimmte Organismen gedeihen. Nun hat man festgestellt, daß solche hydrothermale Öffnungen auch am Grund des Baikalsees zu finden sind, nämlich in seiner nordöstlichen Ecke.

Von der Umgebung dieser Öffnungen wurden Fotos gemacht; sie zeigen eine nahezu zusammenhängende Schicht bakteriellen Lebens, die aus langen, dicken, weißen Strängen in einer Grundmasse aus weißlichem Material besteht. Diese heißen Stellen sind wirklich heiß. Während das Wasser nur etwa 3,5 °C warm ist, hat das Material unter dem Bakterienteppich eine Temperatur von 16 °C.

Das Leben um die Öffnungen herum ist zudem nicht auf Bakterien beschränkt. Man findet weiße Schwämme und andere Tiere, die als »Gastropoden« und »Amphipoden« bezeichnet werden. In den Bereichen des Seebodens, die ein Stück von den heißen Stellen entfernt sind, sucht man sie vergeblich.

Die Tierwelt im Baikalsee scheint gewisse Ähnlichkeiten mit Formen aufzuweisen, die man im Meerwasser findet; der See könnte daher früher mit dem Meer verbunden gewesen sein. Andererseits ist auch möglich, daß sich der Baikalsee ausbreitet und damit der Kern eines neuen, zukünftigen Ozeans ist. Man weiß es nicht genau.

Wo genau sich die heißen Stellen auf dem Grund des Baikalsees befinden, ist etwas rätselhaft. Im Ozean kommen heiße Stellen dort vor, wo sich der Meeresboden ausbreitet und geschmolzenes Gestein aus der Tiefe nach oben dringt. Beim Baikalsee ist das nicht der Fall.

Die hydrothermalen Öffnungen im Baikalsee befinden sich entlang einer Spalte, die mehr als 18 Kilometer von der Achse des Senkungsgrabens entfernt liegt. Man nimmt an, daß ihre Existenz davon abhängt, wo Magma oder geschmolzenes Gestein vorkommt und nach oben ausgestoßen wird. Vielleicht enthält der Baikalsee relativ wenig von diesem Magma und hat daher auch nicht viele heiße Stellen.

Der Baikalsee ist übrigens eine isolierte Lebensgemeinschaft und besitzt eine große Zahl von Pflanzen und Tieren, die nur dort vorkommen. Es gibt mehr als 1200 verschiedene Arten, die in unterschiedlichen Wassertiefen leben, davon findet man etwa drei Viertel nirgendwo anders.

Von den fünfzig Fischarten des Sees werden vor allem Lachse und Weißfische gefangen. Der größte Fisch im Baikalsee ist der Stör, der bis zu 1,80 m lang und 120 kg schwer werden kann.

Es gibt nur ein im Baikalsee beheimatetes Säugetier, und das ist die Baikalrobbe.

Um die Verschmutzung des Baikalsees zu verhindern, werden derzeit Messungen durchgeführt. Schließlich ist er einzigartig: Es gibt keinen vergleichbaren Ort auf der Erde. Es ist wichtig, ihn so ursprünglich wie möglich zu erhalten und die dazugehörige Pflanzen- und Tierwelt zu bewahren.

Das große Schmelzen

Hurrikane richten zwar großen Schaden an, aber im Vergleich zu einigen Naturkatastrophen, von denen die Erde womöglich heimgesucht wurde, sind sie nur Nadelstiche. Dies bezieht sich nicht auf den Kometeneinschlag vor 65 Millionen Jahren, der die Dinosaurier auslöschte, sondern auf Ereignisse, die möglicherweise erst vor ein paar tausend Jahren stattgefunden haben, als die Menschen im Vorderen Orient gerade dabei waren, Hochkulturen zu begründen.

In der letzten Million Jahre hat die Erde Zeiträume durchlaufen, in denen die nördliche Hälfte Nordamerikas sowie große Teile des nördlichen Eurasiens von gewaltigen Eisflächen bedeckt waren. Hervorgerufen wurde dies möglicherweise durch geringfügige periodische Veränderungen der Erdumlaufbahn, deren Folgen in der letzten Million Jahre nur deshalb so schwerwiegend waren, weil die Verschiebungen der Erdkruste den Nordpol mit Landmassen umschlossen haben.

Es gibt anscheinend Perioden, in denen die Sommer auf der nördlichen Erdhalbkugel ein wenig abkühlen. In diesem Fall kann nicht der gesamte im Winter gefallene Schnee schmelzen, bevor die Schneefälle des nächsten Winters einsetzen. Von Jahr zu Jahr wird die Schneedecke dann ein wenig stärker. Wenn dies geschieht, wird immer mehr Sonnenlicht in den Weltraum reflektiert und kann die Erde nicht erwärmen, denn Schnee hat eine stärkere Reflexionswirkung als die nackte Erde. Die Sommer werden deshalb immer kühler.

Auf diese Weise entstanden langsam die Gletscher und schoben sich nach Süden; in Nordamerika kamen sie bis zum Ohio und nach Long Island. Der Meeresspiegel fiel, und Landbrücken verbanden Asien im Norden mit Nordamerika und im Süden mit Australien, so daß Menschen aus der Alten Welt auf diese Kontinente gelangten.

Doch dann wurden die Sommer ein wenig wärmer, als die Umlaufzeit der Erde wieder ihren alten Wert erreichte; deshalb schmolz mehr Schnee, als im Winter darauf fiel. Es wurde weniger Sonnenlicht reflektiert und dafür mehr absorbiert; da immer mehr Boden schneefrei wurde, erwärmten sich die Sommer wieder stärker. Die Gletscher zogen sich nach und nach zurück. Vor 10 000 Jahren beendeten sie ihren bislang letzten Rückzug, und die Welt wurde so, wie sie heute ist.

Normalerweise stellt man sich das Wachsen und Schrumpfen der Eisschichten als sehr langsamen Vorgang vor. Das Vordringen eines Gletschers läßt sich nur als langsam denken, aber was ist mit dem Schmelzen?

1975 untersuchte Cesare Emiliani von der University of Miami die fossilen Überreste von Mikroorganismen unter den Ablagerungen am Grund des Golfs von Mexiko. Aus seinen Analysen zog er den Schluß, es habe vor 11 000 Jahren eine Periode gegeben, in der das Wasser des Golfs von Mexiko viel weniger salzhaltig war als heute. Er stellte die Hypothese auf, daß die Eisschichten plötzlich geschmolzen seien und eine gewaltige Flut in den Golf von Mexiko geströmt sei, die den Meeresspiegel deutlich angehoben habe.

Die Theorie wurde weitgehend ignoriert, weil man sich ein derartig schnelles Schmelzen des Eises kaum vorstellen konnte, aber 1989 entwickelte John Shaw von der Queen's

University in Kingston im kanadischen Ontario ein Szenario, wie es zu solchen Fluten kommen könnte.

In den Gebieten, wo es früher Eismassen gab, stößt man vereinzelt auf »Drumlins«, niedrige, langgestreckte Moränenhügel. Gewöhnlich geht man davon aus, daß sie durch die zermürbende Wirkung der Gletscher entstanden sind, als diese vorrückten und sich später zurückzogen. Shaw ist jedoch der Meinung, daß sie eher auf eine gewaltige Flut zurückzuführen sind.

Er vermutet, daß die Eismassen tatsächlich sehr langsam geschmolzen sind, das Wasser aber nicht zwangsläufig so schnell abfloß, im Boden versickerte, in Flüsse strömte und das Meer erreichte, wie es sich bildete.

Statt dessen könnte das Wasser langsam am Grund der Eisschicht zusammengelaufen und im Boden versickert sein, bis es das Grundgestein erreichte und sich dort allmählich ansammelte. Auf diese Weise wäre ein See aus Wasser unterhalb der Eisschicht entstanden, der durch Eisdämme am Ausfließen gehindert worden wäre.

Da jedoch die Gletscher sehr langsam weitergeschmolzen wären, hätten schließlich Teile der Eisdämme nachgegeben und wären dann auseinandergebrochen. Der angestaute See aus Eiswasser hätte sich dann zum Meer hin in einer gewaltigen Flut ergossen, die unsere Vorstellungskraft übersteigt.

Shaw hat berechnet, daß über 83 000 km^3 Wasser auf einmal aus dem Eis geströmt sein könnten und die ausgedehnten Moränenhügel in Nordsaskatchewan entstehen ließen. Der größte Fluß der Erde, der Amazonas, braucht zehn Jahre, um 83 000 km^3 Wasser in den Atlantik zu transportieren, aber der Eissee könnte in einem Zeitraum von nur wenigen Tagen ausgelaufen sein. Er hätte daher auch die Wirkung eines Flusses tausendmal so groß wie der Amazonas gehabt.

Als sich dieses Wasser ins Meer ergoß, ließ es den Meeresspiegel der Erde innerhalb weniger Tage um stattliche 23 Zentimeter ansteigen. Das ansteigende Wasser bedeckte den niedrig gelegenen Festlandssockel, der während der Vergletscherung freigelegt war. Vielleicht haben sich Menschen vor der Flut ins Landesinnere geflüchtet; als sie sich später daran erinnerten und übertrieben, entstanden Sagen von versunkenen Kontinenten und weltweiten Fluten.

Mondgestein

1990 stellte sich heraus, daß ein höchst ungewöhnlicher Stein in der Antarktis vom Mond stammt. Man fragte sich, wie ein Stück vom Mond in der Antarktis liegen konnte, aber das ist nicht so geheimnisvoll, wie es vielleicht klingen mag. Der Mond und alle Himmelskörper im Sonnensystem entstanden durch das Zusammentreffen kleinerer Fragmente. Als sich die Planeten und Satelliten vor etwas mehr als vier Milliarden Jahren ihrem heutigen Zustand annäherten, gab es immer noch Himmelskörper, die auf sie aufprallten. In einem viel geringeren Umfang finden solche Kollisionen sogar noch heute statt.

Man sieht die Spuren solcher Zusammenstöße an den Kratern, die auf so vielen Welten existieren, die weder eine Atmosphäre noch Lavaströme oder Meere besitzen, um sie zu beseitigen. Auf der Erde sind die Spuren zumeist verwischt worden, aber auf dem Mond existieren sie unberührt fort, und unser Satellit ist mit Kratern übersät.

Jeder Krater ist das Ergebnis eines – bisweilen recht großen – Meteoriten, der mit einer Geschwindigkeit von über 30 km/s auf dem Mond aufschlägt. Ein solches Objekt, das mit dieser Geschwindigkeit auftrifft, bewirkt eine gewaltige Explosion an der Mondoberfläche, durch die Material nach oben geschleudert wird.

Dasselbe hat sich auch auf der Erde abgespielt, aber aufgrund der Schwerkraft der Erde muß Material mit einer Geschwindigkeit von 11,2 km/s von der Oberfläche hochgeschleudert werden, damit es der Erdanziehung entkommen kann. Selbst ein großer Meteoriteneinschlag kann nicht solche Geschwindigkeiten bewirken, so daß das explodierte Material auf die Erde zurückfällt. Der Mond ist ein kleinerer Körper mit einer geringeren Anziehungskraft. Um ihn zu verlassen, müssen sich Objekte nur mit einer Geschwindigkeit von 2,4 km/s bewegen. Als Folge davon befördert der Meteoritenbeschuß des Mondes ständig kleine Brocken vom Mond weg.

Die Stücke vom Mond sind nicht bemerkenswert. Die schwersten sind vermutlich kaum größer als ein Kieselstein, der größte Teil besteht aus Staub. Ein Teil davon wird vom Sonnenwind weggefegt und in die äußeren Bereiche des Sonnensystems getrieben. Ein anderer Teil stürzt irgendwann auf den Mond zurück. Ein Teil jedoch bleibt in einer Umlaufbahn, weshalb der Bereich zwischen Erde und Mond ein wenig »staubiger« ist, als es im Weltraum sonst der Fall ist. Und immer wieder einmal kreist einer dieser Brocken weit genug vom Mond entfernt, um mit der Erde zu kollidieren.

Die Erde wird ständig von winzigen Meteoriten bombardiert, von denen wenige groß genug sind, um den Flug durch die Atmosphäre zu überstehen und die Oberfläche des Planeten zu erreichen. Die meisten dieser Meteoriten sind »urzeitlich«, d. h., sie existieren bereits seit der Entstehung des Sonnensystems. Andere sind die Überreste erloschener Kometen, aber nur wenige stammen vom Mond.

Wie untersucht man Meteoriten? Manche sind leicht zu erkennen, weil es sich um metallische Eisenbrocken handelt, die auf der Erde nicht natürlich vorkommen. Doch mindestens 90% sind steinige Objekte, die sich von den Gesteinen auf der Erde nur schwer unterscheiden lassen. Wenn solche Steinmeteoriten nicht bei ihrem Fall beobachtet werden, kann man sie nur mit erheblichen Schwierigkeiten aufspüren, und selbst dann können sie mit der Zeit durch irdisches Material verunreinigt worden sein.

Von dieser Regel gibt es eine ungewöhnliche Ausnahme. Um den Südpol herum befindet sich der etwa 13 Millionen km^2 große Kontinent Antarktis, der von einer dicken, zusammenhängenden Eisschicht bedeckt ist. In den letzten Jahren haben Forscher dort gelegentlich Gesteine auf der Eisoberfläche gefunden. Jeder Stein in der Antarktis, der nicht von Menschen dorthin gebracht worden ist, muß ein Meteorit sein. Es gibt keine andere Möglichkeit, wie ein Stein auf das Eis gelangen kann. Aus diesem Grund lassen sich Meteoriten heute eingehender erforschen als je zuvor.

So weit, so gut, aber die zweite Frage lautet: Wie kann man feststellen, daß ein bestimmter Meteorit vom Mond stammt? Das gelingt durch die chemische Analyse. Die Erde und der Mond bestehen aus denselben chemischen Elementen, aber diese sind in unterschiedlichen Anteilen vorhanden, weil sich die beiden Himmelskörper in ihrer Größe und Entwicklungsgeschichte unterscheiden. In gewisser Weise stellt der Anteil der verschiedenen Elemente eine Art »Fingerabdruck« des Planeten dar. So sind beispielsweise »urzeitliche« Meteoriten, sogar wenn es sich um Steinmeteoriten handelt, erheblich eisenhaltiger als die Erde oder der Mond.

Man hat in der Antarktis beinahe ein Dutzend Meteoriten entdeckt, deren Zusammensetzung der Elemente genau der entspricht, die man auf dem Mond vorfindet. Die Schlußfolgerung lautet, daß solche Meteoriten Bruchstücke des Mondes sind. 1979 wurde das erste Mondgestein in der Antarktis gefunden; es wog etwa 60 Gramm.

Jeremy Delaney von der Rutgers University berichtete 1990 über den bislang größten Fund eines Brockens vom Mond: Er wog etwa 700 Gramm und hatte einen Durchmesser von etwas mehr als fünf Zentimeter. Alle bislang entdeckten

Mondgesteine wiegen zusammen etwas mehr als zwei Kilogramm und können mühelos untersucht werden, ohne daß man dafür zum Mond fliegen müßte.

Aber warum haben wir uns dann die Mühe gemacht, zum Mond zu fliegen? Weil wir nur auf diese Weise und durch das Sammeln von Mondgestein an Ort und Stelle den chemischen »Fingerabdruck« des Mondgesteins bestimmen und damit eindeutig entscheiden konnten, ob auf der Erde gefundene Objekte vom Mond stammen.

Neue Fragen zu den Planeten

Bis zur heutigen Generation waren die Astronomen felsenfest davon überzeugt, daß wir *nie* etwas über die Oberfläche der Venus erfahren könnten, weil der Planet von einer dicken, zusammenhängenden Wolkenschicht umgeben ist, die das Auge nicht durchdringen kann.

Beim Radar dagegen werden Wellen eingesetzt, die viel Ähnlichkeit mit den Lichtwellen haben, aber eine Million Male länger sind. Der Vorteil der Radartechnik besteht darin, daß sie Wolken, Nebel und Staub durchdringen kann. Als ob die Wolkenschicht der Venus überhaupt nicht vorhanden wäre, können die Radarwellen diese passieren, auf die darunterliegende feste Oberfläche auftreffen und reflektiert werden. Die zurückgeworfenen Wellen dringen erneut durch die Wolken und werden schließlich aufgefangen.

Die Radartechnik hat zwei Nachteile. Zum einen besitzen wir keine biologische Möglichkeit, um ihre Wellen wahrzunehmen, keine »Radaraugen« sozusagen, und zum anderen »sehen« die langen Wellen nicht so scharf wie die winzigen Lichtwellen. Mittlerweile besitzen wir aber Geräte zum Empfang der reflektierten Radarwellen und Vorrichtungen zur Schärfung des »Blicks«.

Das Ergebnis ist eine großartige Verbesserung gegenüber früheren Versuchen, die Venus mittels Radar zu kartographieren, so daß wir ihre Oberfläche heute so deutlich wie die des Mondes erkennen können. Einige der Erkenntnisse sind natürlich überraschend. Wie es in der Naturwissenschaft ganz allgemein der Fall ist, ergeben sich auch hier durch neue Beobachtungen immer neue Fragen.

So hat man auf der Venus zwar mehrere große Krater, aber fast keine kleinen entdeckt. An sich ist das erklärbar. Die Atmosphäre der Venus ist fast hundertmal so dicht wie die der Erde, so daß kleine Meteoriten dort stärker erhitzt und verdampft werden als durch die dünnere Luft der Erde. Nur große Meteoriten sind in der Lage, den Flug durch die Atmosphäre der Venus zu überstehen, und sie sind es auch, die für die großen Krater sorgen.

Was aber Rätsel aufgibt, ist die Tatsache, daß der aus den großen Kratern ausgeworfene Staub und Schutt keinen geschlossenen Ring bilden. Sie ähneln den einzelnen Blütenblättern einer Blume. Solche Muster findet man auf dem Mars, wo sie normalerweise durch die Einwirkung von Wasser erklärt werden. Wenn es auf einer Welt kein Wasser gibt, wie beispielsweise auf dem Mond, ist der Ring aus Schutt durchgehend.

Das ist nun der Haken. Die Venus ist völlig trocken. Warum sind die Krater dann aber von blütenartigen Gebilden umgeben? Trägt die Verantwortung dafür der Wind (auf dem Mond gibt es keinen Wind)? Oder kann es sich um die Wirkung von Gasen handeln, die beim Einschlag des Meteoriten aus dem Boden austraten? Eine in meinen Augen plausible Idee ist, soviel ich weiß, bislang noch nie vorgebracht worden: Ein Meteorit könnte weit genug eindringen, um »Magma« oder flüssiges Gestein aus dem Inneren auszuwerfen. Flüssiges Gestein könnte die gleiche Wirkung haben wie flüssiges Wasser.

Mehr als drei Milliarden Kilometer von der Venus entfernt

143

befindet sich der Planet Neptun; er besitzt einen ziemlich großen Satelliten (etwas kleiner als unser Mond) namens Triton, der von *Voyager 2* aus der Nähe fotografiert wurde. Die Aufnahmen zeigen dunkle Flecken auf Tritons insgesamt heller Oberfläche, die mit gefrorenem Methan und Stickstoff überzogen ist. Es sieht aus, als hätte jemand mit schokoladenverschmierten Fingern über den Globus gestrichen. Nach der Auswertung der Fotos haben die Astronomen mögliche Erklärungen auf die zwei ihrer Meinung nach wahrscheinlichsten reduziert.

Eine Möglichkeit ist, daß die weitgehend helle, weißliche Stickstoffoberfläche an manchen Stellen dunklere Partikel enthalten könnte, die das schwache Licht der weit entfernten Sonne absorbieren und warm genug werden, um den festen Stickstoff zu verdampfen. Es könnte abrupt zu einer Explosion kommen, wenn eine bestimmte Menge des Feststoffs gasförmig wird (ein »Stickstoffvulkan«); dabei wird das dunkle Material nach oben geschleudert. Triton hat eine dünne Atmosphäre, so daß sein Wind das Material dann zu einem langen, ovalen Flecken ausbreiten könnte – und das sind die dunklen Schmierflecken.

Eine andere Möglichkeit besteht darin, daß es in der Tritonatmosphäre gelegentlich kleine Wirbelstürme gibt, so etwas wie Windhosen, die wir hier auf der Erde kennen. Diese sorgen vielleicht dafür, daß der dunkle Staub aufgewirbelt wird und sich in langgezogener Form ablagert.

Sie sehen: Wenn wir mehr über etwas erfahren, lassen sich vielleicht früher gestellte Fragen beantworten, aber gleichzeitig werden völlig neue Fragen aufgeworfen.

So ist Umbriel, ein Satellit des Uranus, fast vollständig dunkel, aber er hat eine weiße, ringförmige Region. Wir wissen nicht, worum es sich dabei handelt. Ein anderer Satellit des Uranus, Miranda, scheint einmal auseinandergebrochen zu sein und sich wieder zusammengefügt zu haben; er bildet deshalb ein merkwürdiges Durcheinander

von Formen, darunter auch Gebilden, die wie die Rangab-
zeichen eines Feldwebels aussehen. Wir wissen wirklich
nicht, was es mit all dem auf sich hat. Der größte Satellit des
Saturns, Titan, hat ebenso undurchdringliche Wolken wie
die Venus. Wir brauchen dringend Radarinformationen
über seine Oberfläche.
Und der Planet Neptun ist ein ganzes Bündel von Rätseln,
mit ungewöhnlich schnellen Winden und einem großen
»dunklen Fleck«. Neue Fragen überall!

Die Atmosphäre des Merkurs

Atmosphäre des Merkurs? Das klingt eigenartig, denn es ist
zur Genüge bekannt, daß Merkur keine »richtige« Atmosphäre besitzt. Der Merkur befindet sich sehr nahe an der
Sonne und ist sehr heiß. Darüber hinaus ist er sehr klein
und hat eine geringe Schwerkraft. Heiße Gase sind schwieriger zu halten als kalte, und die schwache Anziehungskraft funktioniert in dieser Hinsicht ohnehin nicht sehr gut.
Deshalb also: keine Atmosphäre.
Es kommt allerdings darauf an, was man als Atmosphäre
bezeichnet. Unser Mond besitzt beispielsweise dann keine
Atmosphäre, wenn man die Erde als Maßstab nimmt. Direkt
über seiner Oberfläche besteht ein Vakuum. Doch in einem
Kubikmeter Raum nahe der Mondoberfläche gibt es beträchtlich mehr Gasmoleküle als in einem Kubikmeter
Raum weit von jedem Planeten entfernt. Man könnte also
behaupten, daß der Mond eine sehr dünne Atmosphäre hat,
die etwa ein Milliardstel so dicht ist wie die der Erde. Das ist
nicht viel, aber doch etwas – und damit vorhanden.
Ebenso gibt es eine sehr dünne Gasschicht in der unmittelbaren Umgebung des Merkurs. Die beiden Elemente in
diesem Gas sind leicht nachweisbar. Natrium und Kalium
sind metallische Elemente, die bei relativ niedrigen Tempe-

raturen flüssig werden. Merkur ist nicht heiß genug, um diese Flüssigkeiten zum Sieden zu bringen, aber seine Temperatur reicht aus, um einen Teil davon dampfförmig zu halten. (So ist die Erde nicht heiß genug ist, um Wasser sieden zu lassen, aber ihre Wärme reicht aus, um einen Teil des Wassers in Dampfform in der Atmosphäre zu halten.) Merkur kann jedoch solche Dämpfe nicht festhalten. Der gesamte Natrium- und Kaliumdampf, der früher existierte, müßte schon lange verschwunden sein. Da die Dämpfe aber immer noch vorhanden sind, müssen sie in dem Maße, in dem sie verschwinden, irgendwie erzeugt werden.

Eine Möglichkeit ist, daß kleine Meteoriten ständig auf die Merkuroberfläche treffen und einen neuen Vorrat an Natrium und Kalium mitbringen, der sich erwärmt und verdampft. Möglich ist aber auch, daß geladene Teilchen von der Sonne (der Sonnenwind) auf den Merkur aufprallen und dabei Natrium und Kalium aus dem Gestein schlagen.

Nun gibt es auf dem Merkur aber ein riesiges Kratersystem namens »Caloris« (nach dem lateinischen Wort für »heiß«, denn es ist der Sonne zugewandt, wenn Merkur ihr am nächsten kommt). Caloris entstand zweifellos durch einen gewaltigen Meteoriteneinschlag in der Frühzeit des Sonnensystems. Dabei muß die Merkurkruste aufgebrochen und zerklüftet worden sein. Da Merkur geologisch tot sein dürfte, hat sich an diesem Zustand seither kaum etwas geändert; die Kruste bleibt genau in der Form, die sie durch den Aufprall erhalten hat.

Ann L. Sprague von der University of Arizona hat folgendes herausgefunden: Wenn Caloris von der Erde aus zu sehen ist, läßt sich an der Merkuroberfläche etwa zehnmal soviel Kalium nachweisen, wie wenn Caloris aus dem Blickfeld gerückt ist. Die logische Schlußfolgerung lautet, daß es im Boden immer noch große Mengen an Natrium und Kalium gibt, auch wenn die Elemente an der Oberfläche längst verschwunden sein sollten. Der Vorrat im Boden wird von der Sonne erhitzt, und kleine Mengen entweichen durch Spalten und Risse in der Merkurkruste. Das geschieht vor allem dort, wo die Oberfläche stark eingedrückt worden ist, wie bei Caloris. Deshalb läßt sich auch mehr Kalium nachweisen, wenn man dieses Gebilde sehen kann.

Untersuchungen wie diese können uns eine bessere Vorstellung vom Innenleben der Welten vermitteln – ein Innenleben, das wir nicht direkt erforschen können.

So besitzt auch der Mond in seiner äußerst dünnen Atmosphäre Natrium- und Kaliumatome. Das Natriumatom ist kleiner als das Kaliumatom, und im Universum kommen in der Regel kleinere Atome häufiger vor als größere. In der Mondatmosphäre gibt es daher fünfmal soviel Natrium wie Kalium.

Es ist daher keine Überraschung, daß auch in der Merkuratmosphäre mehr Natrium als Kalium vorhanden ist. Dort kommt Natrium allerdings gleich *fünfzehnmal* so häufig wie Kalium vor.

Hier bietet sich die Erklärung an, daß Kalium leichter in Dampfform übergeht als Natrium, weil Kalium einen niedrigeren Siedepunkt hat. Dies bedeutet, daß die auf Merkur im Boden lagernden Vorräte an Natrium und Kalium in stärkerem Maße verdampft sind als auf dem viel kälteren Mond, und das gilt vor allem für Natrium. Aus diesem Grund müssen die Schichten unterhalb der Merkurkruste auch viel mehr Kalium verloren haben als der Mond. Merkur besitzt somit in erster Linie nicht mehr Natrium, sondern weniger Kalium in seinem Inneren.

Vermutlich geben alle Planeten Gase ab. Die Erde ist geologisch aktiv und besitzt daher Vulkane, die geschmolzenes Gestein und Wasserdampf ausspeien. Der Jupitersatellit Io wird durch die Gezeitenwirkung erwärmt und weist schwefelspeiende Vulkane auf. Der kalte Neptunsatellit

Triton spuckt Eis. Da man das Entweichen von Dampf aus dem Inneren eines Planeten als sehr langsame Form der vulkanischen Entladung betrachten kann, ist dazu jede große Welt in der Lage.

Mehr über die Venus

Der 8. Oktober 1992 war der Todestag von einem der einsatzfreudigsten und treuesten Diener unserer Erde, nämlich der Venussonde *Pioneer 12*. Sie erreichte am 4. Dezember 1978 die Umlaufbahn der Venus und überspielte uns seither laufend Daten.

Doch *Pioneer 12* war nur eine von ungefähr 35 Raumsonden, die seit 1961, als die sowjetische *Wenera 1* den Planeten erreichte, die Venus erforscht haben. Das erste Raumfahrzeug, das Daten über das Innere der Venusatmosphäre übermittelte, war *Wenera 4*, die nach ihrem Eintritt in die Wolkenschicht der Venus am 18. Oktober 1967 39 Minuten lang Signale zur Erde schickte. Seit 1989 kartographiert die Raumsonde *Magellan* die Venus mit Hilfe von Radar und tut dies hoffentlich auch weiterhin. In diesem Jahr sind viele wissenschaftliche Aufsätze über die Venusdaten geschrieben worden.

Die Venus ist von der Sonne aus gesehen der zweite Planet und nur geringfügig kleiner als der dritte Planet, die Erde. Im Altertum hielt man die Venus für zwei Himmelskörper, den »Morgen-« und den »Abendstern«, bis man bemerkte, daß beide niemals in derselben Nacht erschienen. Die Griechen benannten den Planeten Venus nach der Göttin der Liebe und der Schönheit.

Am Himmel der Erde wirkt die Venus sicherlich schön: der hellste Himmelskörper außer dem Erdmond. 1610 entdeckte Galilei, daß die Venus wie der Mond Phasen hat. Dies trug dazu bei, die verhaßte heliozentrische Theorie des Sonnensystems zu beweisen, die der Grieche Herakleides Pontikos als erster 350 v. Chr. aufgestellt hatte. Die speziellen Phasen der Venus wiesen darauf hin, daß der Planet aufgrund von reflektiertem Sonnenlicht leuchtet, und die Art und Weise machte deutlich, daß er nicht die Erde, sondern die Sonne umkreist.

Wenn man die Venus näher betrachtet, ist sie weniger schön. Ohne Wasser und heißer als Dantes Hölle dürfte sie unbelebt sein. Die Temperatur an der Oberfläche soll 730 °K bzw. 457 °C betragen, heiß genug, um Blei zum Schmelzen zu bringen.

Die Atmosphäre der Venus ist 95mal so dicht wie die Erdatmosphäre. Sie besteht hauptsächlich aus Kohlendioxid mit noch giftigeren Zutaten wie Schwefel-, Fluß- und Salzsäure. Anfang 1992 zeigten R. David Baker II und Gerald Schubert von der University of California in Los Angeles (UCLA), daß die Venusatmosphäre an manchen Stellen dünne, aber horizontal ausgedehnte Konvektionszellen bildet, was vielleicht auf die derzeit erforschten Bewegungsverhältnisse der Atmosphäreschichten zurückzuführen ist.

Ein Grund, warum sich die Wissenschaftler bemühen, die Venusatmosphäre zu verstehen, ist der, daß man vielleicht eines Tages versuchen wird, sie zu verbessern (indem man z. B. die Wolken mit Bakterien und Blau- und Grünalgen »impfen« würde). Ein anderer Grund ist die Gefahr eines Treibhauseffekts, der die Erde erwärmt. Auf der Venus gibt es bereits einen galoppierenden Treibhauseffekt; wenn wir ihn verstehen, können wir die Erde vielleicht vor einem ähnlichen Schicksal bewahren.

Mit Hilfe von Computersimulationen haben Matthew Newman und Conway Leovy von der University of Washington kürzlich die starken Winde untersucht, die alle vier Tage die Venusatmosphäre umkreisen, während der Planet darunter 243 Tage für eine Umdrehung braucht. Die

Einstrahlung der Sonne auf die dichte Atmosphäre bewirkt offenbar die Temperaturgegensätze, die zu den Winden führen. Die Wissenschaftler versuchen immer noch, weitere Fragen zur Venusatmosphäre zu beantworten: Warum sind die Wolken über den Polen so warm? Was erhält die Grundrotationsgeschwindigkeit der unteren Atmosphäre aufrecht?

Auch die Oberfläche der Venus wird untersucht. Von Kratern übersät, weist sie Berge (von denen der größte Maxwell heißt), Senkungsgräben, Vulkankegel und Lavaströme auf, die an Länge jeden Fluß auf der Erde übertreffen. Zunächst hatte man geglaubt, daß die Aufnahmen von *Magellan* einen relativ jungen Erdrutsch zeigten; dann hielt man dies wieder für einen Irrtum. Neuere Untersuchungen weisen nun darauf hin, daß es auf der Venus tatsächlich Erdrutsche gegeben haben könnte, die aber schon lange zurückliegen.

Die Wissenschaftler waren der Meinung, die Venus besäße keine tektonischen Platten ähnlich wie diejenigen, die sich auf der Erdoberfläche verschieben. Im Mai 1992 berichtete Dan P. McKenzie von der Cambridge University vor der Amerikanischen Geophysikalischen Vereinigung, daß die Venus eine bescheidene, unregelmäßige Plattentektonik haben könnte. Der deutlichste Hinweis darauf ist ein großes, fleckiges Gebilde namens Artemis im äquatorialen Hochland Aphrodite. Artemis könnte eine Region sein, wo sich eine neue Kruste bildet. In der Nähe von Artemis befinden sich Gräben, die ganz ähnlich wie die Subduktionszonen auf dem Meeresboden der Erde aussehen, wo sich Platten untereinander schieben.

Gerald Schubert von der UCLA und David T. Sandwell von der Scripps Institution of Oceanography haben die *Magellan*-Aufnahmen ebenfalls analysiert. Sie sind der Ansicht, die Subduktion auf der Venus laufe anders ab. Die Erdkruste steigt von einem Mittelozeanischen Rücken auf, schiebt sich dann über weite Strecken horizontal weiter, bis sie an der Subduktionszone unter eine andere Platte taucht. Auf der Venus scheinen sich die Platten nicht horizontal zu bewegen. Wenn die Venusoberfläche dieser Theorie zufolge durch die Hitze des Mantels zerrissen wird, sinkt die Kruste an beiden Seiten der Bruchstelle nach unten, während geschmolzenes Mantelgestein nach oben dringt.

Die Hälfte der Venuskrater ist von dunklen Rändern umgeben, die aber auch ohne einen Krater in der Mitte vorkommen. Der Geophysiker K. J. Zahnle glaubt, daß viele Meteoriten zerbrechen, wenn sie den aerodynamischen Belastungen der Venusatmosphäre ausgesetzt sind, und Einschläge verursachen, die der Druckwelle vergleichbar sind, die am 30. Juni 1908 in der sibirischen Tunguska Bäume knickte.

Anders als der Mars sind die Venus und die Erde Planeten mit einer ansehnlichen Atmosphäre. Auf der Erde verwischt das Wasser die Spuren von vielem, was der Oberfläche unseres Planeten widerfährt. Auf der Venus können wir feststellen, wie die Oberfläche ist und war, und welchen Einfluß ihre eigenartige Atmosphäre darauf hat.

Ein Planetoid des Mars?

1990 entdeckten Henry E. Holt und David Levy am kalifornischen Palomar Observatory einen neuen, kleinen Planetoiden. Das Interessante daran ist, daß er sich möglicherweise auf der Umlaufbahn des Planeten Mars bewegt.

Die Geschichte solcher Planetoiden reicht bis ins Jahr 1772 zurück, als der französische Astronom Joseph-Louis Lagrange aufzeigte, daß es fünf Orte gibt, an denen sich ein kleiner Himmelskörper im Gleichklang mit einem Planeten auf dessen Bahn um die Sonne bewegen könnte.

Diese Orte werden als »Lagrange-Punkte« bezeichnet und

mit L1, L2, L3, L4 und L5 durchnummeriert. Von diesen Librations- oder Gleichgewichtspunkten sind L1, L2 und L3 instabil. Würde ein Himmelskörper auch nur leicht von ihnen abweichen, so würde er sich immer weiter entfernen und nie mehr zurückkehren. L4 und L5 dagegen sind stabil. Falls sich ein Planetoid an einem dieser beiden Punkte befindet, kommt er wieder zurück, selbst wenn er etwas abweicht; er schwingt sozusagen um diesen Punkt und kann dort unendlich lang verbleiben.

L4 und L5 sind Punkte auf der Umlaufbahn eines Planeten. L4 befindet sich 60° vor dem Planeten, L5 genau 60° dahinter. Wenn man in beiden Fällen eine imaginäre Linie vom Planetoiden zum Planeten, weiter zur Sonne und wieder zurück zum Planetoiden zieht, erhält man jeweils ein gleichseitiges Dreieck, d. h. ein Dreieck, dessen Seiten alle gleich lang sind.

Lagrange arbeitete nur theoretisch. Niemand wußte von tatsächlich vorhandenen Planetoiden an der L4- oder L5-Position eines Planeten. Aber im Jahre 1906 entdeckte der deutsche Astronom Maximilian Wolf dann einen Planetoiden (übrigens den insgesamt 588.), der die Sonne auf der Umlaufbahn des Jupiters umkreiste. Recht bald wurden weitere derartige Planetoiden entdeckt, die sich mit der gleichen Geschwindigkeit wie Jupiter bewegen, einige 60° dahinter (auf der L5-Position) und andere 60° davor (auf der L4-Position).

Wolf hatte den ersten derartigen Planetoiden »Achilles« getauft, nach dem griechischen Helden im Trojanischen Krieg. Andere Asteroiden, die man an der L4- bzw. L5-Position fand, erhielten die Namen anderer griechischer und trojanischer Krieger. Aus diesem Grund sollten die L4- und die L5-Position auch als »Trojanische Positionen« bezeichnet werden, während die Planetoiden darauf die »Trojaner« sind.

Bis zum heutigen Tage sind die mit dem Jupiter verbundenen Trojaner die einzigen »trojanischen Planetoiden«, die man kennt. Es könnte auch Planetoiden an den trojanischen Positionen von Saturn, Uranus und Neptun geben, aber diese Planeten sind so weit entfernt, daß mögliche Begleiter auf ihrer Bahn um die Sonne zu lichtschwach wären, um sie sehen zu können – es sei denn, sie wären außergewöhnlich groß.

Die Planeten dagegen, die sich näher an der Sonne befinden als Jupiter, sind klein und arm an Satelliten.

Am meisten sind wir natürlich an den Trojanischen Positionen der Erde interessiert. Gibt es vielleicht einen oder zwei Planetoiden, die sich mit unserem Planeten die Umlaufbahn um die Sonne teilen, aber immer um 60° voraus- oder zurückbleiben? Noch aufregender wären Planetoiden an den trojanischen Positionen des Mondes. Sie würden sich auf der Umlaufbahn des Mondes um die Erde aufhalten und immer 60° voraus oder hinterher sein.

Ein Planetoid in der trojanischen Position der Erde wäre stolze 150 Millionen Kilometer von uns entfernt. (Er müßte den gleichen Abstand zur Sonne haben, weil der Planetoid, die Erde und die Sonne ein gleichseitiges Dreieck bilden würden.) Ein Planetoid an der trojanischen Position des Mondes wäre 384 000 Kilometer entfernt (die Entfernung zum Mond), und wir könnten ihn mit dem gleichen Aufwand besuchen, der auch für den Flug zum Mond erforderlich war. Oder mit weniger, denn der Planetoid besäße keine störende eigene Schwerkraft.

Bei allen Bemühungen haben wir aber leider noch keine Planetoiden an den trojanischen Positionen des Mondes oder der Erde ausgemacht. Vor einigen Jahren wurde bekanntgegeben, daß es an den trojanischen Positionen des Mondes einige dünne Staubwolken gebe, aber das stellte sich später als falsch heraus.

Es wurde bereits empfohlen, man solle große Raumstationen, die 10 000 Menschen aufnehmen können, an den L4-

und L5-Positionen des Mondes errichten. Dies ergäbe künstliche trojanische Satelliten, die sich auf der Umlaufbahn des Mondes um die Erde bewegen würden. Es gibt sogar eine Gruppe von begeisterten Befürwortern einer solchen Idee, die sich selbst »Die L5-Gesellschaft« nennt.

Nun kommen wir zu dem neuen, von Holt und Levy entdeckten Planetoiden. Seine Position liegt in der Nähe des L5-Punkts des Mars, so daß es sich um einen neuen trojanischen Planetoiden handeln könnte – den ersten, der in Verbindung mit einem anderen Planeten als Jupiter gesichtet wurde. Selbstverständlich muß es sich auch auf der L5-Position nicht um einen trojanischen Planetoiden handeln. Er könnte eine ganz andere Umlaufbahn haben, die sich mit der Umlaufbahn des Mars an einem Punkt schneidet (oder beinahe schneidet), der dieses eine Mal zufällig in der Nähe des L5-Punkts liegt.

Der Planetoid muß also einige Zeit beobachtet werden, damit man seine Umlaufbahn sorgfältig berechnen kann. Wenn das geschehen ist, sollte er sich entweder als Trojaner herausstellen oder nicht. Ist er kein Trojaner, so wird man nie wieder von ihm hören. Als Trojaner aber wird er berühmt werden. (Wenn der Mars einen hat, wird es mir natürlich leid tun, daß die Erde nicht auch einen besitzt. Planetarischen Chauvinismus nennt man so etwas.)

Mars den Menschen

Die Association of Space Explorers (Vereinigung der Weltraumfahrer, der diejenigen angehören, die bereits im Weltraum waren) hielt kürzlich ihren 8. Planetarischen Kongreß ab, und dessen Motto lautete: »Gemeinsam zum Mars«. Das »gemeinsam« ist entscheidend, denn die Erforschung und die wirtschaftliche Nutzung des Planeten Mars sollten ein globales Unternehmen sein, bei dem alle Nationen der

Erde zusammenarbeiten. Es wird uns teuer vorkommen, aber die Lösung von Problemen bei der Erforschung des Weltraums kann uns auch hier auf der Erde helfen.

Für die Erforschung des Weltraums wird Geld *auf der Erde* ausgegeben, werden nützliche neue Industriezweige und Märkte mit neuen Arbeitsplätzen entstehen. Die 25 Milliarden Dollar, die in den 60er- und 70er Jahren für die *Apollo*-Flüge ausgegeben wurden, machten sich zwanzigfach bezahlt, nämlich in Form von beachtlichen, hier auf der Erde nützlichen Fortschritten. Dank des Raumfahrtprogramms gab es in vielen Bereichen einen gewaltigen Sprung nach vorn, insbesondere in der Metallurgie, Elektronik, Keramik und Computertechnologie.

Die Erforschung und Besiedlung des Mars ist keine utopische Idee; sie ist durchführbar. Sie könnte der Menschheit irgendwann eine andere Heimat bieten, falls der Erde etwas zustößt. Da sich unsere Ressourcen verknappen und die Verschmutzung eine zunehmende Bedrohung darstellt, müssen wir außerdem etwas über entsprechendes Recycling, wirksame Ausnutzung von Raum (vor allem beim Anbau von Nahrungsmitteln), Schutz vor tödlicher Strahlung (erinnern Sie sich an das größer werdende Ozonloch?) und harmonisches Zusammenleben dazulernen. Heute kann man nämlich nicht mehr einfach davonlaufen und sich in unbesiedeltem Neuland niederlassen, wenn es einem in der Heimat nicht mehr gefällt. Ein Leben auf dem schwierigen Planeten Mars wird uns diese Dinge schnell lehren.

Neue Produkte, die ein Leben auf dem Mars erst ermöglichen, würden schneller auf den irdischen Markt kommen, wenn wir uns nicht damit aufhielten, sie nur für die Erde zu produzieren. In der Vergangenheit haben die Erfordernisse des Krieges den Erfindungs- und Unternehmungsgeist zu wichtigen neuen Produkten angeregt, aber auf diese Art von Motivation sind wir nicht mehr scharf.

Wir könnten vielleicht zunächst einen Stützpunkt auf dem Mond errichten (er ist nur drei Tage entfernt), aber für eine Besiedlung ist ein richtiger Planet wie der Mars viel besser geeignet. Der Mars ist nicht so groß wie die Erde (etwa 6000 Kilometer kleiner im Durchmesser); ein Jahr dort dauert 687 Erdtage. Seine Schwerkraft ist viel stärker als die des Mondes, beträgt aber nur 38% der irdischen.

Leider besteht die Marsatmosphäre zu 95% aus Kohlendioxid, aber wenn die Kuppeln der von uns errichteten Siedlungen ein Leck aufweisen sollten, könnten wir Reparaturen durchführen, ohne gleich Angst haben zu müssen, daß uns die einströmende Luft augenblicklich umbringt, wie das auf der Venus der Fall wäre.

Astronomen der University of Hawaii und der Universität Tel Aviv vertreten die Auffassung, daß vereiste Kometen, die auf der Venus, der Erde und dem Mars einschlugen, zur Entstehung der Atmosphären beigetragen haben. Auf der Erde läßt sich darüber nicht mehr herausfinden, auf der Venus wäre dies nur unter großen Schwierigkeiten möglich, aber Forschungen auf dem Mars anzustellen sollte ein leichtes sein. Es wurde auch schon über die Möglichkeit spekuliert, dem Mars Wasser zuzuführen, indem man einen Kometen dorthin schleppt.

Die Menschen werden Wasser brauchen, wohin sie auch gehen. Finden sie genug davon auf dem Mars vor? Der Planet hat heute eine Durchschnittstemperatur von −60 °C bei einem niedrigen atmosphärischen Druck. Das schließt die Existenz von flüssigem Wasser auf dem Mars aus. Aber es besteht dennoch Hoffnung, auf Wasser zu stoßen.

Oberflächenstrukturen auf dem Mars weisen darauf hin, daß der Planet einmal viel Wasser gehabt haben könnte, das sich in riesigen Kanälen durch die Landschaft schlängelte. Zwei Astronomen der University of Arizona, Jeffrey Kargel und Robert Strom, haben vor kurzem 14 Jahre alte *Viking*-Aufnahmen vom Mars analysiert und sind zu dem Ergebnis gekommen, daß der Mars einst eine Eiszeit durchmachte, und zwar mit Gletschern, die aus einem Gemisch von Wasser und Kohlendioxid bestanden. Viele Wissenschaftler sind der Meinung, daß die Eiskappen an den Polen immer noch Wassereis und gefrorenes Kohlendioxid enthalten.

David A. Paige von der Abteilung der UCLA, die sich mit Untersuchungen der Erde und des Weltraums befaßt, hat alte Daten unter die Lupe genommen, die die Marssonde *Viking* geliefert hatte. Während die Bodenproben aus einem kleinen Gebiet auf dem Mars keine Hinweise auf Wasser unter der Oberfläche erbrachten, erstellte *Viking* Wärmekarten von drei Regionen, die schon immer heller als der Rest des Mars waren: Tharsis, Arabia und Elysium. Diese Gebiete scheinen von einer feinen Staubschicht bedeckt zu sein, die einen guten Isolator abgibt. Paige vertritt die Auffassung, daß es in diesen Gegenden dicht unter der Oberfläche Eis geben könnte und wahrscheinlich auch gibt.

Der Mars besitzt vielleicht kein hochentwickeltes Leben (diese Frage muß weiter erforscht werden), aber er ist ein aktiver Planet. Dr. Baerbel Lucchitta vom amerikanischen Amt für geologische Aufnahmen hat sich *Viking*-Aufnahmen erneut vorgenommen und darauf Hinweise auf einen gerade stattfindenden Erdrutsch entdeckt. Was geht dort sonst noch vor? Wir müssen den Mars besser kennenlernen und Wege finden, um den Planet zu unserem Vorteil zu nutzen.

Die Ringe des Saturns

Die Saturnringe sind die schönsten Objekte im Sonnensystem. Die anderen äußeren Planeten besitzen zwar ebenfalls Ringe, aber die Ringe, die Jupiter, Uranus und Neptun aufweisen, sind dünn, dunkel und unscheinbar. Die Saturnringe sind groß, hell und prächtig.

Woher kommt das? Luke Dones vom Canadian Institute for Theoretical Astrophysics glaubt, daß wir nur durch Zufall in einer Zeit leben, in der die Saturnringe so wunderschön sind, und daß sie nach und nach verschwinden.

Anscheinend tragen zwei Phänomene zum Verschwinden der Ringe bei. Zum einen zerren die Satelliten des Saturns ständig an den Ringen und entziehen den unzähligen Partikeln der Ringe Umlaufenergie. Als Folge davon bewegen sich diese Teile, die die Ringe bilden, langsam auf einer spiralförmigen Bahn zum Saturn hin, um irgendwann ganz zu verschwinden. Dones nimmt an, daß dieser Vorgang etwa 100 Millionen Jahre dauern wird.

Ein zweiter Vorgang ist der ständige Zusammenstoß der Ringteilchen mit Staubkörnern von Kometen. Der Kometenstaub zerbricht die Ringteilchen und macht sie laufend kleiner, wodurch ihre Energie dann schneller aufgezehrt wird. Man schätzt, daß auch die Auswirkungen des Kometenstaubs in 100 Millionen Jahren zum Verschwinden der Ringe führen.

Dieser Kometenstaub ist zudem völlig schwarz, so daß schon ein wenig davon genügt, um die Saturnringe viel schwächer leuchten zu lassen. Trotzdem gibt es auf den Ringen Abschnitte, die hell sind und eindeutig aus Eis bestehen. Dies legt den Schluß nahe, daß die Ringe dem Kometenstaub noch nicht sehr lange ausgesetzt gewesen sind.

Die gleichen Vorgänge könnten auch die dünnen Ringe von Jupiter, Uranus und Neptun beeinträchtigen, aber dort werden die Teilchen vielleicht durch Material ersetzt, das von den Satelliten dieser Planeten weggeschlagen wurde. Im Unterschied dazu können die Ringe des Saturns nicht neu aufgefüllt werden, weil sie zu groß sind.

Die Frage ist, wie die Saturnringe entstanden sind. Dones vermutet, daß ein oder mehrere große Kometen so knapp am Saturn vorbeigeschrammt sind, daß sie auseinandergerissen wurden. Kometen bestehen aus vereistem Material, so daß die Ringe, die sich dabei bildeten, ebenfalls aus Eis bestehen müßten.

Selbstverständlich ergeben sich hieraus Fragen. Warum sollten Kometen zwar vom Saturn, nicht aber von den anderen äußeren Planeten, insbesondere vom viel größeren Jupiter, auseinandergerissen werden? Außerdem reicht es nicht, wenn nur ein einziger Komet zerbricht. Dones schätzt, daß zwischen zehn und hundert Kometen dazu notwendig waren. Warum war dies nur bei Saturn der Fall?

Eines Tages wird eine Raumsonde, die zum Saturn fliegt, in der Lage sein, die Saturnmonde zu studieren und herauszufinden, ob sie sich langsam nach außen bewegen, weil sie dem Ring die Energie entziehen. Mit anderen Worten: Die Satelliten bewegen sich nach außen, während sich die Ringe nach innen zum Saturn hin bewegen. Das würde die Sache in etwa erklären.

Saturn besitzt zudem eine große Zahl von Satelliten, von denen einige, wie sich herausgestellt hat, ungewöhnlich sind. Charles Yoder vom Jet Propulsion Laboratory untersuchte die innersten Satelliten Janus und Epimetheus. Sie befinden sich knapp außerhalb der Saturnringe und wurden erst 1966 entdeckt, als die Ringe von der Erde aus in der Kantenstellung zu sehen waren.

Wie sich herausstellte, haben die zwei kleinen Satelliten Janus und Epimetheus fast identische Umlaufbahnen. Alle vier Jahre kommen sie sehr nahe aneinander vorüber und tauschen die Umlaufbahn. Der eine befindet sich dann ein wenig näher am Saturn, der andere etwas weiter entfernt davon. Yoder untersuchte, wie die Satelliten ihre Umlaufbahn wechseln, und kam zu dem Ergebnis, daß sie eine Dichte von weniger als $0,7$ g/cm^3 haben müssen. Das ist erheblich weniger als die Dichte der anderen Satelliten und auch weniger als die Dichte von reinem Eis.

Diese Satelliten sind anscheinend nichts als vereiste Schutthaufen, die zu etwa 30% aus leerem Raum bestehen. Handelt es sich dabei vielleicht um Konglomerate aus Eispartikeln von den Saturnringen? So unwahrscheinlich ist das gar nicht. Janus ist 220 mal 160 Kilometer groß, Epimetheus 140 mal 100 Kilometer. Diese beiden Satelliten sowie drei weitere kleine, die sich am Rand der Saturnringe befinden, Atlas, Prometheus und Pandora, bestehen vielleicht aus Ausflockungen von Partikeln, die von den Saturnringen stammen. Sie sind klein genug dafür und tragen vielleicht ebenfalls dazu bei, daß die Saturnringe irgendwann verschwinden.

100 Millionen Jahre sind nach menschlichen Maßstäben natürlich eine lange Zeit, und wir brauchen keine Angst zu haben, daß sich die prächtigen Ringe unseren Blicken entziehen. Dennoch überkommt uns Trauer bei dem Gedanken, daß etwas so Wunderbares nicht ewig währt.

Die Titanatmosphäre

Atmosphären sind ein interessantes Phänomen. Riesige Welten mit einer starken Schwerkraft können Gasmoleküle festhalten und verhindern, daß sie in den Weltraum entweichen. Kleine Welten wie Mond und Merkur haben deshalb keine Atmosphäre, und Mars besitzt nur eine dünne. Die Erde und die Venus verfügen über eine dicke Atmosphäre.

Eine starke Schwerkraft ist nur eine Möglichkeit, um eine Atmosphäre zu halten. Je kälter eine Welt ist, desto langsamer können sich die Gasmoleküle dort bewegen, und desto leichter können sie an der Oberfläche festgehalten werden. Obwohl vier der Jupitersatelliten ziemlich groß sind, ist die Temperatur auf allen immer noch zu hoch, um eine Atmosphäre zu halten. Titan, der größte Satellit des Saturns und der zweitgrößte Mond im Sonnensystem, ist viel kälter und kann eine Atmosphäre halten. Die noch kälteren Welten wie Triton (der Satellit des Neptuns) und Pluto haben ebenfalls eine Atmosphäre, wenn auch eine dünne. Die Atmosphäre von Titan ist dick, dichter als die der Erde.

Als die Titanatmosphäre erstmals 1944 von Gerard Kuiper entdeckt wurde, hatte es den Anschein, als sei sie nur 1% oder 2% so dicht wie die der Erde und bestehe aus einer dünnen Schicht des sehr weit verbreiteten Gases Methan. Das Problem ist, daß Methan eine leicht feststellbare Verbindung ist. Wären noch andere, schwer nachweisbare Gase vorhanden, so wäre der naheliegendste Kandidat Stickstoff.

Es dauerte aber bis zum Zeitalter der planetaren Raumsonden, ehe Titan aus der Nähe beobachtet werden konnte. In gewisser Weise war er enttäuschend, denn er schien nur eine orange Kugel ohne besondere Merkmale zu sein, von deren Oberfläche aufgrund der dunstigen Atmosphäre nichts zu sehen war. Doch Sonden drangen in die Titanatmosphäre ein und funkten die verblüffende Nachricht zurück, daß sie weitgehend – vielleicht bis zu 90% – aus Stickstoff bestand. Aus diesem Grund war die Titanatmosphäre auch so dicht.

Dies ist deshalb interessant, weil nur Titan und die Erde eine Atmosphäre haben, die überwiegend aus Stickstoff besteht. Die Atmosphäre der Riesenplaneten enthält vorwiegend Wasserstoff. Mars und Venus haben eine Atmosphäre, die im wesentlichen aus Kohlendioxid besteht. Nur Titan und die Erde fallen in dieser Hinsicht aus dem Rahmen.

Doch wo um alles in der Welt kam der Stickstoff auf Titan her? Eine mögliche Antwort ergibt sich aus dem inneren Aufbau von Titan. Der Kern von Titan besteht aus Gestein, um das sich eine sehr dicke Eisschicht schließt, die aufgrund der niedrigen Temperatur hart wie Diamant ist.

Man hat die Theorie aufgestellt, daß Titan in seiner Frühzeit, als die Eisschicht entstand, Stickstoff eingefangen habe (der unter solchen Bedingungen natürlich leicht festzuhalten ist). Dann sei der Stickstoff über Milliarden Jahre hinweg entwichen und habe die Atmosphäre gebildet. Doch das ist eigentlich keine Antwort auf die Frage, woher der eingefangene Stickstoff stammte.

Eine andere Theorie: Saturn verfügt wie die anderen Riesenplaneten in seiner Atmosphäre über eine beträchtliche Menge an Ammoniak. Ammoniak besteht aus Stickstoff und Wasserstoff. Falls Titan vom Saturn Ammoniak aufnahm, wurde dieses durch ultraviolettes Licht in einfachen Stickstoff und einfachen Wasserstoff zerlegt. Wasserstoff besteht aus sehr kleinen Atomen. Je kleiner die Atome nun sind, desto schneller bewegen sie sich, so daß Titan sie nicht an sich binden konnte, aber es gelang ihm, die schwereren Stickstoffatome festzuhalten.

Das Problem ist, daß Titan erheblich wärmer hätte sein müssen, damit eine solche Reaktion stattfinden konnte. Nun, vielleicht war Titan in seiner Frühphase ja wärmer, aber wir wissen es nicht – es bleibt also ein Problem, mit dem sich die Astronomen weiter auseinandersetzen können.

Neuere Radaruntersuchungen zeigen, daß sich die reflektierten Wellen mit der Drehung von Titan verändern. Die plausibelste Erklärung dafür lautet offensichtlich, daß die Oberfläche von Titan teils fest und teils flüssig ist. Die festen Flächen sind Kontinente aus hartem Eis. Aber woraus besteht die Flüssigkeit?

Das Methan in der Atmosphäre von Titan kann leicht durch ultraviolettes Licht verändert und in Äthan umgewandelt werden, das eine Art Doppelmolekül von Methan ist. Methan bleibt selbst bei den niedrigen Temperaturen von Titan gasförmig, aber Äthan ist dann eine Flüssigkeit; deshalb geht man heute davon aus, daß Titan einen großen Ozean aus Äthan besitzt.

Das ist sehr interessant, weil Äthan eine Art Zwischenstellung zwischen Erdgas und Benzin einnimmt. Es verbrennt sehr gut und liefert genau wie Öl Energie. Ja, man könnte durchaus zu dem Schluß kommen, Titan sei die größte Ölquelle im Sonnensystem. Natürlich malen sich manche bereits aus, wie wir das Äthan ausschöpfen und wegschaffen können, um es woanders zu verwenden. Der Vorrat würde solange reichen, wie die menschliche Rasse überlebt.

Die Sache hat aber (wie immer) einen Haken. Titan ist so weit entfernt, daß es sich schon aus Kostengründen verbietet, hinzufliegen, das Äthan aufzuladen und an einen erdnahen Ort zu transportieren. Vielleicht kommt irgendwann der Tag, an dem wir einen Weg finden, um so etwas wirtschaftlich durchzuführen.

Namen für die Satelliten von Neptun

Voyager 2 hat 1989 bei seiner Annäherung an Neptun sechs kleine Satelliten entdeckt, von denen vier beim Treffen der Internationalen Astronomischen Vereinigung in Buenos Aires nun offiziell einen Namen erhalten sollen.

Die Namensgebung für Satelliten lag den Astronomen nicht am Herzen. Etwa ein Dreivierteljahrhundert lang waren die Jupitersatelliten nach den ersten vier nur in der Reihenfolge ihrer Entdeckung bekannt – Jupiter V, Jupiter VI und so weiter bis Jupiter XIV. Erst als Raumsonden die Satelliten der Planeten genauer unter die Lupe nahmen, wurden mit der Zeit alle Satelliten benannt.

1846, kurz nach der Entdeckung Neptuns, bemerkte man, daß der Planet von einem Satelliten umkreist wurde. Neptun selbst wurde aufgrund seiner grünlichen Färbung nach dem römischen Meeresgott benannt. Die griechische Entsprechung des Namens war Poseidon. Es war nur folgerichtig, den Satelliten nach Triton, einem Sohn Poseidons in der griechischen Mythologie, zu taufen. Triton stellte man sich als ein Wesen mit dem Kopf und Rumpf eines Menschen und dem Schwanz eines Delphins vor.

Triton ist ein stattlicher Satellit, den man 100 Jahre lang für größer als unseren Mond hielt, weil er vermeintlich eine matte Oberfläche besaß und deshalb groß sein mußte, um soviel Licht zu reflektieren. *Voyager 2* fand jedoch heraus, daß er eine glänzende Oberfläche hat; er wirft deshalb soviel Licht zurück, auch wenn er deutlich kleiner als unser Mond ist.

Ein Jahrhundert lang war Triton der einzige bekannte Satellit des Neptuns. 1949 wurde dann ein viel kleinerer Satellit entdeckt, der sich auf einer exzentrischen Umlaufbahn weit entfernt von Neptun befindet. Er dreht sich rein zufällig in 365 Tagen einmal um Neptun – die gleiche Zeitspanne, die auch die Erde für eine Umdrehung um die Sonne benötigt. Er wurde Nereide getauft, was eigentlich keine einzelne Figur der Mythologie, sondern eine ganze Gruppe ist. Die Nereiden waren Meernymphen, die fünfzig Töchter eines Meeresgottes namens Nereus.

In den 70er und 80er Jahren gelangten die Astronomen schließlich zu der Überzeugung, daß Neptun weitere Satelliten besitzt, die den Planeten in geringer Entfernung umkreisen. Die Sonden hatten solche Satelliten auch bei Jupiter, Saturn und Uranus entdeckt. Man konnte sie von der Erde aus nicht sehen, denn sie waren klein und deshalb sehr lichtschwach und befanden sich darüber hinaus so nahe an den Planeten, die sie umkreisten, daß das Licht dieser Planeten sie überdeckte.

Als *Voyager 2* an Neptun vorbeiflog, wurden dann auch wie erwartet sechs Satelliten in geringer Entfernung zum Planeten gesichtet.

Einer von ihnen war etwas größer als Nereide und wurde so zum zweitgrößten Neptunmond, während Nereide auf den dritten Platz zurückfiel. Daß Nereide von der Erde aus zu sehen war, der größere Satellit jedoch nicht, lag ausschließlich daran, daß Nereide weit genug von Neptun entfernt ist.

Der neue große Satellit, der einen Durchmesser von etwa 400 Kilometern hat und ungefähr 105 000 Kilometer vom Mittelpunkt des Neptuns entfernt ist, wird Proteus getauft. Proteus ist eine interessante mythologische Figur. Er ist ein Hirte in den Diensten Poseidons, der über die Robbenschwärme des Meeresgottes wacht. Er soll das Aussehen eines Greises haben, der weissagen kann und dies tut, wenn sich jemand an den Schlafenden heranschleicht und ihn festhält. Das ist gar nicht so einfach, denn Proteus kann seine Gestalt verändern und sich in ein wildes Tier, in Feuer und andere Dinge verwandeln, und es verlangt einige Kraft, sie fest im Griff zu haben. Wenn jemand diese Kraft aufbringt, gibt sich Proteus schließlich geschlagen, nimmt wieder seine ursprüngliche Gestalt an und erzählt ihm seine Zukunft.

Proteus war der erste der neu entdeckten Satelliten. Der dritte hat einen Durchmesser von etwa 155 Kilometern und ist ungefähr 51 000 Kilometer vom Mittelpunkt des Neptuns entfernt. Der vorgeschlagene Name lautet »Despina«, was nicht sehr passend ist, denn er hat nichts mit dem Meer zu tun. Das Wort bedeutet »Herrin«, und die Griechen benutzten es für Aphrodite, die Göttin der Liebe, für Demeter, die Göttin der Fruchtbarkeit, und für Persephone, die Göttin der Unterwelt. Vom Meer keine Spur.

Der fünfte der neu entdeckten Satelliten hat einen Durchmesser von etwa 80 Kilometern und ist ungefähr 48 000 Kilometer vom Mittelpunkt des Neptuns entfernt. Er wird »Thalassa« genannt, was im Gegensatz zu Despina ein sehr guter Name ist. Es ist das griechische Wort für »Ozean«: Gibt es eine passendere Bezeichnung für einen Satelliten des Meeresgottes?

Dann gibt es noch den sechsten Satelliten, der einen Durchmesser von etwa 65 Kilometern hat und ungefähr 65 000 Kilometer vom Mittelpunkt des Neptuns entfernt ist. Der für ihn vorgeschlagene Name ist »Najade«. Najade bezeichnet wie Nereide eine ganze Gruppe mythologischer Wesen. Die Najaden sind Wassernymphen, doch sie herrschten der Überlieferung nach über das Süßwasser der Erde – Flüsse, Bäche, Quellen und Brunnen. Sie wurden in der Regel als junge, schöne Frauen dargestellt, die an Amphoren lehnen, aus denen Wasser fließt.

Der zweite und der vierte der neu entdeckten Neptunsatelliten haben bis jetzt noch keine Namen erhalten. Ich weiß nicht warum, aber Sie können sicher sein, daß die beiden nicht übergangen werden. Warum nicht Skylla und Charybdis? Das sind zwei Seeungeheuer, das erste eine Art Krake und das zweite eine Art Wasserstrudel, auf die Odysseus in der *Odyssee* von Homer traf.

Triton, der letzte Satellit

Im Sonnensystem kennt man sieben große Satelliten, die die Astronomen inzwischen alle in Form von Nahaufnahmen begutachten konnten. Unseren eigenen Mond hat man fast vier Jahrhunderte lang durch das Teleskop beobachtet. Die vier großen Jupitersatelliten, Kallisto, Ganymed, Europa und Io, sind in den letzten zehn Jahren zusammen mit dem großen Saturnsatelliten Titan von Raumsonden aus der Nähe unter die Lupe genommen worden.

Den Neptunsatelliten Triton, den letzten (und am weitesten entfernten) der sieben, hatte man bis 1989 nur als Lichtpunkt durch das Teleskop gesehen. Die hervorragende Raumsonde *Voyager* 2 flog in einer Entfernung von 39 000 Kilometern an Triton vorüber und konnte ihn aus der Nähe fotografieren.

Man hatte angenommen, daß Triton in seinem Aussehen dem Saturnsatelliten Titan ähneln würde, aber dies stellte sich als vollkommen falsch heraus. Der große Unterschied war folgender: Titan hat eine dicke Atmosphäre aus Methan und Stickstoff. Das Methan ist dem Licht der fernen Sonne ausgesetzt und bildet größere Kohlenwasserstoffmoleküle, die sich als Schleier flüssiger Tröpfchen über die Atmosphäre verteilen. Die Kameras von *Voyager 2* konnten den Nebel nicht durchdringen, so daß die feste Oberfläche von Titan nie zu sehen war.

Triton ist dreimal so weit von der Sonne entfernt wie Titan und daher beträchtlich kälter. Ja, er ist der kälteste Himmelskörper überhaupt, den Astronomen bislang untersucht haben. Triton besitzt ebenfalls eine Atmosphäre aus Methan und Stickstoff, aber der Großteil davon ist gefroren und hat nur eine dünne Atmosphäre aus Dämpfen zurückgelassen, durch die sich die Oberfläche gut erkennen läßt. Diese Oberfläche ist glatt und besteht aus gefrorenem Methan und Stickstoff, insbesondere auf der Südhalbkugel.

Diese Glätte ist von Bedeutung. Bislang konnte man den Durchmesser von Triton nur anhand der Messung der von ihm reflektierten Lichtmenge abschätzen. Man ging davon aus, daß die Reflexionsstärke der von den anderen großen Satelliten entsprach. Hieraus konnten die Astronomen nun die Größe berechnen, die Triton haben muß, um soviel Licht zu reflektieren, daß er so hell erscheint, wie er auf der Erde eben zu sehen ist. Die beste Schätzung des Durchmessers lag bei 3500 Kilometern, was ein klein wenig größer als unser Mond gewesen wäre.

Doch mit seiner glatten Oberfläche, die mit glänzenden, gefrorenen Gasen bedeckt ist, reflektiert Triton Licht viel stärker, als man angenommen hatte. Unter diesen Voraussetzungen muß er kleiner sein, um die von uns empfangene Lichtmenge auszusenden – und das ist er in der Tat. Es stellte sich heraus, daß der Durchmesser von Triton nur

2735 Kilometer beträgt, was ihn zum kleinsten der sieben Satelliten macht.

Der farbigste ist er dennoch. Die Oberfläche hat rosarote Bereiche, wo die Sonne das Methan in größere, komplizertere Moleküle umgewandelt hat. An anderen Stellen ist sie bläulich, wo das Sonnenlicht von winzigen Kristallen mit dem gleichen Streueffekt zurückgeworfen wird, der unserem Himmel sein wunderbares Blau verleiht.

Das Interessanteste an Triton sind aber die eigenartigen Variationen in seiner Oberflächenstruktur. Er besitzt Grate, Rinnen und alle möglichen unregelmäßigen Formen, aber nur sehr wenige Krater, die auf den meisten anderen Himmelskörpern des Sonnensystems ihre Spuren hinterlassen. In der ersten Milliarde Jahre seines Bestehens muß Triton Krater abbekommen haben, als er von verschiedenen großen Himmelskörpern bombardiert wurde, die sich zu den heutigen Planeten und Satelliten zusammenfügten. Danach muß Triton aber geschmolzen und gleichmäßig wieder gefroren sein.

Was hat ihn geschmolzen? Wir wissen es nicht. Vielleicht ist er mit einem anderen Neptunsatelliten kollidiert. Vielleicht hat der Aufprall beide Körper miteinander verschmolzen. Vielleicht umkreist Triton Neptun deshalb in der falschen Richtung. Alle anderen großen Satelliten drehen sich um den Planeten in der gleichen Richtung, wie sich dieser um seine eigene Achse dreht, aber Triton dreht sich in der entgegengesetzten Richtung zur Eigenrotation von Neptun.

Wenn nach dem erneuten Zufrieren nichts mit Triton geschehen wäre, hätte er eine absolut ebene Oberfläche, aber einige Unregelmäßigkeiten *gibt* es. Das unterscheidet ihn vom Jupitersatelliten Europa, der vollständig von einem Eisgletscher überzogen und deshalb völlig eben ist. Wenn Europa von einem Meteoriten getroffen, geschmolzen und zerbrochen wird, friert er jedesmal wieder zu und behält so seine glatte Oberfläche. Triton gleicht eher dem vulkanischen Jupitersatelliten Io. Das geschmolzene Gestein, das aus Ios Vulkanen fließt, füllt die Krater aus, und mit Ausnahme der Stellen, wo die Vulkane tatsächlich aktiv sind, bleibt die Oberfläche glatt.

Triton scheint ebenfalls vulkanisch zu sein, aber er besitzt weder nennenswertes Gestein in den äußeren Schichten noch eine Wärmequelle, die stark genug wäre, dieses Gestein gegebenenfalls zu schmelzen. Doch obwohl die Temperatur auf Triton extrem niedrig ist, reicht sie aus (vor allem dort, wo die Wärme aus dem Inneren des Satelliten an die Oberfläche dringt), um den Stickstoff zu schmelzen und zu verdampfen.

Der Stickstoff schießt nach außen und bringt dabei einen Teil der Hülle aus Wassereis zum Schmelzen. Das Eis gefriert schnell wieder und läßt Grate und Hügel entstehen. Diese Grate können einige hundert Meter hoch werden und ziehen sich manchmal Hunderte von Kilometern über die Oberfläche. Vielleicht rührt die ganze Vielfalt der Tritonoberfläche von »Eisvulkanen« her, den einzigen, die wir in unserem Sonnensystem kennen.

Der größte Sturm im Sonnensystem

1990 haben die beiden Hobbyastronomen Stuart Wilbur und Alberto Montalvo unabhängig voneinander die ersten Anzeichen von etwas entdeckt, das sich als größter atmosphärischer Sturm herausstellte, der je im Sonnensystem zu sehen war. Und er ereignete sich nicht auf Jupiter.

Das ist an sich schon überraschend, denn Jupiter ist bei weitem der größte der vier »Gasriesen« des äußeren Sonnensystems. Darüber hinaus steht er der Sonne von diesen vier Planeten am nächsten und empfängt auch am meisten Energie von ihr. Aber das ist noch nicht alles, sondern er dreht sich auch schneller als alle übrigen um seine eigene Achse, was die Atmosphäre in heftige Bewegung versetzt. Diese Kombination von großer Energiezufuhr, hoher Drehgeschwindigkeit und mächtiger Gravitationskraft macht Jupiter offensichtlich zum aktivsten Planeten. Seine Atmosphäre wird von gewaltigen Stürmen gepeitscht, die von West nach Ost über den Planeten hinwegfegen. Diese Stürme erscheinen als mehrfarbige Gürtel, die von zyklonischen Wirbeln unterbrochen werden. Der größte Jupitersturm ist der »Große Rote Fleck«, eine Art Wirbelsturm, der seit Jahrhunderten andauert und sich über ein Gebiet erstreckt, in dem die ganze Erde bequem Platz finden würde.

Saturn ist weiter von der Sonne entfernt als Jupiter; er ist deutlich kleiner und dreht sich etwas langsamer. Dies alles legt die Vermutung nahe, daß die Atmosphäre von Saturn ruhiger und weniger turbulent als die von Jupiter ist – was auch stimmt.

Uranus ist noch weiter von der Sonne entfernt und noch kleiner, dreht sich noch langsamer um seine Achse und sollte deshalb noch ruhiger sein – was ebenfalls stimmt. Tatsächlich ist Uranus ein friedlicher Planet mit nahezu keinen atmosphärischen Erscheinungen, die wir verstehen könnten.

Als *Voyager 2* 1989 aus geringer Entfernung Neptun – den Planeten, der praktisch ein Zwillingsbruder von Uranus sein könnte, aber noch weiter von der Sonne entfernt ist – beobachtete, erwarteten die Astronomen einen ebenso ruhigen Planeten wie Uranus. Statt dessen mußten sie feststellen, daß die Atmosphäre von Neptun nicht viel anders als die von Jupiter tobte. Sie hatte sogar einen »Großen Dunklen Fleck«, der stark an Jupiters Großen Roten Fleck erinnerte. Woher bezieht Neptun die Energie dazu? Das ist für die Astronomen derzeit eine faszinierende Frage.

Aber was Wilbur und Montalvo am 24. September bemerkten, trug sich auch nicht auf Neptun zu. Es war ein kleiner, weißer Fleck auf Saturn. Das war an sich noch nichts Ungewöhnliches. Der Saturn dreht sich in etwa $29\frac{1}{2}$ Jahren einmal um die Sonne, und während dieses Umlaufs passiert er den Punkt, an dem sein Nordpol so stark wie möglich zur Sonne geneigt ist. Dieser Punkt entspricht auf der Erde der Sommersonnenwende. Zu dieser Zeit erhält die Nordhalbkugel des Saturns ihre stärkste Energiezufuhr von der Sonne, was eine größere Wahrscheinlichkeit von Stürmen bedeutet. Als Folge davon kann man etwa alle dreißig Jahre weiße Flecken auf dem Saturn beobachten.

Im Herbst 1990 durchlief der Saturn wieder seine Sommersonnenwende, was Stürme erwarten ließ. Die ersten Berichte über den weißen Fleck erschienen daher als nichts Außergewöhnliches.

Doch dann kam die Überraschung. Der weiße Fleck begann sich in noch nie dagewesenem Maße auszudehnen. Drei Tage nach seiner Entdeckung war er zu einem sehr hellen Oval geworden. Nachdem eine Woche vergangen war, hatte er sich über eine Breite von 16 000 Kilometern ausgedehnt, und nach einem Monat erstreckte er sich über 80 000 Kilometer. Bis zum 23. Oktober umschloß der »Große Weiße Fleck« den Saturn vollständig und war der größte atmosphärische Sturm, der je im Sonnensystem beobachtet wurde. Nichts vergleichbares hatte man je zuvor gesehen.

Vielleicht der erfreulichste Teil der Entdeckung waren die Aufnahmen, die das *Hubble*-Weltraumteleskop vom Saturn machte und die den Sturm weit detaillierter zeigten, als es von der Erde aus möglich war. Die große Schärfe der *Hubble*-Aufnahmen erlaubte es den Astronomen, den Sturm in allen Einzelheiten zu analysieren und mitzuverfolgen, wie er sich entwickelte und langsam veränderte. Es tauchten noch andere weiße Flecken und dunkle Linien auf. Die Einzelheiten des Sturms passen in das Szenario, das die Wissenschaftler zuvor entworfen hatten, und das ist ebenfalls sehr befriedigend.

Woraus besteht der Sturm? Im allgemeinen geht man davon aus, daß er von aufsteigendem Gas genährt wird. Ammoniak, das in der Atmosphäre des Saturns reichlich vorhanden ist, steigt nach oben und gefriert zu weißen Kristallen; was wir sehen, sind somit Tausende von Kilometern gefrorenes Ammoniak.

Die Berechnung eines Satelliten

Vor kurzem hat Mark Showalter vom Ames Research Center der NASA in Kalifornien einen neuen Satelliten des Saturns entdeckt, was ihm auf bislang noch nie dagewesene Weise gelang. Er untersuchte 1980 und 1981 gemachte Nahaufnahmen der Ringe, stellte darauf wellenartige Muster fest, schloß daraus auf die Existenz eines unbekannten Satelliten, berechnete, wo sich dieser befinden müßte, schaute nach – und da war er.

Die Entdeckung der Satelliten von Planeten (mit Ausnahme unseres Mondes, der bekannt ist, seitdem die Menschen zum Himmel schauen), begann im Jahre 1610. Damals richtete der italienische Wissenschaftler Galilei sein neu konstruiertes Teleskop auf den Jupiter und fand vier große Satelliten, die ihn umkreisen. Dies sind Io, Europa, Ganymed und Kallisto.

1654 wurde mit Titan ein ebenso großer Satellit entdeckt, der den Planeten Saturn umkreise. Bevor das Jahrhundert zu Ende ging, fand man noch vier weitere Saturnsatelliten von geringerer (aber immer noch beachtlicher) Größe.

Solche Entdeckungen setzten sich fort. Als die Teleskope immer besser wurden, konnte man auch kleinere und weiter entfernte Satelliten erkennen. Bald nach der Entdeckung des Planeten Uranus im Jahre 1781 sichtete sein Entdecker Wilhelm Herschel zwei Satelliten mittlerer Größe, die ihn umkreisen. Ein halbes Jahrhundert später wurden zwei weitere entdeckt. Und bald nach der Entdeckung von Neptun im Jahre 1846 bemerkte man, daß dieser von dem stattlichen Satelliten Triton umkreist wurde.

Seit 1846 sind keine weiteren großen Satelliten mehr entdeckt worden, und höchstwahrscheinlich gibt es auch keine mehr. Die Kette der Entdeckungen kleinerer Satelliten riß allerdings auch in der Folgezeit nicht ab.

Die aufregendste dieser Entdeckungen gelang 1877, als Asaph Hall die nähere Umgebung des Mars nach kleinen Satelliten absuchte. Schließlich gab er auf, aber Mrs. Hall sagte zu ihm: »Versuch es noch eine Nacht, Asaph.« Er tat es und entdeckte die beiden Marssatelliten Phobos und Deimos.

1892 stieß E. E. Barnard auf einen fünften Satelliten des Jupiters, der viel kleiner als die ersten vier war und Jupiter in weit geringerem Abstand umkreiste. Es war der letzte Satellit, der mit dem Auge gesichtet wurde. Seither hat man alle neuen Satelliten mit Hilfe von Fotos entdeckt.

Diese Entdeckungen hielten auch im 20. Jahrhundert an. Erst 1948 fand G. P. Kuiper einen fünften Satelliten des Uranus, und 1949 entdeckte er einen zweiten Satelliten des Neptuns. Beide waren ziemlich klein. 1978 gab es eine echte Überraschung, als J. W. Christy feststellte, daß der winzige Planet Pluto einen Satelliten besaß, der fast so groß wie er selbst war.

Bei Anbruch des Zeitalters der Raumfahrt hatte man im Hinblick auf die Satelliten im Sonnensystem also folgenden Kenntnisstand erreicht: Merkur hatte keinen. Die Venus hatte keinen. Die Erde hatte einen (den Mond). Der Mars hatte zwei winzige Satelliten. Jupiter hatte zwölf (vier große und die übrigen ziemlich klein). Saturn hatte neun (einen großen und ein paar von mittlerer Größe). Uranus hatte fünf (vier davon mittelgroß). Neptun hatte zwei (einer davon groß). Pluto hatte einen. Das machte insgesamt 32 Satelliten.

Doch von 1979 an flogen die *Voyager*-Sonden an den äußeren Planeten vorbei, und ihre Kameras wiesen winzige Satelliten nach, die von der Erde aus nicht zu sehen waren. Drei davon umkreisen Jupiter, nicht weniger als neun Saturn. Zehn wurden in Umlaufbahnen um Uranus entdeckt, und auch bei Neptun entdeckte man noch mehrere neue Satelliten. Die Gesamtzahl aller bekannten Satelliten geht mittlerweile auf die 60 zu.

Die prächtigste Gruppe von Satelliten gehört zum Saturn. Sie besteht nicht nur aus insgesamt 17 Satelliten, sondern einige davon bewegen sich sogar auf der gleichen Umlaufbahn. Der mittelgroße Satellit Tethys teilt sich seine Umlaufbahn mit zwei winzigen Satelliten, wobei ihm der eine voraus- und der andere hinterhereilt. Dione hat eine gemeinsame Umlaufbahn mit einem winzigen Satelliten. Saturn besitzt außerdem ein prächtiges System von breiten, hell leuchtenden Ringen. Jupiter, Uranus und Neptun verfügen ebenfalls über Ringe, aber diese sind schmal, dunkel, spärlich und beinahe zu vernachlässigen. Warum Saturn so spektakulär ausgestattet ist, wissen wir nicht.

Die Saturnringe bestehen aus winzigen Eisstückchen, die fast gleichmäßig über ihre gewaltige Ausdehnung verteilt sind. Es gibt jedoch Lücken darin. Die größte wird als »Cassinische Teilung« bezeichnet, die zweitgrößte als »Enckesche Teilung«; benannt sind beide jeweils nach dem Astronomen, der als erster auf sie aufmerksam wurde. Die Lücken sind das Ergebnis der Gravitationswirkung jener Satelliten des Saturn, die den Ringen am nächsten stehen, so daß die Eisstückchen in einer bestimmten Entfernung nach außen gezogen bzw. nach innen gedrückt werden.

Fotos von *Voyager* zeigten, daß die Enckesche Teilung gewellte Ränder hat. Showalter glaubte, dies sei auf einen Satelliten *innerhalb* der Ringe zurückzuführen. Er benutzte einen Computer, um herauszufinden, wo sich der Satellit befinden mußte, damit er die Wellen hervorrief. Daraufhin untersuchte er diese Bereiche der Ringe, vergrößerte sie mit Hilfe moderner Methoden – und fand den 18. Satelliten von Saturn. Sein Durchmesser beträgt nur 19 Kilometer, aber er ist viel größer als die Eisfragmente des Rings. Er war der erste Satellit, der mit Hilfe eines Computers entdeckt wurde.

Der eigenartige Komet

Es gibt ein eigenartiges Objekt, das die Sonne zwischen den Umlaufbahnen von Saturn und Uranus umkreist, einen Himmelskörper, der die Astronomen heute immer stärker interessiert.

Entdeckt wurde das Objekt 1977 von Charles Kowal vom California Institute of Technology. Er taufte es Chiron, und man hielt es für einen Planetoiden. Sein Durchmesser beträgt etwa 240 Kilometer, was für einen Planetoiden ziemlich groß ist; außerdem umkreist es die Sonne weit jenseits des normalen Planetoidengürtels.

Das allein würde das Objekt schon eigenartig machen, aber da es sich derzeit am nahen Ende seiner Umlaufbahn befindet, konnten Astronomen es mit modernen Beobachtungsinstrumenten studieren und 1988 feststellen, daß es von einer Schicht aus Staub und Gas umgeben ist. Dies wiederum bedeutet, daß es sich nicht um einen Planetoiden, sondern um einen Kometen handelt. Unser Objekt wird damit sogar noch eigenartiger, denn mit einer Masse, die etwa das 10 000fache des berühmten Halleyschen Kometen beträgt, ist es der größte jemals beobachtete Komet.

In den letzten Jahren sind die Kometen ganz allgemein zum Gegenstand von Kontroversen geworden. Es gibt zwei Arten von Kometen. Da sind zum einen die langperiodischen Kometen, die in einem Zeitraum von mehreren Tausend Jahren die Sonne umlaufen, und die kurzperiodischen Kometen, die dafür weniger als 200 Jahre brauchen. Der Halleysche Komet und Chiron sind beide kurzperiodische Kometen.

Die langperiodischen Kometen kommen aus sehr fernen Bereichen des Weltraums, die über tausendmal so weit entfernt sind wie der fernste Planet, in das Innere des Sonnensystems. Außerdem kommen sie aus allen erdenklichen Richtungen. Aus diesem Grund sind sich die Astronomen ziemlich sicher, daß es eine riesige Kugel aus vielen Milliarden Kometen gibt, die die Sonne umgeben. Nach dem Astronomen, der erstmals ihre Existenz postulierte, wird sie als »Oortsche Wolke« bezeichnet. Immer wieder kommt es vor, daß einer dieser Himmelskörper unter dem Einfluß der Schwerkraft ferner Sterne in den inneren Bereich des Sonnensystem stürzt.

Lange Zeit hatte man geglaubt, daß von Zeit zu Zeit, wenn einer dieser langperiodischen Kometen nahe genug an einem Planeten, insbesondere am riesigen Jupiter, vorüberziehe, seine Umlaufbahn durch die Anziehungskraft verändert werde. Dieser Komet könnte dann »eingefangen« werden und dauerhaft im Planetensystem bleiben, was ihn zu einem kurzperiodischen Kometen werden ließe.

Die kurzperiodischen Kometen kommen aber nicht aus allen Richtungen, sondern umkreisen die Sonne etwa in der gleichen Ebene wie die Planeten. Dies widersprach der Theorie nicht, denn man ging davon aus, daß die Planeten beim Einfangen eines langperiodischen Kometen diesen in ihre eigene Umlaufebene zwangen.

Was diese Theorie nun aber in Frage stellt, sind Computersimulationen, die vor kurzem gezeigt haben, daß sich langperiodische Kometen sehr schwer einfangen lassen. Ein oder zwei davon könnten vielleicht eingefangen werden, aber es gibt insgesamt 150 kurzperiodische Kometen, und so viele erfolgreiche Fänge liegen auf keinen Fall mehr im Bereich des Wahrscheinlichen.

Aus diesem Grund hat man nun die Hypothese aufgestellt, daß es einen zweiten Bereich mit Kometen um die Sonne herum gibt, einen, der viel näher als die Oortsche Wolke ist und nicht als Kugel, sondern als schmaler Gürtel existiert. Er wird nach einem anderen Astronomen als »Kuiperscher Gürtel« bezeichnet und könnte das Ursprungsgebiet der kurzperiodischen Kometen sein.

Der Astronom Mark Bailey von der University of Manchester hat eine recht erschreckende Theorie aufgestellt. Danach dringen sehr wenige Kometen aus dem Kuiperschen Gürtel in das Sonnensystem ein, vielleicht nur einer oder zwei, aber dafür handelt es sich um Riesenkometen wie Chiron.

Mit Hilfe eines Computers verfolgte er die Umlaufbahn von Chiron 100 000 Jahre zurück und stellte fest, daß es sich um eine unregelmäßige Umlaufbahn handelt, die zu bestimmten Zeiten der Sonne viel näher kommt als sonst. Er vertritt deshalb die Ansicht, daß Chiron irgendwann vor langer Zeit, als er sehr nahe an der Sonne vorbeiflog, zerbrach und alle kurzperiodischen Kometen entstehen ließ.

Unmöglich ist das nicht. Wenn man alle kurzperiodischen Kometen mit Ausnahme von Chiron zusammennimmt, erhält man nur etwa 2% der Masse von Chiron. Das bedeutet, daß auch nach dem Auseinanderbrechen immer noch 98% von Chiron vorhanden sind.

Interessant ist diese Idee in der Tat, aber sie zu glauben fällt mir schwer. Einige kurzperiodische Kometen wie der Komet Biela bestehen ausschließlich aus Klumpen gefrorenen Materials, vermischt mit Staub. Wenn sie sich einige Male der Sonne genähert haben, können sie sich in eine Staubwolke auflösen, wie es beim Kometen Biela der Fall war. Andere kurzperiodische Kometen, wie der Komet Encke, besitzen einen aus Gestein bestehenden Kern, so daß vom Eis und Staub mittlerweile fast alles verschwunden ist und nur der Gesteinskern übriggeblieben ist, was den Kometen

Encke inzwischen fast wie einen Planetoiden aussehen läßt.

Wie soll man sich erklären, daß beim Auseinanderbrechen von Chiron manche Kometen mit und andere ohne Gesteinskern entstehen konnten?

Und noch etwas: Existiert der Kuipersche Gürtel wirklich? Die Oortsche Wolke ist so weit entfernt, daß jeder Versuch, sie zu entdecken, hoffnungslos ist, aber der Kuipersche Gürtel sollte feststellbar sein. Einige Raumsonden sind über die Umlaufbahn des Neptuns hinaus vorgestoßen und haben keine Kometen entdeckt. Doch selbst wenn der Gürtel existiert, wären die Kometen sehr weit voneinander entfernt und könnten leicht von einer Raumsonde übersehen werden, die den Gürtel an einer bestimmten Stelle durchquert.

Was wir brauchen, ist eine Raumsonde, die unmittelbar jenseits des Neptuns in eine Umlaufbahn um die Sonne einschwenkt. Sie sollte die Sonne genau in entgegengesetzter Richtung wie die Planeten (und vermutlich die Kometen des Kuiperschen Gürtels) umkreisen. Dann könnte sie auf ihrer 200 Jahre dauernden Reise um die Sonne von Zeit zu Zeit die Annäherung eines Riesenkometen wie Chiron registrieren.

Mehr über Kometen

Die Sorge um die Gegenwart, die nahe Zukunft und das nächste Jahrhundert ist schon groß genug, aber jüngst kündeten Schlagzeilen von einer Gefahr, die im August 2126 vom Himmel kommt. Der Schuldige wird ein Komet sein.

Wenden wir uns also den Kometen zu. Sie haben den menschlichen Geist seit vorgeschichtlichen Zeiten beschäftigt und sind schon an sich interessant und schön. Sie sind auch hilfreich – ihre Erforschung trägt zu einem besseren Verständnis des Sonnensystems bei, und eines Tages werden wir vielleicht ihr Eis nutzen, um Kolonien auf dem Mars mit Wasser zu versorgen.

Kometen sind Objekte, deren Durchmesser normalerweise selten einen Kilometer übersteigt und die von einer »Koma« aus Staub und Gas umgeben sind. Der Kometenkörper besteht aus schmutzigem Eis oder gefrorenem Schmutz um einen Gesteinskern herum.

Die Theorie vom gefrorenen Schmutz ist neu und basiert auf Infrarotuntersuchungen, die darauf hinweisen, daß das Eis von Kometen viel stärker mit »Schmutz« durchsetzt ist, als bisher angenommen wurde. Das haben die Kometen mit ähnlichen Himmelskörpern im äußeren Sonnensystem wie Pluto oder Triton gemeinsam, von denen einige Wissenschaftler inzwischen glauben, daß sie durch die Zusammenballung vieler Kometen entstanden sind.

Die Kometenschale des Sonnensystems umfaßt viele Milliarden Kometen, die alle vor fünf Milliarden Jahren zur selben Zeit entstanden, als sich das übrige Sonnensystem zur Sonne, zu den Planeten, Monden und Planetoiden verdichtete.

Ausnahmen gibt es natürlich immer. Der vor kurzem analysierte Komet Yanaka scheint keine kohlenstoffhaltige Materie zu enthalten. Falls er sich zusammen mit unseren anderen Kometen bildete, erschüttert er die Theorien über die Zusammensetzung des Nebels, der unser Sonnensystem hervorbrachte. Statt dessen vermuten die Wissenschaftler, der Komet sei in einer Wolke aus interstellarer molekularer Materie entstanden und später von unserem Sonnensystem eingefangen worden.

Wenn sich Kometen der Sonne nähern, bilden sie einen Schweif, der aus Staub, verdampftem Eis und einem »Plasma« von Elektronen und ionisierten Molekülen besteht. Manchmal treten die Bestandteile des Schweifs getrennt auf; in diesem Fall krümmt sich der »Staubschweif«, während der »Plasmaschweif« gerade bleibt. Unter dem Druck des Sonnenwinds zeigt der Schweif immer von der Sonne weg, was bereits vor viereinhalb Jahrhunderten Girolamo Fracastaro und Petrus Apianus bemerkten.

Man sieht so viele, häufig mit einem wunderschönen Schweif versehene Kometen, daß ganz offenkundig nicht alle von ihnen auf ihrer fernen Umlaufbahn am Rande des Sonnensystems bleiben. Die Umlaufbahn vieler Kometen wird durch Zusammenstöße mit anderen Kometen oder Planetoiden wie auch durch die Anziehungskraft der Riesenplaneten oder sogar anderer Sterne abgelenkt.

Einige Kometen verschwinden vollständig aus dem Sonnensystem, andere schwenken in eine Umlaufbahn ein, die sie dichter an die Sonne heranführt, wobei sie an Masse verlieren. Der Halleysche Komet verliert, wie man herausgefunden hat, 30 Tonnen in der Sekunde. Auch wenn die Raumsonde *Giotto* feststellte, daß der Komet Grigg-Skjellerup nur 100 Kilogramm in der Sekunde verliert, ist das immer noch mehr, als erwartet.

Von den Kometen, die in unseren Bereich des Sonnensystems kommen, gehört die kleinste Umlaufbahn dem Kometen Encke, der für seine Reise um die Sonne 3,3 Jahre braucht. Er kommt der Sonne fast so nahe wie der Planet Merkur. Andere Kometen kommen nur einmal in vielen Jahren in den inneren Bereich des Sonnensystems – der Halleysche Komet alle 76 Jahre, Kohoutek alle 21 700 Jahre und andere Kometen alle paar Millionen Jahre.

Die NASA hat gerade mit dem internationalen Projekt *Ulysses* zur Kometenbeobachtung begonnen, während die Raumsonde *Ulysses* die Sonne studiert (1994 überquert *Ulysses* den Südpol der Sonne). Man erhofft sich, daß während dieser Zeit Hobbyastronomen Kometen fotografieren, wenn sie auftauchen. Die durch Kometenfotos und *Ulysses* gewonnenen Daten werden bei der Erforschung des Sonnenwinds helfen, dessen elektrisch geladene Teilchen auch auf die Erde Auswirkungen haben.

Manchmal ist es schwierig, einen »toten« Kometen von einem Planetoiden zu unterscheiden. Astronomen an der Europäischen Südsternwarte sind unlängst zu dem Schluß gekommen, daß der Planetoid 4015 wahrscheinlich mit dem Kometen Wilson-Harrington identisch ist, der seit seiner Entdeckung 1949 seinen Eismantel verloren zu haben scheint. Vielleicht fliegen eine Menge ausgebrannter Kometen herum.

Man vermutet, daß einschlagende Kometen Materie für die Erde beigesteuert haben. Da Wasser, Ammoniak und Blausäure (die in den meisten Kometen vorhanden sind) zusammen Adenin, einen Bestandteil der DNA, bilden, wurde die Hypothese aufgestellt, daß die organischen Vorgänge, die zum Leben auf der Erde führten, durch Kometen entweder in Gang gesetzt oder beschleunigt wurden.

Nach einer derzeit viel diskutierten Theorie gibt es immer noch eine große Anzahl von Zwergkometen in unserer Nähe, die geheimnisvolle Flecken auf UV-Aufnahmen der Erdatmosphäre hinterlassen und Wasser auf der Erde absetzen, wenn sie in die Atmosphäre eintreten.

Und nun zu unserem großen Kometen, der unseren Nachkommen – zumindest nach den Warnungen, die gerade von der konservativen International Astronomical Union verbreitet wurden – großes Kopfzerbrechen bereiten könnte. Es handelt sich um den 1862 entdeckten Kometen Swift-Tuttle. Er wurde ein weiteres Mal am 27. September 1992 von dem japanischen Astronomen Tsuruhiko Kiuchi gesehen und scheint die Erkennbarkeit des Meteorstroms der Perseiden verbessert zu haben (bedingt durch den »Schutt«, der vom Kometen zurückgelassen wurde).

Die Umlaufbahn von Swift-Tuttle wird den Kometen das nächste Mal näher an die Erde heranführen, auch das übernächste Mal – und die Wahrscheinlichkeit, daß er im

Jahre 2126 auf katastrophale Weise mit der Erde kollidieren wird, steht 1 : 10 000. Bis dahin wird die Menschheit Raumschiffe besitzen, die durch das Sonnensystem patrouillieren und imstande sind, bedrohliche Objekte sofort abzuschießen oder aus dem Weg zu räumen.

Falls unsere Technologie den Kometen bis dahin nicht in den Griff kriegen sollte, bedeutet das, daß wir selbst unsere Zivilisation, möglicherweise auch die Menschheit insgesamt, zerstört haben, bevor der Komet Gelegenheit hatte, das für uns zu erledigen. Machen Sie sich deshalb keine Sorgen über den Kometen, sondern lassen Sie nur nicht die Zivilisation untergehen!

Unsere private Sonne

> Die Sonn' – ihr Schein erstrahlt so rein in ewig hellem
>   Lichte –
> versteckt nicht ihre Helligkeit, erzählt keine
>   Geschichte!
> Sie ruft nicht aus: »Wie seh ich aus, ach bitte, übt doch
>   Nachsicht!«
> Nein, wild und kühn, in goldnem Glühn,
> so prangt sie: welches Glanzlicht!

Als die Operette *Der Mikado* im Jahre 1885 uraufgeführt wurde, akzeptierten die meisten Menschen, darunter auch der Librettist W. S. Gilbert das heliozentrische Modell des Sonnensystems. Obwohl damals bereits 342 Jahre vergangen waren, seitdem Kopernikus' Buch von der katholischen Kirche verboten worden war, wurde das Verbot erst 50 Jahre vorher aufgehoben. Natürlich war der griechische Philosoph Aristarch 280 v. Chr. nicht nur zu dem Schluß gekommen, daß die Sonne größer als die Erde sei, sondern er hatte auch behauptet, daß sich alle Planeten um die

Sonne drehten. (Er konnte es aber nicht beweisen, so daß ihm niemand Beachtung schenkte.)

In *Der Mikado* glaubte Yum-Yum, die »Herrlichkeit« der Sonne sei ewig, aber heute wissen wir, daß unsere Sonne etwa 4,7 Milliarden Jahre alt ist und ihre Lebensdauer zur Hälfte hinter sich hat. Trotzdem geben uns weitere 4,7 Milliarden Jahre viel Zeit, um die Sonne zu erforschen und zu überlegen, was zu tun ist, wenn sie sich zu einem Roten Riesen ausdehnt und dabei die Erde verschlingt. Da wir nicht einfach abwarten können, bis der Rote Riese danach zu einem Weißen Zwerg kollabiert, wäre es das sinnvollste, in abgeschlossenen, mit einem Antrieb versehenen Weltraumkolonien das Sonnensystem zu verlassen. Uns an ein Leben in solchen Kolonien anzupassen, hätten wir bis dahin bereits gelernt.

Wenn es sich bei der »majestätischen« Sonne auch nur um einen recht abgelegenen gelben Zwergstern der Hauptreihe in einem Spiralarm der Milchstraße handelt, ist sie doch der ganz private Stern der Erde, dessen Strahlung für keinen anderen belebten Planeten Bedeutung hat. In einer Entfernung von 150 Millionen Kilometern erzeugt unsere Sonne die Wärme und das Licht, die Leben auf der Erde möglich machen. Pflanzen nutzen die Sonnenenergie durch Photosynthese, Tiere nutzen sie, indem sie Pflanzen oder andere Tiere fressen.

Die gefährliche Praxis der Verbrennung fossiler Brennstoffe könnte durch den Einsatz von Sonnenenergie ersetzt werden. Neue technische Entwicklungen haben die Photozelle deutlich verbessert, die 1876 erfunden wurde, um Sonnenlicht in Elektrizität umzuwandeln. Solarzellen und Sonnenkollektoren arbeiten jetzt effektiver und werden durch verschiedenartige dünne Beschichtungen oder Siliziumplatten ständig verbessert. Ich benutze einen solarbetriebenen Taschenrechner und muß deshalb nie eine Batterie auswechseln.

Die Sonne ist wirklich »wild und kühn«, wie es im *Mikado* heißt. In ihrem Inneren wird Wasserstoff durch Kernfusion in Helium umgewandelt, und zwar bei einer Temperatur, die im Kern vielleicht bis zu 15 Millionen °C erreicht. Die golden lodernde, sichtbare Oberfläche der Sonne, die »Photosphäre«, ist von der dünnen »Chromosphäre« umschlossen, von der die meiste ultraviolette Strahlung ausgeht. Niemand weiß genau, warum die Chromosphäre viel heißer als die darunterliegende Oberfläche ist.

Darauf folgt die schaurig schöne Korona, die noch heißer ist und für uns nur während einer Sonnenfinsternis sichtbar wird. Die gesamte »Atmosphäre« der Sonne reicht bis in die äußersten Bereiche des Sonnensystems hinaus und wird eingehend erforscht, aber erst in letzter Zeit hat der »Sonnenkörper« selbst einige seiner Geheimnisse preisgegeben.

Dr. David H. Hathaway vom National Solar Observatory hat vor kurzem entdeckt, daß die Gase des »Sonnenkörpers« eine bestimmte Fließrichtung besitzen. Sie bewegen sich an der äußeren Schicht der Sonne vom Äquator zu den Polen und anschließend in einer tieferen Schicht wieder zurück, von wo das Gas erneut aufsteigt und in den Strom an der Oberfläche einmündet. Nach Hathaway transportiert diese Strömung Magnetfelder, die für Sonnenflecken und -eruptionen verantwortlich sind.

Eruptionen entstehen in der Sonnenkorona und sind auf jedem Foto einer Sonnenfinsternis zu sehen. Eine im August 1991 gestartete japanische Raumsonde bestätigte den kausalen Zusammenhang zwischen Sonnenflecken, Sonneneruptionen und einer erhöhten Produktion von Röntgenstrahlen. Die Sonde zeigte, daß Eruptionen länger dauern, als die Wissenschaftler früher angenommen hatten, bedingt vielleicht durch einen sich selbst unterhaltenden Prozeß schleifenförmig fließender Ströme in Magnetfeldern. Eine Eruption könnte dafür sorgen, daß eine in der

Nähe befindliche Schleife ihre Energie freisetzt und Gruppen von Eruptionen sich explosionsartig ausdehnen. Nach den Daten von Beobachtungssatelliten ist eine Zunahme von Gammastrahlen mit einer Eruption verbunden, deren Magnetfeld Kernteilchen anregt.

Charles Lindsey und mehrere andere Solarastronomen haben die Sonne 1991 während einer totalen Finsternis unter die Lupe genommen. Mit Hilfe des Sub-Millimeterwellen-Radioteleskops auf dem Mauna Kea auf Hawaii (James-Clerk-Maxwell-Teleskop) konnten sie die Höhe und Temperatur der Chromosphäre genauer bestimmen. Sie entdeckten, daß »magnetisch mitgeführte Gastrichter« über der Sonnenoberfläche tatsächlich heißer werden, aber nicht so heiß, wie früher vermutet. Lindsey und seine Mitarbeiter haben auf der Oberfläche auch Vibrationen beobachtet. Sie fanden »Schatten« auf der Sonne, Streifen mit einer Wellenbewegung, die magnetisch aktive Bereiche wie etwa Sonnenflecken zu verbinden scheinen und vielleicht aus großer Tiefe nach oben dringen.

Es ist wichtig, mehr über die Sonnenflecken und ihren elfjährigen Zyklus herauszufinden. Wenn die Sonnenflecken am aktivsten sind, kann die daraus resultierende Strahlungszunahme elektronische Geräte auf der Erde (und im Orbit) beschädigen. Die Gefahr für uns ist groß genug, um eine weitere Erforschung unserer Sonne und all ihrer Herrlichkeit zu rechtfertigen.

Aus der Sonne

Unser Leben wird unweigerlich durch das beeinflußt, was Solarastronomen als »Sonne-Erde-Schnittstelle« bezeichnen, aber die meisten Menschen sind sich nicht bewußt, daß von der Sonne noch etwas anderes außer Licht kommt. Der ultraviolette Bereich des Lichtspektrums ist für uns unsichtbar, auch wenn er uns Sonnenbrand und Hautkrebs beschert. Genausowenig können wir den infraroten Bereich sehen, die 60% des Lichts am anderen Ende des Spektrums. Die Sonne emittiert jedoch nicht nur Licht, sondern auch Röntgenstrahlen, elektrisch geladene Teilchen und Neutrinos.

Elektrisch geladene Teilchen jagen mit dem sogenannten »Sonnenwind« aus der Sonne heraus und erreichen die Erde in dreieinhalb Tagen. In einer Phase heftiger Sonneneruptionen kann der Sonnenwind zur gefährlichen Stärke eines sogenannten »Sonnensturms« anwachsen.

Wenn der Sonnenwind stark ist, wird man in hohen Breitengraden Zeuge des wunderschönen nördlichen Polarlichts oder Nordlichts. Seit 1989, als Magnetstürme wichtige Satelliten von ihrer Bahn abbrachten und in Quebec einen Stromausfall verursachten, bemühten sich die Wissenschaftler intensiv darum, die Vorhersage solcher Stürme zu verbessern. Die derzeit beste Methode besteht darin, die Sonnenkorona zu beobachten, um festzustellen, wann sich Massen daraus in den Weltraum losreißen und so den Sonnenwind verstärken.

Da unsere Zukunft letztlich von der Erforschung und Besiedlung des Weltraums abhängen könnte, ist es wichtig, möglichst viel über den Sonnenwind in Erfahrung zu bringen. STEP (Solar-Terrestrial Energy Program) ist ein auf sieben Jahre angelegtes Projekt, das Forschungsergebnisse von Beobachtungsstationen, Satelliten und Computersimulationen koordiniert. Die Sonne – und mit ihr das, was aus ihr herauskommt – verändert sich jeden Augenblick, und das wiederum verändert die Übertragung der Sonnenenergie an der Schnittstelle mit der Erde. All diese Schwankungen beim Sonnenwind müssen beobachtet und gemessen werden.

Die Untersuchung des Sonnenwinds hilft den Wissenschaftlern, auch andere Sterne besser zu verstehen. Vielleicht läßt sich das Universum selbst leichter begreifen, denn ionisierte Gase wie der Sonnenwind stellen anscheinend den größten Teil der bekannten Materie im Universum dar.

Ein Teilchen, das aus der Sonne kommt, ist das neutrale Neutrino: ein winziges Objekt, aber von jeher ein großes Rätsel. Früher waren die Wissenschaftler der Auffassung, die Flut der Neutrinos von der Sonne sei ein genaues Maß für die vermutlich in ihrem Inneren ablaufende Kernverschmelzung.

Als vor 25 Jahren erstmals Neutrinos von der Sonne gezählt wurden, waren die Wissenschaftler verblüfft, daß sie weniger fanden, als sie aufgrund der Theorien des »Standardmodells«, wie Sterne auf der Hauptreihe (wie die Sonne) funktionierten, erwartet hatten. Sie befürchteten, das Standardmodell aufgeben zu müssen. Es schien drei Möglichkeiten zu geben.

Erstens: Neutrinos werden durch die in der Sonne ablaufende Verschmelzung von Protonen gar nicht in großen Mengen erzeugt.

Zweitens: Neutrinos werden möglicherweise in der erwarteten Menge produziert, aber nur wenige sind zählbar, weil auf dem Weg zur Erde etwas mit ihnen geschieht.

Drittens (heiß diskutiert): Die durch Kernverschmelzung im Zentrum der Sonne gewonnene Energie wird irgendwie effizienter erzeugt als angenommen. Dies würde eine niedrigere Temperatur im Zentrum bedeuten, was eine geringere Zahl von Neutrinos zuließe.

Die Protonenverschmelzung im Zentrum der Sonne bringt das Elektron-Neutrino hervor, das mit zwei Geschwindigkeiten kommt – energiereich und energiearm. Bis vor kurzem konnten »Neutrinodetektoren« nur energiereiche Neutrinos aufspüren. In den 60er Jahren benutzte Raymond Davis Behälter mit Kohlenstofftetrachlorid, die tief in Bergwerken aufgestellt wurden. Bei neueren Projekten bevorzugt man Behälter mit Gallium. Einer der Galliumbehälter wurde kürzlich vergrößert. Dieser Tank registrierte einige energiearme Elektron-Neutrinos, aber immer noch nicht genug. Der Physiker S. Bandler von der Brown University schlägt ein neues Nachweisgerät aus Siliziumscheiben und supraflüssigem Helium vor, um mehr der energiearmen Neutrinos aufzuspüren.

Derzeit erregt eine andere Neutrinotheorie Aufsehen. Die »MSW-Theorie« ist nach den russischen bzw. amerikanischen Wissenschaftlern Stanislaw P. Michejew, Alexej Smirnow und Lincoln Wolfenstein benannt. Nach ihrer Theorie erzeugen Kernreaktionen in der Sonne zwar genügend Neutrinos, aber diese wechseln zwischen drei verschiedenen Arten: dem bekannten, nachgewiesenen Elektron-Neutrino sowie dem Müon-Neutrino und dem Tauon-Neutrino, die nur in Laborexperimenten gefunden wurden.

Falls die MSW-Theorie stimmt und Elektron-Neutrinos ihre Gestalt verändern, gibt es vielleicht wirklich genug Neutrinos von der Sonne, um Standardtheorien über die Kernfusion in der Sonne zu bestätigen, aber wir sehen die erwartete Form nicht, weil sich die Elektron-Neutrinos auf dem Weg zur Erde irgendwie verändert haben. Nun stehen wir vor dem Problem, einen Detektor zu konstruieren, der auch die Müon- und Tauon-Neutrinos aus der Sonne entdeckt.

Wenn tatsächlich der Beweis erbracht wird, daß es ein Wechseln zwischen den drei Arten von Neutrinos gibt, würde eine solche Veränderung der Erscheinungsform nahelegen, daß Neutrinos etwas Masse besitzen. Die gesamte Kosmologie wird in heller Aufregung sein! Es gibt *so* viele Neutrinos, die aus der riesigen Zahl von Sternen in allen Galaxien unseres Universums kommen.

Wenn diese Neutrinos nicht vollständig masselos sind,

kennen wir vielleicht die Antwort auf eine grundlegende Frage zum Universum: Wie wird es enden? Zigtausend Milliarden Neutrinos mit etwas Masse würden genügend »kritische Masse« im Universum liefern, um es letztendlich kollabieren zu lassen.

Dann kann das ganze Urknall-Szenario wieder von vorne beginnen!

Gefahr aus dem Kosmos

Kosmische Strahlen werden durch heftige Vorgänge tief im Weltraum erzeugt, wie die Explosion von Sternen oder die Aktivität von Schwarzen Löchern. Sie bestehen aus extrem energiereichen, elektrisch geladenen Teilchen, hauptsächlich Protonen, die durch die Leere des interstellaren Raumes und vielleicht sogar durch den Raum zwischen den Galaxien jagen. Ihre Bahn krümmt und windet sich beim Durchgang durch elektromagnetische Felder, und zuletzt bombardieren sie aus allen Richtungen die Erde.

Wenn sie auf die Atome und Moleküle unserer Atmosphäre prallen, entsteht eine sogenannte Sekundärstrahlung, die auf die Erdoberfläche auftrifft und so energiereich ist, daß sie auf ihrem Weg alles, auch Menschen, durchdringt und sich in die Erde bohrt.

Wenn diese Strahlung den menschlichen Körper passiert, trifft sie zwangsläufig auf Moleküle und beschädigt sie. Normalerweise ist dieser Schaden nicht schlimm und läßt sich vom Körper wieder beheben. Doch von Zeit zu Zeit kommt es vor, daß ein solcher Strahl aus dem Kosmos ein Gen trifft und dessen Struktur verändert, also eine »Mutation« bewirkt. Diese Mutation kann Krebs oder eine andere unerwünschte Veranlagung hervorrufen.

Normalerweise schafft es die Erdatmosphäre, einen Großteil des Beschusses durch kosmische Strahlung zu absorbieren, abzuschwächen und relativ unschädlich zu machen, so daß die Menge, die uns erreicht, nicht tödlich ist. Das Leben hat sich über Milliarden Jahre hinweg entwickelt, ohne daß die kosmische Strahlung eine merkliche Gefahr dargestellt hätte.

Einige halten das Bombardement durch kosmische Strahlung sogar für lebensnotwendig. Die dadurch hervorgerufenen Mutationen sind zwar im allgemeinen schädlich, aber ab und zu kann eine nützliche darunter sein. Der Evolutionsprozeß wird durch das zufällige Entstehen solcher seltenen nützlichen Mutationen in Gang gehalten. Es wird sogar die Meinung vertreten, die Evolution würde sich ohne kosmische Strahlung in einem solchen Maße verlangsamen, daß es auf der Erde vielleicht noch heute kein Leben gäbe, das sich über den Stand von Bakterien hinaus entwickelt hätte.

Doch all dies hängt von der Schutzwirkung der Atmosphäre ab. Je höher man geht, desto weniger Luft befindet sich über einem, so daß die Menge der aufgenommenen kosmischen Strahlung zunimmt. Die Menschen in Denver (Colorado), die in relativ großer Höhe leben, erhalten viel mehr kosmische Strahlung als die auf Meereshöhe lebenden Menschen in Los Angeles oder New York. (Trotzdem sind auch die Menschen in Denver noch ausreichend geschützt.) Wer im Flugzeug in sehr großen Höhen unterwegs ist, bekommt noch mehr kosmische Strahlung ab, ist ihr aber nur ein paar Stunden lang ausgesetzt.

Problematisch wird es allerdings, wenn sich Menschen ganz über die Atmosphäre hinaus bewegen und keinerlei Schutz vor der kosmischen Strahlung mehr haben. Sie bekommen die Strahlung dann in voller Stärke und in vollem Ausmaß ab.

Sicherlich haben unsere Astronauten den Mond erreicht und sind ohne Krankheitsfolgen wieder zurückgekehrt. Die Raumfähre bleibt einige Zeit im Weltraum, und die

Menschen an Bord tragen keinen Schaden davon. Wir reden hier allerdings von einem Ausgesetztsein, das vielleicht eine Woche dauert. Astronauten sind schon länger in einer Umlaufbahn um die Erde gewesen. Einige russische Kosmonauten sind ein volles Jahr im Weltraum geblieben, haben dabei aber beträchtliche physiologische Veränderungen durchgemacht.

Was aber, wenn es um einem Flug zum Mars geht, bei dem die Astronauten eineinhalb Jahre im Weltraum bleiben müssen. Was geschieht, wenn wir uns vorstellen, daß Menschen über längere Zeit auf dem Mond arbeiten? Und was, wenn wir an die Errichtung von Siedlungen im Weltraum denken, an kleine, autonome Welten, in denen Menschen vielleicht ihr ganzes Leben verbringen möchten?

Außerdem müssen wir uns nicht nur über die normale Menge kosmischer Strahlen Gedanken machen. Immer wieder kommt es auf der Sonne zu »Eruptionen«, zu kleinen Explosionen an der Oberfläche. Das führt zu einem Ausbruch energiereicher Strahlung, deren Stärke normalerweise nicht an die der kosmischen Strahlung herankommt, aber immer noch ausreicht, um ungeschützten Menschen im Weltraum Schaden zuzufügen.

Was kann man tun? Selbstverständlich müssen Menschen im Weltraum künftig abgeschirmt werden. Raumschiffe und Raumstationen wird man mit Schilden aus Metall wie Aluminium umgeben, aber die kosmischen Strahlen sättigen diese Metalle und erzeugen eine Neutronenstrahlung, die genauso schädlich sein kann.

Vielleicht kann Material vom Mond verdichtet und schichtweise als schützender Gesteinsmantel um die Raumschiffe gelegt werden, aber ich weiß nicht, ob nicht auch diese durch kosmische Strahlung gesättigt wird.

Der NASA-Physiker Rein Silberberg hält Wasser für eine wirksame Barriere. Er denkt an eine Art Doppelwandung mit Wasser dazwischen. Seiner Meinung nach würden zehn Zentimeter Wasser ausreichen, um die kosmische Strahlung auf ein Maß zu reduzieren, an dem das Krebsrisiko nur um 2% höher liegt als auf der Erde, doch im Falle einer plötzlichen Sonneneruption wäre das möglicherweise ungeeignet.

Wir müssen das Problem der kosmischen Strahlung genauso lösen wie andere schwerwiegende Auswirkungen, die sich ergeben, wenn man lange keiner Schwerkraft ausgesetzt ist, (z. B. die Demineralisierung der Knochen). Das Leben hat sich immer weiterentwickelt, und die Menschen haben die Herausforderung neuer Grenzen immer gerne angenommen. Wir werden mit Sicherheit die Erde verlassen und uns der neuen Grenze des Weltraums stellen.

Unsichtbare »Eisplaneten«?

Zwischen den Umlaufbahnen von Mars und Jupiter wird die Sonne von einem Planetoidengürtel umkreist. Der erste Planetoid wurde 1801 entdeckt; seit damals hat man etwa 1600 von ihnen lokalisiert.

Der Astronom S. Alan Stern nimmt an, daß es weit jenseits der Umlaufbahn von Pluto einen zweiten Gürtel gibt. Wahrscheinlich ist er zweihundertmal so weit wie Pluto entfernt, d. h. über 9 Billionen Kilometer oder rund ein Lichtjahr.

Die Chancen, etwas so weit Entferntes mit gewöhnlichen Teleskopen zu sehen, stehen gleich null. Man könnte sogar behaupten, Pluto und Charon seien die größten dieser Objekte und mit Sicherheit die nächsten, so daß sie zu sehen sind. Aber damit hätte es sich auch schon.

Was veranlaßt Stern und andere Wissenschaftler dann zu der Annahme, es gäbe ein Lichtjahr entfernt unsichtbare »Eisplaneten«? Hauptsächlich rührt es daher, daß sich die äußersten Planeten so eigenartig verhalten. Uranus beispielsweise dreht sich auf der Seite. Bei keinem anderen

Planeten ist die Rotationsachse so stark geneigt. Eine Hypothese lautet, daß Uranus bei seiner Entstehung, ähnlich wie die anderen Planeten auch, mehr oder weniger aufrecht rotiert habe, aber schon bald von einem ziemlich massereichen Objekt getroffen worden sei und einen Drall erhalten habe. Dafür wäre ein Himmelskörper erforderlich, der zwischen einem Fünftel und dem Fünffachen der Erdmasse besessen haben müßte. Vielleicht war dieses kollidierende Objekt einer der »Eisplaneten«.

Dann gibt es Triton, den großen Satelliten des Neptuns. Er dreht sich genau rückläufig um Neptun, d. h., andere Satelliten umkreisen ihren Planeten in derselben Richtung, wie sich der Planet selbst dreht, aber Triton dreht sich in der entgegengesetzten Richtung. Er ist der einzige große Satellit, der dies tut. Die gängige Hypothese lautet, daß er in der Frühzeit seines Bestehens mit einem massereichen Objekt kollidierte und deshalb die Drehrichtung wechselte. Noch ein Eisplanet? Vielleicht.

Und dann haben wir Pluto selbst mit seinem Satelliten Charon. Pluto besitzt nur die sechsfache Masse von Charon; sie sind sich der Größe nach also ähnlicher als Erde und Mond. Wie kam es, daß sich Charon um Pluto dreht?

Vielleicht ist Pluto von einem Objekt getroffen worden, das ihn entzweigebrochen hat. Oder er ist Charon einfach begegnet und hat ihn eingefangen. Beide Möglichkeiten sind recht unwahrscheinlich, wenn es nicht eine Vielzahl anderer Objekte in der Nähe gibt. Es muß diese Vielzahl von Objekten in der Umgebung sogar dann geben, wenn man annimmt, daß Uranus getroffen wurde und seine Schräglage erhielt und Triton getroffen wurde und seine Umlaufbewegung umkehrte.

Falls sich aber Eisplaneten nahe genug bei den äußeren Planeten befanden, um Auswirkungen auf sie zu haben, wohin sind sie dann verschwunden?

Es gibt eine Anziehungskraft von den näheren Sternen. Sie

wirkt auf die Eisplaneten am äußeren Rand des Sonnensystems ebenso wie auf die Kometen (die Kometen, die sich ebenfalls so weit entfernt befinden, sind viel zahlreicher als die Eisplaneten, aber auch weit kleiner). Diese Gravitationskraft hätte die Eisplaneten teilweise dazu gebracht, sich in die inneren Bereiche des Sonnensystems zu bewegen, wo sie nicht lange bestanden hätten. Andere wären hinausgezerrt worden in den riesigen Raum, ein Lichtjahr entfernt.

Kann man die Eisplaneten irgendwie ausfindig machen, auch wenn man sie nicht sehen kann? Wir haben mehrere Raumsonden ausgeschickt, die weit jenseits von Pluto treiben, aber sie haben nichts festgestellt. Heißt das, die Eiswelten gibt es nicht? Keineswegs. Nehmen wir an, es gäbe 3000 von diesen Eisplaneten (Stern geht von dieser Zahl aus). Stellen Sie sich diese Eisplaneten gleichmäßig über den riesigen Raum verteilt vor. Sie wären Millionen Kilometer voneinander entfernt. Der Raum erschiene völlig leer, und die Chance einer Begegnung zwischen einer Raumsonde und einem Eisplaneten wäre gleich null.

Wenn ein normales Teleskop sie nicht finden kann, könnte dies vielleicht einem starken Infrarotteleskop gelingen, denn die Eiswelten würden weit mehr infrarotes als sichtbares Licht abgeben.

Wenn die Sonne einen weit entfernten Planetoidengürtel besitzt, könnte das gleiche auch für andere Sterne gelten. Es gibt zwei Sterne, Wega und Beta Pictoris, die mit Sicherheit von Staubwolken umgeben sind. Es ist nicht ausgeschlossen, daß ein Teil dieser Staubwolken aus den fernen Eiswelten besteht.

Näher bei uns erklären die Eiswelten möglicherweise solche Objekte wie Pluto, Charon und den jüngst entdeckten Chiron, der ganz bestimmt eine Eiswelt ist. Er ist wie ein Komet aufgebaut, besitzt aber mindestens die tausendfache Masse des Halleyschen Kometen.

Das Ergebnis ist, daß wir vielleicht einiges mehr über den Ursprung des Sonnensystems erfahren können. Aus diesem Grund wäre es in der Tat aufregend, wenn wir eine Raumsonde auf Pluto landen lassen könnten, um ihn und seinen Satelliten aus der Nähe zu studieren.

Wer weiß, was wir herausfinden würden?

Planetoiden um uns herum

Die Planetoiden sind vielleicht die ältesten unveränderten Objekte im Sonnensystem. Sie sind so klein, daß sie weder Ozeane noch eine Atmosphäre oder sonst etwas besitzen, das sie umgestalten könnte. Sie sind deshalb über vier Milliarden Jahre alt. Eine genaue Erforschung der Planetoiden könnte uns somit eine ganze Menge über die Frühzeit und die Entstehung des Sonnensystems verraten.

Was können wir über diese Objekte herausfinden, die so klein sind, daß wir sie nur als Lichtpunkte sehen können? Zum einen reflektieren sie Sonnenlicht, und wir können solche Reflexionen inzwischen präzise genug auffangen, um sagen zu können, wie sie zeitlich wechseln. Dieser Wechsel wird im allgemeinen damit erklärt, daß sich die Planetoiden drehen (alle Himmelskörper, die wir kennen, drehen sich um ihre eigene Achse) und die Oberfläche bei einigen heller ist als bei anderen. Diese Art der Beobachtung verrät uns, wie schnell der Planetoid rotiert. Außerdem läßt sich erkennen, daß manche Planetoiden insgesamt dunkler sind als andere und daß die dunkleren Planetoiden zumeist von der Sonne weiter entfernt sind. Auch dies könnte uns Hinweise auf die Frühzeit des Sonnensystems geben.

Bei der räumlichen Verteilung der Planetoidenbahnen gibt es Lücken, die nach dem Astronomen, der sie als erster bemerkte, zumeist als »Kirkwood-Lücken« bezeichnet werden. Teilweise als Folge davon werden die Planetoiden in Familien eingeteilt. Möglicherweise sind die Planetoiden sehr früh durch Kollisionen entstanden, und jede Familie repräsentiert das Auseinanderbrechen eines besonderen größeren Planetoiden. Wir wissen es nicht.

Planetoiden reflektieren auch Infrarotlicht, das man messen kann. Dies gibt uns Kenntnis von zwei Dingen: der Infrarothelligkeit und der normalen Helligkeit. Auch dies trägt dazu bei, die mögliche Größe eines Planetoiden und die Menge des reflektierten Lichts zu bestimmen.

Welche Form haben Planetoiden? Von Zeit zu Zeit zieht ein Planetoid vor einem Stern vorbei, dessen Licht ein paar Sekunden lang verdeckt wird. Anhand der Dauer dieser Verdunkelung läßt sich der Durchmesser eines Planetoiden bestimmen. Wenn ihn genügend Menschen zur selben Zeit beobachten, können sie sogar sagen, wie mit dem Standort diese Größe variiert, und dies wiederum verrät uns die Form. Daher weiß man, daß die meisten Planetoiden unregelmäßig geformt sind.

Nicht alle Planetoiden bleiben brav und ordentlich zwischen den Umlaufbahnen von Mars und Jupiter. Manche wandern über die Umlaufbahn von Jupiter hinaus, während sich andere weiter ins Innere des Sonnensystems, diesseits der Marsbahn bewegen. Die letztgenannte Gruppe ist die interessantere, weil diese nahen Planetoiden manchmal sehr knapp (nach astronomischen Maßstäben) an der Erde vorbeifliegen.

Diese nahen Planetoiden im einzelnen zu beobachten ist schwierig, weil sie sich so schnell bewegen, daß es praktisch unmöglich ist, die Instrumente in Gang zu setzen, bevor sie wieder außer Sicht sind. Zu den nahen Planetoiden (oder »Erdstreifern«, wie sie auch manchmal genannt werden), zählt der Planetoid Nr. 4769. Eine sehr zügig durchgeführte Arbeit, die auch Untersuchungen früherer Vorbeiflüge einbezog, ließ ihn als hantelförmiges Objekt erkennen.

Heute brauchen wir uns natürlich nicht nur auf erdgebundene Beobachtungsgeräte zu verlassen. Es gibt Raumsonden, die hoffentlich nahe an einem Planetoiden vorbeifliegen werden und uns in ein paar Augenblicken mehr darüber verraten, als wir in all den Jahren der Beobachtung von der Erde aus erfahren haben.

Die entscheidende Frage bei den Planetoiden lautet, ob einer von ihnen jemals die Erde treffen wird. Möglich ist das durchaus. Wenn wir nur lange genug warten (Millionen Jahre vielleicht), ist es sogar unvermeidlich. Die Wissenschaftler sind sich zunehmend sicher, daß sich eine solche Kollision in der Vergangenheit bereits ereignet hat; ein Zusammenstoß mit einem Planetoiden (oder vielleicht mit einem Kometen) könnte vor 65 Millionen Jahren die Dinosaurier ausgelöscht haben.

Das war eine wirkliche Katastrophe. Ein weiterer derartiger Schlag wird mit Sicherheit unsere Zivilisation und vielleicht sogar die menschliche Art vernichten. Das ist ein guter Grund, um möglichst viel über Planetoiden herauszufinden. Nur so können wir die notwendigen Berechnungen anstellen, um festzustellen, ob uns einige Planetoiden ungemütlich nahe kommen werden. Und was können wir tun, falls einer dies tut? Im Augenblick nichts.

Wir dürfen die Planetoiden aber nicht nur als Katastrophenbringer ansehen. Da einige uns sehr nahe kommen (bis auf etwa eineinhalb Millionen Kilometer), wären sie viel einfacher zu erreichen als beispielsweise der Mars, wenn wir irgendwann einmal die Raumfahrt ernsthaft ausbauen. Als Rohstoffquelle für Minerale und Metalle könnten sie dann sehr nützlich werden. Aufgrund der geringen Schwerkraft auf den Planetoiden bräuchte man sehr wenig Energie, um diese Materialien zu bergen und in eine Umlaufbahn um die Erde zu bringen, wo sie für den Bau der Weltraumstädte verwendet werden könnten, von denen einige Astronomen und andere Wissenschaftler träumen.

Zwillingsplanetoiden

Am 9. August 1989 entdeckte Elinor Helin vom California Institute of Technology einen neuen Planetoiden. An sich war das keine Sensation, denn fast 2000 Planetoiden sind bekannt. Als er dann näher untersucht wurde, stellte er sich allerdings als der erstaunlichste von allen heraus.

Der erste Planetoid wurde am 1. Januar 1800 (dem ersten Tag des 19. Jahrhunderts) von dem sizilianischen Astronomen Giuseppe Piazzi durch puren Zufall entdeckt. Die Astronomen hatten zwar vermutet, es müsse einen Planeten zwischen Mars und Jupiter geben, aber Piazzi suchte nicht danach. Er entdeckte ihn einfach und benannte ihn nach Ceres, die in der Antike die Schutzgöttin Siziliens war. Ceres stellte sich mit einem Durchmesser von nur etwa 1000 Kilometern als sehr klein heraus, viel kleiner als jeder andere Planet, weshalb er auch nicht schon früher entdeckt worden war. Andere Astronomen hielten ihn für zu klein und meinten, es müsse zwischen Mars und Jupiter noch etwas anderes geben. Bis 1807 wurden in diesem Bereich drei weitere Planeten entdeckt, die alle noch kleiner waren als Ceres. Sie waren so klein, daß sie, ganz wie Sterne, selbst im Teleskop nur als Lichtpunkte zu sehen waren und sich nicht wie andere, größere Planeten zu kleinen Scheiben vergrößerten. Wegen ihres Aussehens wurden die neuen kleinen Planeten (nach griechischen Wörtern für »sternenähnlich«) als *Asteroiden* bezeichnet (im deutschsprachigen Raum nennt man sie heute zumeist »Planetoiden«, d. h. Planetenähnliche).

Im Laufe der Zeit wurden immer weitere Planetoiden entdeckt. Alle waren klein; meist hatten sie nur einen Durchmesser von ein paar Kilometern. Sie schienen alle auf den Bereich zwischen Mars und Jupiter konzentriert zu sein und waren anscheinend die Überreste eines Planeten, der explodiert war oder – wahrscheinlicher – sich nie gebildet hatte, weil die Anziehungskraft von Jupiter die Planetoiden daran hinderte, sich zusammenzuballen. Der Bereich zwischen Mars und Jupiter, wo die Planetoiden entdeckt wurden, bezeichnete man als »Planetoidengürtel«.

Die Planetoiden in diesem Planetoidengürtel waren selbst in ihrer erdnächsten Position zwischen 65 und 650 Millionen Kilometer entfernt. Aufgrund ihrer Entfernung und ihrer geringen Größe war es bis heute nicht möglich, Einzelheiten bei diesen Himmelskörpern zu erkennen.

Doch 1898 wurde von dem deutschen Astronomen Gustav Witt ein Planetoid gesichtet, der sich auf seiner Umlaufbahn im Bereich zwischen Mars und Erde bewegte. Er war der 433. Planetoid, den man bisher entdeckt hatte und wurde Eros getauft. Hin und wieder kam es vor, daß die Erde und Eros an bestimmten Punkten ihrer Umlaufbahn nur 22,5 Millionen Kilometer voneinander entfernt waren; abgesehen vom Mond kam kein anderer Himmelskörper der Erde so nahe. 1931 näherte sich Eros der Erde bis auf 26 Millionen Kilometer, wobei seine Entfernung so genau bestimmt werden konnte, daß daraus der Abstand zu allen anderen Objekten im Sonnensystem berechnet wurde. Dies waren so lange die genauesten Zahlen für die Größe des Sonnensystems, bis die Astronomen lernten, Radarwellen von den Planeten reflektieren zu lassen und die Entfernungen auf diese Weise zu messen.

Eros ist ein Beispiel für einen »Erdstreifer«, von denen in den letzten fünfzig Jahren zahlreiche weitere entdeckt wurden. Derzeit kennt man etwa 130 Planetoiden, die der Sonne näherkommen als die Erde. Einige nähern sich der Erde regelmäßig bis auf ein paar Millionen Kilometer. Der Planetoid Hermes mit einem Durchmesser von vielleicht eineinhalb Kilometern verfehlte uns in den 30er Jahren dieses Jahrhunderts nur um 320 000 Kilometer und wurde seitdem nie mehr gesehen.

Der eine oder andere Erdstreifer könnte in Abständen von

mehreren hundert Millionen Jahren vielleicht mit der Erde zusammenstoßen. Vielleicht hat ein ziemlich großer Planetoid oder Komet vor 65 Millionen Jahren die Erde getroffen und die Dinosaurier sowie viele andere Lebensformen vernichtet.

Der neue, von Elinor Helin entdeckte Planetoid ist ein Erdstreifer. Einer der Gründe für seine Entdeckung war, daß er nahe an der Erde vorbeiflog (was er nur etwa alle fünfzig Jahre tut) und deshalb nur vier Millionen Kilometer entfernt war.

Insbesondere mit den hochentwickelten Beobachtungsgeräten von heute könnten bei dieser Entfernung vielleicht auch Details ausgemacht werden. So steht in Arecibo (Puerto Rico) ein 305-Meter-Radioteleskop, das auf der ganzen Welt das beste seiner Art ist. Sendet man einen Mikrowellenstrahl (wie beim Radar) zu dem Planetoiden aus, so wird er reflektiert, und das Teleskop in Arecibo kann die Reflexion auffangen. Eine Gruppe unter der Leitung von Steven Ostro ging so vor, und anhand der Reflexion war (wie bei reflektiertem Licht) der Planetoid zu »sehen«.

Dies geschah am 22. August 1989. Die Reflexionen wurden ausgewertet und zeigten zur Überraschung aller *zwei* Planetoiden, die miteinander verbunden zu sein schienen und sich wie ein Propeller alle vier Stunden einmal um ihre Achse drehten. Nie zuvor hatte man einen solchen Doppelplanetoiden gesehen. Nach allem was wir wissen, kann es dennoch weitere Zwillingsplanetoiden geben, die wir nicht sehen können, weil sie zu weit entfernt sind, um Einzelheiten erkennen zu lassen.

Vielleicht ist ein solcher Zwillingsplanetoid entstanden, weil sich zwei Planetoiden fast in der gleichen Umlaufbahn befanden und Seite an Seite um die Sonne flogen. Eine winzige Anziehungskraft konnte sie zusammenziehen und schließlich miteinander in Kontakt bringen. Und so bleiben sie nun in schüchterner Umarmung, drehen sich umeinander und schauen ab und zu bei der Erde vorbei.

Weltraumwache

Kleine Planetoiden, die der Erde relativ nahe kommen, nennt man »Erdstreifer«. Vor kurzem hat David Rabinowitz von der University of Arizona das kleinste und nächste Objekt entdeckt, das je außerhalb der Erdatmosphäre gesehen wurde.

Sein Durchmesser betrug vermutlich nur etwa zehn Meter, aber mit Hilfe empfindlicher elektronischer Detektoren wurde der Planetoid sechs Stunden lang verfolgt, und man berechnete seine Umlaufbahn.

Der Planetoid benötigt zwischen drei und vier Jahre für einen vollständigen Umlauf um die Sonne; an seinem sonnennächsten Punkt ist er von ihr nicht weiter entfernt als die Umlaufbahn der Venus. Am anderen Ende, an seinem sonnenfernsten Punkt, zieht er sich zum Planetoidengürtel zwischen den Umlaufbahnen von Mars und Jupiter zurück. Dazwischen nähert er sich der Umlaufbahn der Erde. Und ganz selten kreuzt er die Erdumlaufbahn, wenn die Erde selbst gerade in der Nähe ist. Diesmal passierte er sie in einem Abstand von 170 000 Kilometern, etwas weniger als die halbe Entfernung zum Mond.

170 000 Kilometer ist natürlich immer noch ziemlich weit entfernt von uns, aber astronomisch gesehen ist es nichts. Zudem können sich die Umlaufbahnen dieser kleinen Planetoiden leicht verändern. So dürfte sich die Bahn dieses kleinen Himmelskörpers, der der Erde so nahe gekommen ist, aufgrund der Erdanziehungskraft ein wenig gekrümmt haben, und er wird vielleicht nicht auf der genau gleichen Bahn wiederkehren.

Ein kleiner Planetoid, der uns im Laufe der Zeit unterschiedlich weit verfehlt, kann schließlich eine Bahn einnehmen, die diese Abweichung auf null reduziert und uns trifft.

Müssen wir uns darüber Gedanken machen? Ja, denn schon

der Einschlag eines Planetoiden mit einem Durchmesser von 10 Metern könnte einen beträchtlichen Schaden anrichten, und es geht hier nicht bloß um einen einzigen Planetoiden. Die Astronomen wissen von 50 Planetoiden mit einem Durchmesser zwischen einem und zwei Kilometern, die uns bis auf 30 Millionen Kilometer oder weniger nahe kommen. Es könnte 1500 solcher Planetoiden mit einem Durchmesser von etwa einem halben Kilometer geben und viele Tausende, die, wie der gerade entdeckte, einen Durchmesser von ein paar Metern haben.

Wenn uns einer davon trifft, können die Folgen katastrophal sein. Schon ein Aufprall von einem Planetoiden mit nur zehn Metern Durchmesser, der aber eine Geschwindigkeit von mehr als 30 km/s besitzt, könnte eine Stadt weitgehend zerstören, wenn er sie direkt trifft. Wenn er ins Meer stürzte (die Chancen dafür stehen 7:3), würde er eine Flutwelle auslösen, die Millionen von Menschen ertrinken ließe und unvorstellbaren Schaden entlang der Küsten der Welt anrichten würde. Wenn ein Planetoid mit einem Durchmesser von zehn Kilometern einschlüge, würde er Auswirkungen nach sich ziehen, die den größten Teil des Lebens vernichten könnten.

Warum ist dann nichts dergleichen geschehen?

Von wegen, es ist schon geschehen. Im Jahre 1908 schlug ein Planetoid oder Komet in Mittelsibirien ein und knickte im Umkreis von 65 Kilometern jeden Baum. Glücklicherweise war die Gegend unbewohnt, so daß niemand dabei umkam, aber noch in 95 Kilometer Entfernung wurde ein Mann durch die Erschütterung vom Stuhl geworfen. Das war nur ein kleiner Planetoid, vielleicht so groß wie der, den die Astronomen gerade entdeckt haben.

In Arizona gibt es den »Meteor Crater«, einen runden Krater von etwa 800 Meter Durchmesser, der vor rund 50 000 Jahren durch den Einschlag eines kleinen Planetoiden entstand. Dieser war mit Sicherheit größer als der in

Sibirien, und wenn ein solcher Planetoid heute noch einmal in einer dicht besiedelten Gegend niederginge, würden innerhalb von einer Minute Millionen Menschen sterben.

Die meisten Wissenschaftler glauben, daß es vor 65 Millionen Jahren einen noch viel größeren Einschlag durch einen Planetoiden oder Kometen gab, der einen Durchmesser von bis zu zehn Kilometern gehabt haben könnte und den größten Teil des Lebens auf dem Planeten einschließlich der Dinosaurier auslöschte.

Bis jetzt konnten wir Menschen nichts gegen bevorstehende Einschläge unternehmen, außer zu warten und zu hoffen. Eine Million Jahre lang ist zwar nichts Entscheidendes geschehen, aber schon morgen könnte es einen gewaltigen Einschlag geben. Bis jetzt konnten wir nicht einmal erkennen, daß etwas auf uns zukam, bis es zu spät war, aber, wie Sie sehen, können wir mittlerweile ziemlich kleine Objekte in einer beachtlichen Entfernung feststellen.

Was wir zweifelsohne brauchen, ist eine Weltraumwache. Es muß Satelliten oder Raumstationen geben, die den nahen Weltraum permanent nach solchen Objekten absuchen. Jedes Objekt, das der Erde zu nahe kommen könnte, muß mit Hilfe einer Atombombe oder mittels einer noch zu entwickelnden wirksameren Methode gesprengt werden. Auf diese Weise könnte man es zu kleinen Brocken zertrümmern. Eine andere Möglichkeit wäre, eine Explosion so nahe an dem Objekt auszulösen, daß es seine Richtung ändert und die Erde verfehlt.

Nun reden die Astronomen ernsthaft über die Einrichtung einer Weltraumwache. Was sie auch kosten mag: Würde auch nur ein einziger Einschlag verhindert werden, so würde das die Ausgaben millionenfach aufwiegen. Ich muß Ihnen aber eines sagen: Vor langer Zeit, 1959, plädierte ich in einem Artikel für ein mittlerweile eingestelltes kleines Magazin aus genau dem hier beschriebenen Grund für eine solche Weltraumwache. Die Astronomen mögen sich jetzt Gedanken darüber machen, aber ich trete schon seit über 30 Jahren dafür ein.

Mehr über Meteore

Meteore sind die kleinen Materiebrocken, die aus dem äußeren Weltraum zu uns kommen und sich in der Erdatmosphäre erhitzen (wenn sie sichtbar sind, werden sie auch »Sternschnuppen« genannt). Der Ausdruck »Meteoriten« bezeichnet auf die Erde gefallene Meteore, und »Meteoroiden« sind Meteore, die sich noch oberhalb der Atmosphäre befinden.

Bereits die Griechen wußten, daß »Sternschnuppen« keine wirklichen Sterne waren, denn sie konnten zählen, und auch nach einem »Meteorschauer« blieb die Zahl der richtigen Sterne konstant. Im Altertum sahen die Menschen manchmal einen großen Meteor fallen und fanden den tatsächlichen Meteoriten. Bis die Menschen herausfanden, wie man das Eisen aus der Erde schmelzen kann, verwendeten sie das Eisen von Meteoriten. Es gibt auch Steinmeteoriten, aber bei ihnen war es weniger offensichtlich, daß sie nicht von der Erde stammten.

Vor ein paar Jahren gelangten ein paar Meteoriten, die man in der Antarktis gefunden hatte, in die Schlagzeilen, denn die Wissenschaftler waren zu dem Ergebnis gekommen, sie stammten vom Mars. Als Beleg führten sie an, diese Meteoriten seien zu jung, um aus der Zeit der Entstehung des Sonnensystems vor 4,6 Milliarden Jahren zu stammen. Sie sind auch zu jung, um von der Mondoberfläche ausgestoßen worden zu sein, wie das bei einigen anderen Meteoriten der Fall gewesen sein könnte. Die Vulkane auf dem Mond sind drei Milliarden Jahre lang nicht mehr aktiv, während das Vulkangestein der »Marsmeteoriten« auf ein Alter von nur 1,3 Milliarden Jahren geschätzt wird. Vielleicht hat ein riesiger Planetoid den Mars mit solcher Wucht getroffen, daß Gesteinsbrocken des Planeten die Fluchtgeschwindigkeit erreichten, das Schwerefeld des Mars verließen und in den Weltraum entwichen. Schließlich wurden einige vom Gravitationsfeld der Erde eingefangen. Seit die Erforschung der Proben aus der Antarktis begann, glaubt man, daß ein paar Meteoriten an anderen Stellen der Erde ebenfalls vom Mars stammen könnten.

Bei der Analyse der »Marsmeteoriten« stieß man auf eingeschlossene Gase, die mit der Marsatmosphäre vergleichbar sind; diese kennt man bereits von den Daten, die *Viking* nach seiner Landung auf dem Mars übermittelt hat. 1992 lieferten Wissenschaftler den Beweis, daß die Meteoriten vom Mars auch 0,04% bis 0,4% Wasser enthalten. Die Analyse der Sauerstoffisotope zeigt, daß das Wasser nicht von der Erde stammt. Am wichtigsten war aber die Erkenntnis, daß zwischen dem Wasser und dem übrigen Meteoriten kein Isotopengleichgewicht beim Sauerstoff herrscht, was darauf schließen läßt, daß der Mars zwei unterschiedliche Reservoirs an Sauerstoffisotopen besitzt.

Vielleicht bedeutet dies, daß es auf der Oberfläche des Mars zwar einmal Wasser gab, die Unterschiede zur Erde aber trotzdem sehr stark waren und immer noch sind. Unser Planet besitzt eine Plattentektonik mit einem ständigen Austausch zwischen dem Meerwasser und dem Material, das vom Mantel durch die Mittelozeanischen Rücken nach oben dringt. Dies erneuert den Ozean durch die Erdkruste (was eine Million Jahre oder länger dauert, aber was ist das ist das schon für ein Zeitraum in der Geologie?). Im Gegensatz dazu gingen das Gestein und das Wasser bei der Entwicklung des Mars eigene Wege, anstatt sich wie auf der Erde wechselseitig zu beeinflussen.

Für die Natur oder den Menschen bedarf es etlicher Anstrengung, um aus Graphit Diamanten zu machen. Deshalb war es aufregend, als man in Meteoriten kleine Diamanten fand (die ersten mindestens vor einem Jahrhundert). Bei neueren Analysen der Absorptionsspektren von Infrarotlicht aus dichten Molekülwolken unserer Milchstraße haben die Wissenschaftler weitere winzige Diamanten gefunden.

Es ist nicht bekannt, ob diese Diamanten im Weltraum an Wolken gebunden sind oder frei treiben, aber die Entdeckung hat die Wissenschaftler zu der Annahme veranlaßt, daß einige der meteorischen Diamanten der Erde zu der Urwolke gehört haben könnten, die sich zur Entstehung unseres Sonnensystems verdichtete. Einige andere meteorische Diamanten sind vielleicht noch im Weltraum durch die Wucht von Kollisionen entstanden.

Ebenfalls 1992 analysierten britische und deutsche Wissenschaftler eine andere Art meteorischer Diamanten. Sie kamen zu dem Ergebnis, daß die größeren »Abee«-Diamanten »eine für das Sonnensystem typische Zusammensetzung der Isotopen von Kohlenstoff, Stickstoff und Xenon« aufweisen. Dies läßt darauf schließen, daß sie sich nicht in der galaktischen Wolke bildeten, die unserem Sonnensystem vorausging, sondern erst später entstanden. Außerdem scheinen sie sich bei einem relativ geringen Druck gebildet zu haben, was den Aufprall bei einer Kollision ausschließt. Diese Abee-Diamanten müssen fraglos eingehender untersucht werden, was mehr über die Entstehung des jungen Sonnensystems enthüllen könnte.

Die Kosmochemiker Paul H. Benoit und D. W. G. Sears haben den Ursprung von Meteoriten untersucht. Nach ihrer Analyse gibt es zwei Geschwindigkeiten der Abkühlung von Meteoriten, was bedeuten könnte, daß sich eine Gruppe in einer tieferen Schicht des Erzeugerkörpers bildete als die andere. Weiter oben entstandene Meteoriten sind vielleicht früher herausgebrochen und fortgeschleudert worden und haben deshalb auch früher die Erde erreicht. Die wichtigste Schlußfolgerung aus ihrer Arbeit ist, daß der Meteoritenfall auf der Erde im Typ, in der Größe und in der Anzahl im Laufe der Zeit beträchtlich variierte.

Auch andere Objekte, die vom Himmel fallen, können wie »Sternschnuppen« aussehen. Auf die Erde stürzende Meteore sind eine Sache, aber etwas ganz anderes sind Brokken unseres eigenen Weltraummülls, die auf uns niedergehen. Vielleicht könnte man das Geld, das für Waffen im Krieg gegen andere Menschen ausgegeben wird, für die Beseitigung unseres eigenen Weltraumabfalls einsetzen.

Kometenstaub

Bis vor ein paar Jahren glaubte man, die Erde sei von winzigen Materiekörnchen umgeben, die sich jeder Erforschung entzögen. Dank dem Planetenforscher Edward Anders von der University of Chicago muß diese Meinung nun revidiert werden.

Anders hat Meteoriten untersucht, um »exotische Kerne« herauszubekommen. Diese Kerne sind das Produkt der Spaltung von überschweren Elementen. Bei seiner Suche tauchte er die Meteoriten in starke Säuren und stellte fest, daß ein geringer Rückstand aus feinem Pulver übrigblieb. Er fand ganz winzige Diamanten zusammen mit ebenfalls winzigen Stückchen Kohlenstoff und Karborund.

Diese sahen wie kleine Körnchen aus, die nicht zum Sonnensystem gehörten, sondern vor Milliarden Jahren außerhalb des Systems entstanden und nun auf die Erde niedergingen.

Ernst Zinner von der Washington University in St. Louis maß die in den Körnchen vorhandenen Isotope mit einem winzigen Instrument, einer sogenannten »Ionenmikrosonde«. Mit Hilfe der Isotope kann man die in Sternen ablaufenden Kernreaktionen bestimmen oder auch die Beschaffenheit längst erloschener Sterne ermitteln.

Die Körnchen entstanden bei der extremen Hitze, aus der die Sonne und die Planeten hervorgegangen sind. Unter diesen Bedingungen wurden sie zwar auch wieder zerstört, aber ein paar überlebten immer in den kühleren Außenbereichen des entstehenden Sonnensystems. Die Körnchen, die das aushielten, fand man in den Planetoiden, die die Sonne zwischen den Umlaufbahnen von Mars und Jupiter umkreisen. Sie wurden auch in Kometen entdeckt, und vielleicht sind sie auch im ständig neu entstehenden Kometenstaub reichlich vorhanden.

Der wichtigste Punkt ist, daß sich die Körnchen nicht im Sonnensystem gebildet haben, sondern außerhalb davon entstanden sind. Anhand der Eigenschaften der Körnchen und ihrer Isotope konnte man auch die Eigenschaften der Sterne bestimmen, von denen sie stammen.

Die Tatsache, daß Diamanten, Graphit und Karborund alle Kohlenstoff enthalten, ließ darauf schließen, daß die Körnchen von kohlenstoffreichen Sternen stammen. Aus diesem Grund müssen die Sterne eine riesige Atmosphäre besessen haben, in der sich die Körnchen bilden konnten. Dafür kamen natürlich die Roten Riesen in Frage.

Anders mußte ganz allgemein über Sterne arbeiten, aber dann kam Zinner mit seiner Ionenmikrosonde und konnte die Isotope einzelner Körnchen studieren und dadurch Informationen über den Stern erhalten, von dem sie stammten.

Alles in allem steht die Sache mit den Körnchen ziemlich in Einklang mit der Theorie über die Entstehung der Elemente. Allerdings gibt es ein paar Dinge, die stutzig machen.

Anders weist darauf hin, daß man die Temperatur eines Sterns anhand des Verhältnisses von Krypton zu Selen bestimmen kann. Je heißer ein Stern ist, desto weniger Krypton sollte er aufweisen.

Es gibt auch Hinweise darauf, daß Körnchen nicht nur aus Roten Riesen, sondern auch aus der Explosion von Supernovae hervorgehen können.

Die Existenz der Körnchen verweist auch auf die Ursprünge unseres eigenen Sonnensystems. Die Herkunft einiger Körnchen schien nahezulegen, daß sie in der Nähe der Wolke entstanden waren, die das Sonnensystem bildete und es in Gang brachte. Vielleicht geben die im Sonnensystem existierenden Körnchen einen Hinweis darauf, wie viele Sterne an der Entstehung des Systems beteiligt waren. Eine Zeitlang waren die Astronomen der Meinung, daß fünf oder sechs Sterne dabei halfen, der Wolke des Sonnensystems einen Anstoß zu gegeben, aber Anders geht von bis zu tausend Sternen aus.

Auch das Alter der Körnchen läßt sich bestimmen. Auf ihrem Flug durch den Raum stoßen sie immer wieder auf ein Teilchen der kosmischen Strahlung. Anders untersuchte die Körnchen, um herauszufinden, welche Art von kosmischen Strahlenteilchen sie getroffen hat. Ein Teilchen kann auf ein Kohlenstoffatom treffen und es dazu bringen, daß es ein Neonteilchen aufnimmt. Daher scheint es, als seien die ältesten Körnchen etwa eine Milliarde Jahre älter als das Sonnensystem; einige Körnchen könnten sogar noch älter sein.

Da Kometen zweifellos sehr reich an Körnchen sind und sehr selten die Erde treffen, plant die Europäische Weltraumorganisation ESA, einen Kometen anzusteuern, der der Erde ziemlich nahe kommt. Sie will einiges von dem vereisten Material einsammeln und zur genauen Analyse auf die Erde bringen. Kometen sind kalt, viel kälter als Planetoiden, so daß sie wahrscheinlich Körnchen in großen Mengen enthalten. Leider ist es unwahrscheinlich, daß genug Geld dafür aufgetrieben werden kann. Und selbst wenn die Finanzierung gesichert wäre, könnte es Jahrzehnte dauern, bis das Projekt endlich auf die Beine gestellt wird.

Aus der Tatsache, daß uns die Körnchen etwas über das Universum außerhalb des Sonnensystems berichten, könnten wir viel über das Universum und die Entstehung unseres eigenen Sonnensystems erfahren. Einige Astronomen sind der Auffassung, hier biete sich der Astronomie ein ganz neues Feld, und die Ionenmikrosonden seien die neuen Teleskope.

Bergwerke im Weltraum

Wenn wir eine weltraumgestützte Gesellschaft aufbauen wollen, die den Lebensraum des Menschen erweitern und uns neue Ressourcen an Materie, Energie, industrieller Produktion und abstraktem Wissen verschaffen soll, müssen wir dies bald tun. Falls wir zu lange warten, könnten uns die zunehmende und immer ärmer werdende Weltbevölkerung wie auch die schlechter werdenden Umweltbedingungen einen Strich durch die Rechnung machen.

Beim Aufbau einer solchen weltraumgestützten Gesellschaft können wir aber nicht auf die Ressourcen der Erde zurückgreifen, denn diese werden bereits übermäßig beansprucht. Wir müssen Energie und Baumaterialien von anderen Regionen als der Erde verwenden. Die Energie kann natürlich direkt von der Sonne kommen, indem wir Kraftwerke bauen, die Sonnenstrahlung in Strom umwandeln. Aber was ist mit dem Material, aus dem die Kraftwerke und Siedlungen für Tausende von Menschen im Weltraum gebaut werden sollen?

Nach der Erde ist das nächste »Rohstofflager« der Mond. Wissenschaftler wie der verstorbene Gerard O'Neill von der Princeton University haben jahrelang die Errichtung von Bergwerken auf dem Mond geplant. Die Vorteile bestehen darin, daß der Mond ziemlich groß und nah ist und seine Schwerkraft nur ein Sechstel der irdischen beträgt.

Der Nachteil am Mond ist, daß er eine von der Sonne ausgedörrte Welt ist. Aufgrund der Wärme und der geringen Schwerkraft konnte er keine Materialien festhalten, die zu leicht verdampfen (»flüchtige Substanzen«). Dies bedeutet, daß auf dem Mond die lebenswichtigen Elemente Wasserstoff, Kohlenstoff und Stickstoff fehlen. Was wir auf dem Mond auch immer abbauen, mit diesen Elementen muß uns die Erde selbst versorgen.

Die zweitnächste große Welt ist der Mars. Wir wissen, daß der Mars einen Vorrat an flüchtigen Stoffen besitzt. Wir können vom Mars all das bekommen, was wir vom Mond erhalten, und darüber hinaus auch Wasserstoff, Kohlenstoff und Stickstoff.

Die Nachteile gegenüber dem Mond sind, daß der Mars viel weiter entfernt ist und eine zweieinhalbmal höhere Schwerkraft als der Mond besitzt. Aus diesem Grund ist der Mars viel schwieriger zu erreichen, und dort gewonnenes Material ist viel schwieriger wegzutransportieren.

Was haben wir sonst noch? Nun, es gibt die Planetoiden. Das sind kleine Himmelskörper ohne nennenswerte Schwerkraft. Zudem treten sie in einer Vielzahl chemischer Varianten auf. Einige sind »kohlenstoffhaltige Chondriten« und enthalten die flüchtigen Stoffe, die wir brauchen. Einige sind metallisch und bestehen hauptsächlich aus Eisen, Nickel und Kobalt; in ihnen sind diese wichtigen Baumaterialien bereits konzentriert, zusammen mit kleineren Mengen an Gold und platinhaltigen Metallen. Einige bestehen aus Stein und enthalten alle möglichen Silikatgesteine, die mit Eisen durchsetzt sind.

Planetoiden wären in der Tat sehr geeignet als Rohstoffquelle für die Materialien, die wir zur Errichtung einer weltraumgestützten Gesellschaft brauchen, aber der Nachteil besteht darin, daß die Planetoiden noch weiter entfernt sind als der Mars, denn fast alle umkreisen die Sonne zwischen den Umlaufbahnen von Mars und Jupiter.

Aber beachten Sie, daß ich »fast alle« sage. Einige Planetoiden haben es geschafft, Umlaufbahnen zu finden, die sie ziemlich nahe an die Erde heranführen, ein paar davon sogar sehr nahe. 1989 zischte ein kleiner Planetoid in einem Abstand von 690 000 Kilometern an der Erde vorbei, weniger als der doppelten Entfernung zum Mond.

In den letzten zehn Jahren sind mehr als 125 Planetoiden entdeckt worden, die sich der Erde nähern können, und insgesamt gibt es wohl Tausende. Sie sind auch potentiell gefährlich, denn sie können mit der Erde kollidieren. 1908 knickte ein solcher Zusammenstoß in Mittelsibirien alle Bäume im Umkreis von 65 Kilometern, forderte aber keine menschlichen Todesopfer. Eine viel schlimmere Kollision soll vor 65 Millionen Jahren die Dinosaurier ausgelöscht haben.

Bereits 1959 schrieb ich einen Aufsatz, in dem ich vorschlug, bei einem entsprechenden Stand der Technik eine »Weltraumwache« einzurichten, um solche erdnahen Satelliten im Auge zu behalten und zu zerstören, falls sie unserem verwundbaren Planeten unangenehm nahe kommen sollten.

Das war allerdings ein rein destruktiver Vorschlag, notwendig, aber nicht ausreichend. Warum einfach zerstören? Es wäre besser, Möglichkeiten zu ersinnen, diese erdnahen Planetoiden einzufangen und als Quellen für wertvolle Materialien zu verwenden, aus denen wir unsere neue Gesellschaft errichten können.

Es klingt so, als seien diese erdnahen Satelliten eine sehr begrenzte Rohstoffquelle, aber wenn wir nur einen einzigen Nickel-Eisen-Planetoiden mit 800 Meter Durchmesser finden und nutzen können, hätten wir einen Vorrat an Metall, der viele, viele Jahre reichen würde. Außerdem gäbe es immer wieder neue erdnahe Planetoiden, die vom Planetoidengürtel aus auf uns abgeschossen werden, denn die Umlaufbahnen sind nicht fest, sondern die Planeten, vor allem der riesige Jupiter, zerren ständig daran.

Selbst wenn wir ein Jahrhundert später feststellen, daß wir die besten der erdnahen Planetoiden genutzt haben und der Vorrat langsam zur Neige geht, wird unsere weltraumgestützte Gesellschaft bis dahin mit Sicherheit so weit entwickelt sein, daß längere Reisen zum Planetoidengürtel selbst mehr oder weniger Routine sind.

Dort hätten wir nicht 1000, sondern 100 000 Objekte, einige mit einem Durchmesser von ein paar hundert Kilometern. Der Vorrat würde reichen, um das Sonnensystem vom einen Ende bis zum anderen zu erobern, und es uns ermöglichen, unser Augenmerk fortan auf die Sterne zu richten.

III

Naturwissenschaft und Technik

Blinder Alarm

Wieder einmal hat sich eine »verblüffende wissenschaftliche Entdeckung« als blinder Alarm erwiesen.

So etwas kommt in den Naturwissenschaften gelegentlich vor. Es taucht etwas auf, das die grundlegende Sicht eines Aspekts der Welt zu verändern droht. Eine heftige Kontroverse setzt ein, andere Wissenschaftler untersuchen die Sache – und die Bedrohung bricht zusammen.

Der spektakulärste Fall dieser Art in den letzten Jahren war die plötzliche Aufregung über die Möglichkeit einer kalten Kernverschmelzung: die Aussicht auf unbegrenzte Energie mittels einer sehr einfachen technischen Ausrüstung, nachdem Physiker zu diesem Zweck – bislang erfolglos – unzählige Millionen Dollar für riesige Anlagen ausgegeben haben.

Der Vorgang der kalten Kernverschmelzung wurde in der ganzen Welt erforscht und stellte sich als blinder Alarm heraus. Die beiden Wissenschaftler, die diese Entdeckung verkündet hatten, waren voreilig gewesen; niemand sonst war in der Lage, aus diesem Vorgang eine bedeutsame Energiemenge zu ziehen.

Dies war nicht der einzige derartige Fall. Man kennt nur vier Kräfte, die für alle Vorgänge im Universum verantwortlich zu sein scheinen: die Gravitation, die elektromagnetische Kraft sowie die starke und die schwache Kernkraft.

Vor einiger Zeit wurde eine fünfte Kraft mit höchst eigenartigen Eigenschaften postuliert. Sie sollte angeblich schwächer als die Gravitation sein, sich nur über ein paar Meter bemerkbar machen und bei unterschiedlichen chemischen Substanzen variieren. Wenn das zuträfe, wäre Einsteins allgemeine Relativitätstheorie aufgehoben. Sorgfältige Untersuchungen erbrachten jedoch die Wahrscheinlichkeit, daß keine derartige fünfte Kraft existiert.

Ein andermal gab es einen Bericht, nach dem winzige, in Bernstein eingeschlossene Luftbläschen zeigten, daß die Erdatmosphäre vor Millionen von Jahren 30% Sauerstoff und nicht wie heute 20% enthielt. Das erschien schon auf den ersten Blick unwahrscheinlich. Bei einem Sauerstoffgehalt von 30% würde jeder von einem Blitz entfachte Waldbrand über den ganzen Kontinent hinwegfegen. Wie zu erwarten war, entlarvten weitere Untersuchungen den Bericht als falsch.

Die gewaltige Supernova von 1987 in der Großen Magellanschen Wolke erzeugte einen Neutronenstern, der sich zweitausendmal in der Sekunde um die eigene Achse drehte. Das schienen die Beobachtungen jedenfalls zu ergeben. Dies versetzte die Astronomen in helle Aufregung, weil sie sich eine so außergewöhnlich schnelle Drehung nicht erklären konnten. Doch dann stellten sich die Beobachtungen als falsch heraus. Es hatte sich ein Fehler eingeschlichen, und der Neutronenstern war gar nicht beobachtet worden.

Gegen Ende des Jahres 1989 berichteten die beiden japanischen Physiker H. Hayasaka und S. Takeuchi etwas höchst Erstaunliches: Sie versetzten Kreisel in eine sehr schnelle Drehbewegung und fanden heraus, daß der Kreisel unter bestimmten Bedingungen um so leichter wurde, je schneller er sich drehte. Das lief darauf hinaus, daß der Kreisel so etwas wie Antischwerkraft entwickelte. An sich ist so etwas nicht völlig undenkbar. Wenn man einen Spielzeugpropeller rotieren läßt, steigt er als Folge bekannter aerodynamischer Kräfte in die Luft. In einem Vakuum würde er das nicht tun.

Im Falle des Kreisels konnten sich die Wissenschaftler allerdings nicht erklären, was zur Verminderung des Gewichts führen sollte. Falls dies jedoch trotzdem der Fall war, könnte es von größter Bedeutung sein. Es könnte einen neuen Weg weisen, ohne die Hilfe von Raketen in den Weltraum abzuheben.

Dies war jedoch nicht das eigentlich Aufregende an dem Bericht. Die japanischen Physiker gaben an, der Gewichtsverlust habe sich nur dann ergeben, wenn sich der Kreisel in die eine Richtung drehte. Drehte er sich dagegen in die andere Richtung, sei es zu keinem Gewichtsverlust gekommen.

Das erschien absolut unglaublich. Das Universum unterliegt bestimmten Gesetzen der »Symmetrie«. Wenn etwas in einer Richtung geschieht, sollte das auch in einer anderen der Fall sein. So zieht die Sonne an der Erde in einer bestimmten Entfernung immer mit der gleichen Kraft, wo sich die Erde auch befinden mag: auf der einen oder auf der anderen Seite der Sonne, darüber oder darunter. Wie konnte der Kreisel dann in einer Drehrichtung das eine und in der anderen Drehrichtung etwas anderes tun?

Natürlich fingen Physiker auf der ganzen Welt an, mit Kreiseln herumzuspielen. Im Februar 1990 berichteten die beiden in Frankreich arbeitenden Physiker T. J. Quinn und A. Picard über eine besonders gründliche Studie. Sie drehten Kreisel mit einer Geschwindigkeit von bis zu 8000 Umdrehungen in der Minute unter Bedingungen, die eine Beeinträchtigung durch Veränderungen der Temperatur, Reibung, äußere Einflüsse oder andere Faktoren ausschlossen. Sie berichteten, daß sich die Kreisel in jeder Hinsicht gleich verhielten, in welcher Richtung sie sich auch drehten, und daß es nie zu einem signifikanten Gewichtsverlust gekommen sei. Noch ein blinder Alarm.

Bedeutet dies alles, daß keine verblüffende naturwissenschaftliche Entdeckung wahr sein kann? Ganz und gar nicht. Immer wieder einmal bringt ein Naturwissenschaftler etwas völlig Unerwartetes vor, das sich dann als durchaus richtig herausstellt. So wurden vor ein paar Jahren Substanzen gefunden, die bei ungewöhnlich hohen Temperaturen supraleitfähig waren. Das klang völlig unglaublich, stellte sich aber als wahr heraus.

Das Delta schrumpft

Von der Smithsonian Institution und der National Geographic Society geförderte Expeditionen unter Leitung des Ozeanographen Daniel J. Stanley haben jüngst ergeben, daß eines der fruchtbarsten Gebiete der Erde, das zudem zehn Jahrtausende lang die soziale und geistige Entwicklung der Menschheit gefördert hat, im Schwinden begriffen ist. Die Rede ist vom Nildelta.

Vor 10 000 Jahren wurde im Hochland zwischen den beiden heutigen Staaten Irak und Iran die Landwirtschaft eingeführt. Zunächst war sie auf Regenwasser angewiesen, was immer mit einem Risiko behaftet war, aber ganz langsam wechselten die Bauern wegen der verläßlicheren Wasserversorgung zu nahegelegenen Flußufern.

Man könnte meinen, Flüsse seien eine so offensichtliche Wasserquelle, daß die Menschen eigentlich schleunigst dorthin hätten ziehen sollen, aber sie sind so lange nutzlos, wie noch keine Dämme aufgeschüttet und Gräben ausgehoben wurden, um den Feldern Wasser zuzuführen und Überschwemmungen zu verhindern. Dies verlangte die Entwicklung kooperativer Vorgehensweisen, und das brauchte seine Zeit.

Trotzdem entstanden nach 4000 v. Chr. allmählich Stadtstaaten an den Ufern von Euphrat und Tigris (im heutigen Irak) und am Nil (im heutigen Ägypten). Die Sumerer am Unterlauf des Euphrat entwickelten bis 3500 v. Chr. die Schriftkunst und begründeten die erste Hochkultur. Die Ägypter am Nil machten es ihnen bald nach, und eine zweite Hochkultur entstand.

Die beiden unterschieden sich folgendermaßen: Das Zweistromland von Euphrat und Tigris war auf beiden Seiten für Nomadenstämme offen, so daß sich die Sumerer nicht nur selbst bekriegten, sondern auch eindringende Akkader, Kassiten, Aramäer und andere Völker abwehren mußten. Der Nil dagegen durchfloß eine Wüste. Östlich und westlich davon gab es praktisch keine Menschen, so daß die Ägypter am Nil über Jahrtausende in Frieden leben konnten; dies war die längste Phase der Stabilität, die ein Volk in der Geschichte jemals erlebte.

Der Nil war ein idealer Verkehrsweg, der von Süden nach Norden floß, während der Wind beständig von Norden nach Süden wehte. Wenn Segel gehißt wurden, fuhren die Boote nach Süden; zog man die Segel ein, so trieb die Strömung sie wieder nach Norden. Noch wichtiger war, daß es keine Stürme gab und der Fluß immer ruhig blieb. Der Handel wurde gefördert, und die Stadtstaaten am Fluß schlossen sich zu einer »Nation« zusammen, deren Städte eine gemeinsame Kultur und Tradition pflegten. Ägypten war die erste Nation der Welt.

Außerdem ließ die Schneeschmelze in den ostafrikanischen Bergen weit südlich von Ägypten den Nil jedes Jahr ansteigen und führte so zu einer alljährlichen Überschwemmung, die an seinen Ufern eine fruchtbare Schlammschicht ablagerte. Da die Flut jedes Jahr kam, erfanden die Ägypter den heute noch gebräuchlichen Kalender, und sie entwickelten die Geometrie, mit deren Hilfe sie nach der Flut die Grenzen der Felder immer wieder festlegen konnten. Die Nahrungsmittel wurden selten knapp, denn die Überschwemmung hielt das Land fruchtbar. Als es – nach biblischer Überlieferung – zu einer Hungersnot in Kanaan kam, mußten die Söhne Jakobs nach Ägypten reisen, um Getreide zu kaufen: In Ägypten gab es immer Getreide.

Der fruchtbare Streifen erstreckte sich natürlich nur über

einige Kilometer an beiden Ufern des Nils. Zur Mündung hin verzweigte sich der Fluß zu einem Dreieck aus vielen Strömen, dem Nildelta; diesen Namen erhielt es, weil es eine dreieckige Form ähnlich wie der griechische Buchstabe *Delta* hatte. Heute werden alle Flußmündungen als »Deltas« bezeichnet, selbst wenn ihre Form, wie beim Mississippidelta, alles andere als dreieckig ist.

Im Altertum war Ägypten das reichste Land der Welt. In der Zeit zwischen 1500 v. Chr. und 1200 v. Chr. eroberten seine Armeen das Land am Oberlauf des Nils, drangen in Westasien ein und begründeten das sogenannte Neue Reich. Im Jahre 525 v. Chr. fiel es schließlich an die Perser und wurde nie wieder richtig unabhängig, aber es stand weiterhin in Blüte. Zwischen 300 v. Chr. und 30 v. Chr. war es geistig das fortschrittlichste Land der Erde. Es hatte ein großes Museum, die erste Organisation, die man als Universität betrachten konnte und die umfangreichste Bibliothek vor der Erfindung des Buchdrucks. Und das Land blieb die Kornkammer des Römischen Reiches.

Im Mittelalter blieb es von Bedeutung als Teil der moslemischen Welt. Noch heute ernährt es eine Bevölkerung von 50 Millionen Menschen, die alle entlang des Nils leben. Die meisten von ihnen leben als Bauern im Nildelta.

Aber nun sind für das Delta schlimme Zeiten angebrochen. Der 1964 zur Regulierung der Wasserversorgung errichtete Assuan-Staudamm hat die Menge des Schlamms reduziert, der das Delta erreicht. Der bereits vorhandene Schlamm sinkt langsam ab, und da nicht genügend Material nachkommt, um ihn zu ersetzen, schiebt sich das Mittelmeer ins Landesinnere vor.

Stanley schätzt, daß das Meer in den nächsten 100 Jahren um etwa 29 Kilometer vordringen wird, was eine globale Erwärmung und ein Anstieg des Meeresspiegels vielleicht noch verstärken würden. Diese Entwicklung wird viele

Quadratkilometer fruchtbaren Bodens verschlingen und zu einer gewaltigen Katastrophe für die Ägypter werden, wenn sie keine Maßnahmen zum Schutz ihrer Küstenlinie ergreifen.

Müll!

Das englische Wort *garbage* (Abfall) leitet sich möglicherweise vom altfranzösischen *garbe* für »Bündel« oder »Garbe« her. Andere glauben, es käme von *garbelage*, der Abfallbeseitigung. Ein Wörterbuch von 1942 versteht darunter nur »Abfall von Tieren oder aus dem Haushalt« bzw. eine »Sammelbezeichnung für minderwertige oder wertlose Dinge«. Das *Oxford English Dictionary* ergänzt dies durch »wertlose oder unflätige Literatur«, und ein brandneues Wörterbuch schließt auch »unverständliche Daten« ein, die einem Computer eingegeben oder von ihm geliefert werden. Ein neueres Wörterbuch nennt unter Abfall auch den gesamten künstlichen Schrott, der die Erde gegenwärtig umkreist.

Was auch immer Abfall war oder ist, wir haben reichlich davon. Ein Lexikon führt ihn unter »Festmüll« auf, von dem allein in den Vereinigten Staaten jährlich 360 Millionen Tonnen produziert werden. Milliarden werden für die Entsorgung der fünf Kilogramm aufgewendet, die jeder Mensch täglich wegwirft. Viele halten die riesigen Waffenlager für nutzlosen, über die Erde verstreuten Müll, so daß wir auch noch dieses Entsorgungsproblem haben.

Die Praktiken der Entsorgung waren schon immer mangelhaft. Mit dem Beginn der Zivilisation wurden Müllhalden zu Brutstätten für krankheitsübertragende Tiere, vor allem Ratten und ihre pestübertragenden Fliegen. Die früher lebenden Jäger und Sammler hatten es besser, weil sie nicht so zahlreich waren und weitgehend biologisch abbaubaren

Abfall hinterließen, der wieder in den natürlichen Kreislauf des Planeten aufgenommen wurde. Das Schlüsselwort ist »biologisch abbaubar«. Der von den Industrienationen produzierte Müll ist normalerweise keineswegs biologisch abbaubar. Man befaßt sich mit diesem Problem, aber was geschähe, wenn man eine Mikrobe züchtete, die den Kunststoff und das Metall auf Müllhalden fräße: Hört sie dort auch wieder auf? Würden unsere Metall- und Plastikstädte zerfallen?

Müllgruben sind weniger unansehnlich und gesundheitsgefährdend als offene Müllhalden, aber die Überbevölkerung sorgt dafür, daß auf dem Planeten der Platz knapp wird. Man kann Müll nicht dorthin kippen, wo niemand lebt (Wüsten, Eisfelder, Ozeane, Berggipfel etc.). Auf dem Planeten Erde ist alles miteinander verbunden, denn was hier verrottet, kann dort ausrotten, ganz zu schweigen von der Zerstörung potentiell wertvoller Umwelt.

In der Zwischenzeit wachsen die Mülldeponien an. Eine der größten der Welt ist die Deponie von Fresh Kills im New Yorker Stadtteil Staten Island. Es ist eine Ironie des Schicksals, daß *Kills* auf englisch »tötet« heißt, aber in diesem Fall kommt es von dem holländischen Wort für »Kanal«. Eines Tages werden die Lastkähne aus der Stadt von Staten Island abgewiesen werden, außer wir wollen wirklich, daß ein neuer Mount Everest neben dem Wasser aufragt.

Mülldeponien sind problematisch. Sie werden nicht über Nacht zu schönem Boden. Viele Kunststoffe und Metalle bleiben fast unendlich lange erhalten, und selbst bei Papier kann es sechzig Jahre dauern, bis es zerfällt (wenn es nicht zu einem neuen Buch gehört, das innerhalb von ein paar Wochen zu vergilben und zu verfallen scheint). Es ist töricht, das Material zu verbrennen und die jetzt schon bedrohliche Luftverschmutzung noch zu erhöhen, aber in New York existieren bereits Pläne, Müllverbrennungsanlagen zu errichten, von denen jede 100 Millionen Dollar kosten wird und die möglicherweise täglich 3000 Tonnen giftiger Asche ausstoßen werden.

Wenn Aufschütten und Deponien nur begrenzt möglich sind und Verbrennung gefährlich ist, was bleibt dann noch? Eine bessere Produktionsweise ist wichtig. Die Firma Battelle hat ein Plastikmaterial mit dem Namen »Biocellat« entwickelt, das zur Herstellung biologisch abbaubarer Grabkerzenständer dient, die sonst um die Friedhöfe herum verstreut liegen. Kühlmittel zerstören die Ozonschicht; deshalb setzt die Sonic Compressor Systems Company auf die Fertigung von Kühlschränken, in denen Gas durch mitschwingende Schallwellen verdichtet wird. Dann lassen sich ungefährliche Kühlmittel verwenden, weil es keine herkömmlichen Ventile und Schmiermittel mehr gibt, denen sie schaden würden. Diese Kühlschränke werden auch billiger arbeiten.

Man sollte intensiver am Recycling von Abfall arbeiten, aber mit Vorsicht. Einige Chemiefirmen wurden kürzlich angezeigt, weil sie sich giftiger Schwermetalle angeblich dadurch entledigen wollten, daß sie diese unter Dünger mischten, der zum Verkauf bestimmt war.

Der Export von Müll ist schwierig, wie im Falle des Müllschiffs, das keinen Hafen finden konnte, um seine Fracht zu löschen. Isaac schrieb einmal eine Kurzgeschichte über die Verachtung außerirdischer Wesen gegenüber den Erdlingen, die ihren Müll auf der Erde deponieren, anstatt ihn vom Planeten wegzuschaffen. Die Rückseite des Mondes ist ein weiter Ort ...

Dann stellt sich das Problem des Abfalls, den wir bereits im Weltraum haben. Die NASA erwägt, ihre geplante Raumstation dick zu panzern, um sie vor Begegnungen mit Schrott zu schützen, der im Erdorbit zurückgeblieben ist: 30 000 Stückchen, die klein genug sind, um wie Gewehrkugeln die Wandung der Raumstation oder die Raumanzüge von Astronauten bei einem Weltraumspaziergang zu durchdringen. Selbst ein Lackteilchen bohrte sich so tief in die Schutzscheibe einer Raumfähre, daß sie ersetzt werden mußte. Während des törichten Rüstungswettlaufs wurden viele Spionagesatelliten und Raketen aus Versehen oder absichtlich im Weltraum gesprengt und ließen Bruchstücke in der Umlaufbahn zurück.

Die Wahrscheinlichkeit von 1 : 30, daß eine Raumfähre mit Weltraumschrott zusammenstößt, hat sich zweifellos noch erhöht. Ein Ingenieur vom Johnson Space Center hat eine Art von »Weltraumbesen« zum Patent angemeldet, der Abfall im Orbit wegfegen soll; man arbeitet daran, daß er diese Tätigkeit gezielt erledigt, damit nützliche Dinge im Weltraum verbleiben.

Bei aller Sorge wegen des Mülls, der sich um uns und über uns auftürmt, sollten wir uns einmal der Archäologie zuwenden, einer Wissenschaft, bei der es nicht nur um die Entdeckung wunderschöner Höhlenmalereien oder interessanter Menhire geht. Archäologie besteht zum Großteil aus dem Durchwühlen von altem Abfall, und die Archäologen lieben ihn. Sie durchsuchen den Müll vieler Trojas, um das von Homer zu finden. Gegenwärtig erforschen sie die tatsächlichen Lebensbedingungen und schöpferischen Leistungen schwarzer Sklaven im 17. und 18. Jahrhundert.

Eines Tages werden vielleicht Archäologen, die uns von *außerhalb* besuchen, vor Vergnügen über all die Artefakte glucksen, die sie auf dem Planeten Erde untersuchen können. Sind wir bis dahin im Müll erstickt?

Die Biester in uns

»Immunschwächekrankheit auf dem Vormarsch«, »Mögliche Ursache von verbreiteter Krankheit gefunden«, »Von Moskitos übertragene Infektionen nehmen zu«. Diese Schlagzeilen beziehen sich auf verschiedene Krankheiten, die aber alle von Tieren hervorgerufen werden, die im menschlichen Körper leben. Bei Parasiten (Lebensformen, die nur in oder auf anderen Arten existieren) kann es sich um Pflanzen, Bakterien, Viren und andere Lebewesen handeln, aber in der medizinischen Terminologie bezeichnet das Wort ausschließlich Tiere, die im Menschen leben.

Vom Standpunkt der Medizin aus gesehen ist die Geschichte eine Abfolge menschlicher Dummheit im Hinblick auf die sanitären Verhältnisse, die Ernährung und die als Arbeitsplätze und Wohnstätten gewählten Orte. Nach neueren Berichten fielen im letzten Jahr 20 000 Menschen dem Bandwurm zum Opfer, 60 000 dem Hakenwurm; es gab 200 Millionen registrierte und wahrscheinlich viele weitere nicht verzeichnete Fälle von Bilharziose (Schistosomiasis), während die (von dem Fadenwurm *Onchocera volvulus* verursachte) Onchozerkose mindestens 20 Millionen Menschen in Afrika und Südamerika betrifft. Es ließen sich viele weitere Beispiele anführen, wie Parasiten immer noch die Menschheit befallen.

Parasitenkrankheiten können durch Erziehung, eine richtige Diagnose und neue Medikamente bekämpft werden. Neuere Forschungen vor allem in den Vereinigten Staaten und Großbritannien sind sogar dem Moskito zu Leibe gerückt, diesem widerlichen Insekt, das uns mehr Parasiten- und Viruskrankheiten beschert als jeder andere Bakterienüberträger.

Ein Symposium über Molekularbiologie und Genetik diskutierte kürzlich über Möglichkeiten zur Kontrolle von Moskitos. Gegenwärtig werden die Genome bestimmter Arten von Moskitos kartiert, um die Gene zu finden, die sie weniger dazu zu befähigen scheinen, Krankheiten zu übertragen. Die Wissenschaftler erhoffen sich, daß sie dann die krankheitsresistenten Moskitos klonen können. Man wird Wege finden, um diesen krankheitsresistenten Moskitos dabei zu helfen, die infizierten Moskitos in der Umwelt zu verdrängen.

Neben anderen Krankheiten übertragen die Moskitos die fürchterliche Geißel Malaria, von der Menschen in mehr als hundert Ländern der Erde betroffen sind. Der Malaria- parasit ist ein Protozoon (Urtierchen), das vor allem in roten Blutkörperchen lebt. Jedes Jahr fallen ihm mehr als eine Million Menschen zum Opfer. Derzeit breitet sich Malaria nicht nur immer weiter aus, sondern auch die normalerweise zu ihrer Bekämpfung eingesetzten Medika- mente verlieren an Wirksamkeit.

Viele Arten von Parasiten können ein paar Symptome bei ansonsten gesunden Menschen hervorrufen, aber die mei- sten führen zu einer offensichtlichen Krankheit, die tödlich enden kann. Es gibt zu viele Parasitenkrankheiten, um sie in einem kurzen Artikel abzuhandeln, aber ein paar davon sollten hier erwähnt werden.

Einige Kinder, die scheinbar psychische Probleme hatten, sind wieder gesund geworden, als sich ihre Madenwurm- infektion wieder gegeben hatte. Normalerweise verursa- chen Madenwürmer nicht viel mehr als ein Afterjucken, aber Kinder können offenbar schlimmer davon betroffen werden, auch wenn niemand genau weiß, warum. Kleine Kinder holen sich leichter eine Infektion, weil sie nicht achtgeben, was sie in den Mund stecken.

Dann gibt es das »Reizkolon«, eine Störung des Dickdarms, die normalerweise als erblich oder emotional bedingt an- gesehen wird. Auf einem Kongreß des American College of Gastroenterology berichtete Dr. Leo Galland, er habe in vielen Fällen dieser Krankheit einen neuen Test ange- wandt, der einen Befall mit den Trophozoiten *Giardia lamb- lia* im Darm feststellen kann. *Giardia* befindet sich überall und wurde bisher immer als harmlos eingeschätzt, solange der Darm des Patienten nicht stark befallen war.

Parasiteninfektionen, die normalerweise nur wenige Sym- ptome hervorrufen, wirken sich bei Patienten mit ge- schwächtem Immunsystem viel schlimmer aus. So hat es in letzter Zeit häufiger schwere, bisweilen tödliche Infektionen durch *Strongyloides stercoralis* gegeben, einen Fadenwurm, der wie der Hakenwurm aus dem Boden aufgenommen wird. Die Sache wird dadurch noch verschlimmert, daß die meisten Parasiten sogar bei gesunden Menschen das Immunsystem schwächen können.

Weiter zu den Parasiten, die man nur durch den Verzehr von ungekochter Nahrung bekommt. Können Sie noch folgen? Wahrscheinlich wurden die Menschen vor der Nutzbarmachung des Feuers häufiger von Parasiten befallen als danach, denn das Kochen von Nahrungsmitteln tötet viele Parasiten ab. Die Liste der durch ungekochte Nahrung übertragenen Parasiten ist lang, aber einige verdienen im Hinblick auf neue Trends bei den Ernährungsgewohnheiten Beachtung.

Diphyllobothrium gehört zur Klasse *Cestodes* (Bandwürmer). Sein Name setzt sich aus den griechischen Wörtern für »zwei«, »Blatt« und »kleiner Graben« zusammen. Der wichtigste Vertreter von *Diphyllobothrium* ist *D. latum*, der Breite Fischbandwurm, der einen interessanten Lebenszyklus besitzt. Seine im menschlichen Kot befindlichen Eier werden von Wasserflöhen gefressen. Im Floh entwickelt sich das Ei zu einer Form, die als »Proceroid« bezeichnet wird. Wenn der Floh von einem Fisch gefressen wird, wird der Proceroid in den Muskeln des Fisches zum »Pleroceroid«. Dabei ist er immer noch so klein, daß man ihn bei einer Untersuchung des Fisches nicht erkennen kann. Wenn er vom Menschen gegessen wird, bleibt er im Darm und entwickelt sich zum ausgewachsenen Bandwurm, der nach vier bis sechs Wochen prompt wieder Eier produziert und den Zyklus von neuem in Gang setzt.

D. latum findet man vor allem in den nördlichen Breiten, insbesondere dort, wo die Menschen rohen Fisch essen. Unter dem Mikroskop sieht sein spachtelförmiger, gerillter Kopf komisch aus, aber die Krankheit ist gar nicht lustig, denn *D. latum* ist der größte Bandwurm des Menschen und führt zu Darmbeschwerden und sogar einer ernsten Anämie (weil der Wurm seinem menschlichen Wirt das gesamte Vitamin B12 und die Folsäure entzieht). Die Krankheit wird festgestellt, indem man eine frische, feuchte Stuhlprobe nach Eiern absucht. Es gibt zwar eine wirksame Behandlungsmethode, aber am besten kocht man jeden Fisch, selbst Fisch, der vermutlich nur im Meer gefangen wird. Das Einfrieren von Fisch über zwei Tage bei −10 °C dürfte den Parasiten ebenfalls abtöten, aber ich bleibe doch lieber bei gekochtem Fisch.

Es gibt auch einen Schweinebandwurm, aber die meisten Menschen sind schlau genug, nur gekochtes Schweinefleisch zu essen – schon wegen eines anderen weltweit verbreiteten Parasiten, *Trichinella spiralis*, der die schwere Krankheit Trichinose (Trichinenkrankheit) hervorruft und in ungekochtem Schweinefleisch nicht entdeckt werden kann. Die meisten guten Metzger drehen Schweinefleisch nicht in derselben Maschine durch wie anderes Fleisch, das vielleicht nicht so gründlich gekocht wird.

Was mich zum Tatarbeefsteak und dem Rinderbandwurm bringt. Aber jetzt reicht es.

Ungeheuer

Das bekannteste Ungeheuer unserer Tage ist das Ungeheuer von Loch Ness, das mehr oder minder liebevoll auch »Nessie« genannt wird. Loch Ness ist ein langer, schmaler See in Schottland, und Nessie stellt man sich so ähnlich vor wie einen (ausgestorbenen) Plesiosaurier mit einem langen Hals, einem langen Schwanz und einem riesigen Körper. Niemand hat Nessie je wirklich gesehen, und das wird man meiner Meinung nach auch nie, weil es nicht existiert. Loch Ness ist einfach nicht groß genug für einen Plesiosaurier.

Wovon sollte er dort leben? Trotz aller möglichen Nachforschungen hat man Nessie niemals zu Gesicht bekommen.

Aber warum ist es dann immer noch so populär, und warum glauben so viele Menschen an seine Existenz? Erstens freut man sich immer, wenn sich die »allwissenden« Wissenschaftler irren. Zweitens macht die dort ansässige Bevölkerung ein großes Geschäft mit dem Tourismus, denn die Besucher kommen hauptsächlich deswegen zum Loch Ness, weil sie hoffen, einen Blick auf Nessie werfen zu können.

Dabei hat die Menschheit während ihrer gesamten Geschichte tatsächlich mit Ungeheuern zusammengelebt, die zumeist viel furchterregender waren als das arme Nessie. Dies geht sicher auf die Zeit zurück, als die frühen Vorfahren des Menschen in ständiger Angst vor den großen Raubtieren in ihrer Umgebung lebten. Wie furchterregend Mammuts, Säbelzahntiger oder Höhlenbären auch gewesen sein mögen, so ist es doch typisch für den menschlichen Geist, daß er sich immer etwas noch Schlimmeres ausdenken konnte. Die schrecklichen Naturgewalten malte man sich als überdimensionale Untiere aus. Die Skandinavier stellten sich vor, daß Sonne und Mond ewig von riesigen Wölfen gejagt würden. Wenn diese ihre Beute einholten, kam es zu einer Finsternis.

Relativ harmlose Tiere konnten zu alptraumhaften Bestien vergrößert werden. Aus den Tintenfischen und Kraken mit ihren gewundenen Tentakeln wurden die todbringende Hydra, die vielköpfige Schlange, die von Herakles getötet wurde, die Medusa mit ihrem Schlangenhaar und die Skylla mit ihren sechs Köpfen.

Das vielleicht am meisten gefürchtete Tier war die Schlange. Sie glitt unbemerkt durch das Unterholz und näherte sich so ihrem ahnungslosen Opfer. Ihre lidlosen Augen, ihr kalter, bösartiger, starrer Blick und ihr blitzschnelles Zustoßen wirkten zusammen, um den Menschen Furcht einzuflößen. Es ist deshalb nicht überraschend, daß die Schlange häufig – wie etwa im Paradies – als Verkörperung des Bösen benutzt wird.

Aber die Phantasie vermag sogar noch die Schlange zu überbieten. Man kann sich Schlangen vorstellen, bei denen nicht der Biß, sondern bereits der Blick tödlich wirkt, und kommt so zum »Basilisken«.

Oder man stellt sich die Schlange viel größer vor. Sie wird dann zu dem, was die Griechen »Python« nannten. Dieses Ungeheuer repräsentierte das ursprüngliche Chaos, das ein Gott erst zerstören mußte, bevor das geordnete Universum entstehen konnte.

Ein griechisches Wort für eine große Schlange war *drakon*, woraus sich das bekannteste aller Ungeheuer entwickelte: der »Drache«. Zur schlangenartigen Länge kamen beim Drachen noch ein dicker Körper und die kurzen Stummelbeine eines anderen gefürchteten Reptils, des Krokodils, hinzu. Damit sind wir bei dem Ungeheuer Tiamat, das der babylonische Gott Marduk töten mußte, um die Welt zu ordnen. Denken Sie an den brennenden Biß einer Giftschlange, und schon haben Sie den feuerspeienden Drachen.

Einige Ungeheuer sind natürlich Tiere, deren Umdeutung zum Schönen und nicht zum Schrecklichen hin erfolgte. Das Rhinozeros mit seinem Horn mag zur Sage vom Einhorn beigetragen haben. Die häßliche Seekuh mit ihrem flossenartigen Schwanz, die mit dem Oberkörper aus dem Meer herausschaut und ihr neugeborenes Kalb an die Brust drückt, könnte zu einer wunderschönen Meerjungfrau umgeformt worden sein.

Zu allen Zeiten war der größte Feind des Menschen der Mensch selbst, und so ist es nicht verwunderlich, daß der Mensch das Modell für einige der fürchterlichsten Ungeheuer abgab – die Riesen und alle möglichen kannibalischen Unmenschen. Einige dieser Geschichten entstanden, als primitive Stämme auf viel höher entwickelte Kulturen trafen. So glaubten die primitiven israelitischen Stämme beim Anblick von befestigten Städten und gut ausgerüsteten Soldaten, daß die Kanaaniter ein Volk von Riesen seien. Spuren dieser Auffassung finden sich noch in der Bibel.

Eine Hochkultur kann auch einmal untergehen. Ihre Nachfolger haben dann vielleicht diese Kultur vergessen, aber sie haben die Hinterlassenschaft gewaltiger Ruinen vor Augen und glauben nun, daß diese nur von Riesen erbaut worden sein konnten. Als die primitiven Griechen auf die gewaltigen Mauern stießen, die die zerfallenen Städte der früher lebenden, höher entwickelten Mykener umgaben, stellten sie sich vor, diese Mauern seien von riesenhaften, einäugigen »Zyklopen« erbaut worden.

Solche Zyklopen wurden später in Sizilien angesiedelt. Vielleicht waren sie Himmelsgötter, wobei das eine Auge für die Sonne am Himmel stand. Der Glaube an Zyklopen könnte auch dadurch entstanden sein, daß in vorgeschichtlicher Zeit Elefanten in Sizilien lebten. Die Schädel solcher Elefanten, auf die man von Zeit zu Zeit stieß, zeigten vorn eine große Nasenöffnung, die als einzelnes Auge gedeutet werden konnte.

Als der Mensch immer mehr über die Welt wußte, schwand der Platz für die von ihm erdachten schrecklichen oder schönen Ungeheuer, und sein Glaube daran verblaßte. In gewisser Weise ist das ein Verlust.

Lärm

Die meisten Menschen geben an, daß sie Lärm hassen. Dies tun sogar diejenigen, die an besonders ruhigen Orten leicht unruhig werden. Die ältere Generation beschwert sich über den Lärm, den die jungen Leute machen, und vergißt dabei, daß ihre Eltern sich wahrscheinlich in ähnlicher Weise über sie beklagten.

Wörterbücher definieren *Lärm* gewöhnlich als schrillen, lauten, dissonanten Klang. Auch wenn es sich dabei komplizierter verhält, ist »dissonant« ein treffendes Wort, denn genau das meinen Wissenschaftler, wenn sie sagen, Lärm sei ein zufälliges und deshalb nicht vorhersehbares Signal.

Die Lärmbelastung wird normalerweise vom Menschen selbst verursacht und kann uns wirklich gefährden. Stellen Sie sich in die Nähe eines Flugzeugs, das gerade abhebt, oder neben einen Preßlufthammer, mit dem die Straße aufgerissen wird, oder neben die voll aufgedrehten Lautsprecher einer Rockband. Wenn Sie das zu lange tun, können Sie Ihr Gehör und noch mehr auf Dauer schädigen.

In Bulgarien fanden Forscher heraus, daß ununterbrochener lauter Lärm zu einem starken Absinken der Fruchtbarkeit von Versuchstieren führte; die wenigen Jungen waren außerdem kleiner als normal. Auch bei einem menschlichen Säugling kann das Geburtsgewicht sinken, wenn seine Mutter übermäßigem Lärm ausgesetzt ist. Nach der Geburt lernen Säuglinge und Kinder in einer lauten Umgebung langsamer. Lärmgeschädigte Erwachsene können an Gehörverlust, Kopfschmerzen, hohem Blutdruck, zunehmenden Herzbeschwerden, Müdigkeit, Schwindelanfällen, einer verminderten Funktion des Immunsystems, Lernstörungen und gefühlsmäßiger Anspannung leiden.

Die medizinische Forschung hat erwiesen, daß gesunde Testpersonen besser mit Lärm zurecht kommen, den sie steuern können. Hat man keine Möglichkeit, den Lärm zu kontrollieren, so bewirkt das einen deutlichen Stimmungsumschwung wie auch negative Veränderungen im vegetativen Nervensystem. Wenn ihr Wohnungsnachbar um drei Uhr morgens seine Stereoanlage laufen läßt oder dann Rasen mäht, wenn Sie gerade ein Nickerchen machen, dürfte das Geräusch zwar kaum Ihr Gehör schädigen, aber seine Unkontrollierbarkeit wird sie ungewöhnlich reizen.

Der Gehörschaden, der durch regelmäßige Besuche von

Rock-Diskos und Heavy-Metal-Konzerten hervorgerufen wird, dürfte bekannt sein. Besonders schlimm ist es, wenn der Musikliebhaber auch tagsüber eine laute Arbeitsstelle hat. Einige intelligente Rockfans bemühen sich bereits um eine Reduzierung der Lautstärke, und viele Musiker stecken sich heute Wattepfropfen ins Ohr. Selbst »gemäßigter« Lärm kann die Spannung beeinträchtigen, die von einzelnen Neuronen im Gehirn auf unvorhergesehene und paradoxe Weise erzeugt wird. Kein Wunder also, daß sich Menschen in Situationen mit großem Lärm verwirrt fühlen.

Das Problem ist, daß nicht der gesamte schädliche Lärm auch laut ist. Geräusche mit niedriger Frequenz, wie sie beispielsweise von Stürmen oder vielen Maschinen erzeugt werden, können sowohl Schwindelgefühle und Übelkeit hervorrufen als auch die Fähigkeit zu kreativem Denken beeinträchtigen. Unhörbarer »Infraschall« kann beim Menschen das Gefühl entstehen lassen, als ob sein Brustkorb vibrieren und das Trommelfell hin und her flattern würde.

Elektronischer Lärm, der für uns nicht unbedingt hörbar ist, bringt unsere Computer und Kommunikationssysteme einschließlich der Fernsehgeräte durcheinander. Das kann mehr als nur lästig sein. Eindeutig gefährlich wird es, wenn die betroffenen elektronischen Systeme Computer sind, die unsere Banken, Regierungsbüros, Militäreinrichtungen usw. in Betrieb halten, denn Computer sind überall zu finden.

Gegenwärtig werden gewaltige Anstrengungen zur Eindämmung von Lärm unternommen. Maschinen werden auf vibrationsschluckende Podeste gestellt, um nicht nur den Lärm für das menschliche Ohr zu vermindern, sondern auch die Lebensdauer der Maschine zu verlängern. Schalldämmung ist ein großes Geschäft. Eine neue Bauweise der »aktiven Schallregulierung« wird für den Einsatz in

Flugzeugrümpfen, Schiffskörpern und verschiedenen Anwendungsbereichen in der Industrie erforscht. Dabei wird die Form eines Modells stark genug modifiziert, um den Schall, den es abstrahlt, zu verringern. Wenn sich diese Methode als so effektiv erweist, wie es bis jetzt den Anschein hat, wird sie allen Geld sparen und die Lärmbelastung herabsetzen.

Noch einmal: »Lärm« ist das, was man als Lärm definiert. Ein Tourist in Afrika könnte Elefanten für lärmend halten. Sie trompeten, schreien und haben einen Magen, der ständig knurrt. Was dem Touristen entgeht, falls er nicht die Schwingungen spürt, ist die Tatsache, daß der Elefant auch Laute mit einer Frequenz unterhalb des menschlichen Hörbereichs abgibt. Niemand weiß, ob es sich dabei tatsächlich um eine Art von echter Kommunikation handelt. Hoffentlich finden wir das heraus, bevor alle Elefanten wegen ihres Elfenbeins umgebracht werden.

Viele Tiere produzieren Laute und reagieren auf Laute, die wir nicht hören können. Kleine Tiere hören und erzeugen höhere Klangfrequenzen, als wir wahrnehmen können. Um Hausmäuse und Küchenschaben zu töten oder zu vertreiben, kaufen wir kleine Apparate, die für uns Ultraschallwellen erzeugen. Guter »Lärm« für uns, schlechter für die kleinen Plagen.

Absichtlich erzeugter Lärm wie der Warnton eines Lastwagens im Rückwärtsgang mag uns auf die Nerven gehen, aber nützlich sein. Forscher haben herausgefunden, daß die murmelnden, glucksenden und schnalzenden Geräusche, die Eltern machen, Säuglinge tatsächlich beruhigen und ihre Aufmerksamkeit wecken. Anscheinend produzieren alle Säugetiere Schnalzgeräusche für ihren Nachwuchs!

Lärm wird auch eingesetzt, um Spione im anderen Lager zu verwirren, ob dieses Lager nun militärischer, politischer oder wirtschaftlicher Natur ist. Informationen werden dabei geheim mit Hilfe eines »semichaotischen« Systems übermittelt (bitten Sie uns nicht, Ihnen das zu erklären, denn wir verstehen noch nicht einmal die Chaos-Theorie, noch weniger das Semichaos).

Wissenschaftler an der Northwestern University haben überdies entdeckt, daß die Schallwellenkarte des Warnschreis eines Primaten einem Klang ähnelt, der die Menschen besonders stört: dem kreischenden Geräusch, wenn Metall oder Fingernägel über Schiefer kratzen. Vielleicht kreischen Rockbands unbewußt, um Raubtiere abzuhalten?

Abkühlung

Eine sichere Methode der Energiegewinnung besteht darin, die Energie direkt aus der Erde zu beziehen. In Gebieten mit heißen Quellen braucht man nur Löcher zu graben, damit die Wärme nach oben steigt und man sie in elektrischen Strom umwandeln kann.

185 Kilometer nördlich von San Francisco liegt eine solche Region, die seit 1960 genutzt wird. Sie schien billige, smogfreie Elektrizität aus dem Erdinneren zu bieten, und man ging davon aus, immer mehr Energie auf diese Weise zu gewinnen. Bis 1990 wurde eine Stromerzeugung von 2000 Megawatt prognostiziert.

Leider liegt die produzierte Strommenge nicht bei 2000, sondern nur bei 1500 Megawatt. Darüber hinaus sinkt der Dampfdruck im Boden. Das Problem ist, daß es dort zwar jede Menge Wärme gibt, aber nicht jede Menge Wasser.

Was war geschehen? Man hatte zu viele Bohrgeräte eingesetzt. Man mußte nur eine Reihe von Löchern in die mit Dampf gefüllten Gesteinsspalten bohren und warten, bis Wärme und Elektrizität herauskamen. Das geschah auch, aber nachdem immer mehr Löcher gebohrt wurden, kamen immer weniger Wärme und Elektrizität zum Vorschein. Ende der 80er Jahre wurde schließlich klar, daß das Feld zu stark genutzt worden war.

In der Zwischenzeit gelangten die Ingenieure aber zu der Überzeugung, daß genug Dampf nutzbar gemacht werden könne, um Strom in einer Größenordnung von 3000 Megawatt zu erzeugen – ausreichend für drei Millionen Menschen. Sie glaubten auch, dies 30 Jahre lang aufrechterhalten zu können. Aber sie täuschten sich alle.

Wenn die Gegend langsam erschlossen worden wäre, könnte man sich berechtigte Hoffnungen machen, daß es über einen vernünftigen Zeitraum hinweg so weitergeht. Doch es kam anders. Während der Ölkrise explodierten die Preise für Erdöl, während die geothermische Energie ohne Probleme angezapft werden konnte. Außerdem bot die Regierung damals wirtschaftliche Anreize, um die Nutzung der geothermischen Energie zu fördern. Die Folge war eine Beschleunigung der Entwicklung; die Nutzung stieg von 70 auf 150 Megawatt pro Jahr. Bis 1988 hatte sich die Kapazität der Energiegewinnung gegenüber dem Stand von 1981 mehr als verdoppelt. Die verstärkten Bohrungen gingen weiter, obwohl feststand, daß der Dampfdruck immer schneller nachließ.

Inzwischen ist allen klar, daß es in dem Gestein und in den Spalten dieser Region nicht genug Wasser gibt, um diesen Stand zu halten, aber die Erschließung geht weiter. Die California Energy Commission hat für dieses Gebiet sogar alle weiteren Ausbaustufen genehmigt. Experten suchen nun nach Methoden, um dieses geothermische Feld zu erneuern. Am aussichtsreichsten erscheint es, dem Gebiet kaltes Wasser zuzuführen und zu diesem Zweck Dampf zu verwenden, der kondensiert wird, bevor er in die Atmosphäre entweicht. Wasser ist trotzdem so knapp, daß die Betreiber zum »Nachfüllen« wahrscheinlich gereinigte Abwässer einleiten müssen.

Andere Gegenden mit heißen Quellen müssen vorsichtig genutzt werden. Die nahe der Oberfläche von vulkanischen Gebieten vorhandene Wärme soll in den USA zehnmal so viel Energie enthalten wie die Wärmeenergie aller amerikanischen Kohlevorkommen. Das Problem dabei ist natürlich die Bereitstellung des Wassers. Die Ingenieure bohren in das trockene, heiße Gestein Löcher und brechen es auf. Anschließend leiten sie Wasser ein, das durch ein anderes Bohrloch wieder nach oben kommt. Fließtests sollen klären, ob das System seinen Wärmeausstoß aufrechterhalten kann, ohne zu stark abzukühlen oder übermäßig Wasser zu verlieren.

Geothermische Energie steigt nicht nur von heißem Gestein auf, sondern auch von Magma, geschmolzenem Gestein, das sich in einer Tiefe von fünf bis sieben Kilometern befindet. Kein Bohrgerät ist haltbar genug, um sich durch solches Magma arbeiten zu können, auch wenn im Long Valley östlich vom Yosemite Park Bohrungen unternommen werden, die bis zu einer Tiefe von 6 Kilometern oder bis zu einer Temperatur von 500 °C vordringen sollen, je nachdem, was zuerst erreicht wird.

Geothermische Energie ist auch in Texas und Louisiana verfügbar, und zwar aus einer Mischung von geothermischer Energie und fossilen Brennstoffvorkommen. Die Vorkommen entstanden vor 15 bis 18 Millionen Jahren, als Meerwasser in einer porösen Sandsteinschicht zwischen undurchlässigen Tonschichten eingeschlossen wurde. Als sich immer mehr Ablagerungen anhäuften, wurde das Material einem starken Druck ausgesetzt. Zusätzlich wurde durch den Zerfall organischer Materie Methan freigesetzt.

In den 70er Jahren vertrat man die Ansicht, daß ein einfaches Bohrloch in einer unter extrem hohem Druck stehenden Zone eine wahre Springflut von geothermischer Wärme sowie Methan bzw. Erdgas freisetzen würde. Zehn

Jahre der Forschung haben den Optimismus gedämpft, denn die bisherigen Erfahrungen mit der normalen geothermischen Energie haben zu einer Verunsicherung darüber geführt, ob sie sich als neue Energiequelle bewährt. Weitere Untersuchungen sind notwendig.

Die Erzeugung von Wasserstoff

Vor kurzem befaßte sich eine Weltenergiekonferenz in erster Linie mit den Aussichten, Wasserstoff als Brennstoff zu erzeugen, weil das Verbrennen von Holz und fossilen Brennstoffen (Kohle, Öl und Erdgas) das Klima der Erde möglicherweise schwerwiegend beeinflußt. All diese Brennstoffe enthalten Kohlenstoffatome, die sich bei der Verbrennung mit Sauerstoff zu Kohlendioxid verbinden, während sich die Wasserstoffatome mit Sauerstoff zu Wasser vereinigen.

Kohlendioxid neigt dazu, Wärme zurückzuhalten. Wenn wir solche Brennstoffe verbrennen, pumpen wir Millionen Tonnen von Kohlendioxid in die Luft, so daß die Erde eine als »Treibhauseffekt« bezeichnete Erwärmung erfährt. Da dies katastrophale Auswirkungen haben könnte, sollten wir aufhören, Kohlenstoffatome zu verbrennen, und uns statt dessen auf Wasserstoffatome konzentrieren. Die Entstehung von Wasser richtet keinen Schaden an.

Doch Wasserstoff als solcher kommt auf der Erde nicht vor. Der vorhandene Wasserstoff ist mit anderen Atomen verbunden und muß aus einer solchen Verbindung erst befreit werden. Die einfachste Methode, dies zu tun, besteht darin, daß man die Kohlenstoff-Wasserstoff-Verbindungen im Erdgas aufbricht und den Wasserstoff speichert. Dabei entsteht jedoch Kohlendioxid, was wir gerade vermeiden wollen.

Man kann Wasserstoff erhalten, ohne gleichzeitig Kohlendioxid zu produzieren, wenn man mit Wasser beginnt, das aus einer Verbindung von Wasserstoff und Sauerstoff besteht. Wird diese Verbindung aufgebrochen, so kann man den Wasserstoff speichern; der Sauerstoff kann in die Atmosphäre entlassen werden, wo er keinen Schaden anrichtet. Außerdem verbindet sich der Wasserstoff bei der Verbrennung wieder mit dem Sauerstoff und bildet erneut Wasser.

Um Wasser in Wasserstoff und Sauerstoff aufzuspalten, muß man elektrischen Strom hindurchleiten, was als »Elektrolyse« bezeichnet wird. Dieser elektrische Strom ist allerdings eine Energieform, die am billigsten und einfachsten durch die Verbrennung von Kohle, Öl oder Gas erzeugt wird, und dabei entsteht wiederum Kohlendioxid, was wir nicht wollen.

Wir müssen deshalb elektrischen Strom durch den Einsatz einer Energiequelle erzeugen, die ohne Verbrennung auskommt. Zu diesem Zweck kann man Wasserkraft (wie bei den Niagara-Fällen), Windkraft oder Kernspaltung nutzen. Wasserkraft ist auf bestimmte Orte beschränkt, auf den Wind ist kein Verlaß, und vor der Kernspaltung hat die Öffentlichkeit Angst. Eine logische Alternative ist die unmittelbare Nutzung von Sonnenenergie.

Wenn Sonnenlicht auf sogenannte photoelektrische Zellen oder Photozellen fällt, erzeugt es elektrischen Strom, der zur Elektrolyse von Wasser und damit zur Herstellung von Wasserstoff verwendet werden kann. Doch Photozellen sind teuer und normalerweise nicht sehr leistungsfähig, weshalb sie als Energiequelle nicht mit der Verbrennung konkurrieren können.

Es muß also jede erdenkliche Anstrengung unternommen werden, um Photozellen billiger und effizienter zu machen. Die größte Hoffnung gründet sich dabei auf die Verwendung von Silizium; es ist das zweithäufigste Element in der Erdkruste und wird uns deshalb nicht ausgehen. Siliziumatome kommen allerdings nur in Verbindung mit anderen Atomen vor; es kommt auch recht teuer, die Verbindungen aufzubrechen, um Silizium in der reinen Form zu erhalten, die man für Photozellen benötigt. Je weniger Silizium man also für Photozellen braucht, desto weniger werden sie kosten.

Silizium ist ursprünglich in Form von Kristallen entstanden, in denen die Atome sehr regelmäßig angeordnet sind. Siliziumkristalle können 30% des einfallenden Sonnenlichts in Elektrizität umwandeln und erreichen damit einen sehr hohen Wirkungsgrad. Die Herstellung der Kristalle ist jedoch eine langwierige Arbeit, was die Kosten erhöht.

John Ogden und Robert Williams von der Princeton University arbeiten an »amorphem Silizium«, einer Form, bei der die Atome kreuz und quer angeordnet sind. Amorphes Silizium ist weniger effizient als kristallines Silizium, weil es nur zwischen 6% und 13% der Energie des einfallenden Sonnenlichts in Elektrizität umwandelt. Dafür ist es aber auch viel leichter herzustellen als kristallines Silizium.

Darüber hinaus wäre es hilfreich, wenn man anstelle von klobigen Kristallen einfach eine dünne Schicht aus Siliziumatomen verwenden könnte, die auf Glas oder Kunststoff aufgesprüht wird. Das Gewicht des Siliziumfilms für eine photoelektrische Zelle wäre nur $\frac{1}{200}$ so hoch wie das von Siliziumkristallen, die sonst verwendet werden müßten. Zudem weisen Ogden und Williams darauf hin, daß es einfacher ist, eine dünne Schicht aus amorphem Silizium aufzutragen als eine aus kristallinem Silizium, und daß dieser Vorgang automatisiert werden könne.

Trotz des geringeren Wirkungsgrads von amorphem Silizium könnte es also billiger sein, eine bestimmte Strommenge mit Hilfe von Photozellen zu erzeugen, die aus amorphen Siliziumfilmen bestehen, als Photozellen des herkömmlichen Typs dafür einzusetzen.

In sonnenreichen Gegenden darf man sich also auf die Aussicht freuen, daß riesige Flächen siliziumbeschichteter Photozellen im großen Maßstab Elektrizität aus Sonnenlicht gewinnen werden. Diesen Strom wird man zur Elektrolyse von Wasser und damit zur Herstellung von Wasserstoff verwenden. Dieser Wasserstoff kann dann als sauberer, die Umwelt nicht verschmutzender Brennstoff der Zukunft dienen.

Der erste Schritt zur Synthetisierung von Leben

Julius Rebek, Tjama Tjivikua und Pablo Bellester, die alle drei am Massachusetts Institute of Technology (MIT) forschen, haben vor kurzem ein synthetisches Molekül hergestellt, das eine entscheidende, für lebende Systeme charakteristische Eigenschaft aufweist und möglicherweise einen Hinweis auf die Entstehung des Lebens auf der Erde gibt.
Alle Lebensformen können sich vermehren bzw. »reproduzieren«. Die Menschen haben Kinder; andere Lebensformen, von den größten bis zu den kleinsten, produzieren ebenfalls Nachkommen. Selbst Organismen, die nur aus einer einzigen Zelle bestehen, können sich teilen, so daß sich aus einer Zelle zwei bilden. Dies gilt für alle Organismen bis hinunter zu den allerkleinsten, den Bakterien.
Möglich wird dies dadurch, daß alle Lebensformen bestimmte Nukleinsäuren enthalten, die normalerweise als DNA oder RNA bezeichnet werden. Die erstere ist die grundlegendere und steuert die Bildung der Enzyme, die dafür sorgen, daß alle chemischen Abläufe in der Zelle funktionieren, und so alle Organismen am Leben erhalten. Die Nukleinsäuren besitzen die Fähigkeit zur »Replikation«. Sie bestehen aus langen Ketten von Einheiten, den »Nukleotiden«. Eine Nukleinsäure kann einzelne Nukleotiden in der Zellflüssigkeit anziehen und in einer bestimm-

ten Reihenfolge aneinanderfügen, so daß sie sich zu einer zweiten Nukleinsäure kombinieren, die genau der ersten entspricht. Auf diese Weise gibt es einen fortwährenden Nachschub von neuen Nukleinsäuren für neue Zellen und neue Organismen. Die Replikation von Nukleinsäuren ist der entscheidende Vorgang bei der Entstehung aller lebenden Organismen.

Diese sich selbst verdoppelnde Nukleinsäure findet man in kleinen Gebilden des Zellkerns, den »Chromosomen«. Es gibt Lebensformen, die als »Viren« bezeichnet werden; sie sind viel kleiner als Bakterien und scheinen nicht mehr als ungebundene Chromosomen zu sein. Sobald ein Virus in eine Zelle eingedrungen ist, kann es sich wiederholt verdoppeln.

Aber wie begann das alles?

Die Biologen geben sich damit zufrieden, daß sich die Lebewesen im Laufe der 4,5 Milliarden Jahre des Bestehens der Erde allmählich entwickelt haben. Ungefähr eine Milliarde Jahre nach der Entstehung der Erde bildeten sich die ersten Organismen als bakterienähnliche Zellen, und zwei Milliarden Jahre lang war dies alles, was auf dem Planeten existierte. Danach entwickelten sich kompliziertere Zellen, auf die »vielzellige« Organismen folgten. Wir wissen dies aufgrund von umfangreichen, detaillierten Untersuchungen nicht nur der heute existierenden Lebewesen, sondern auch der »Fossilien«, die lange ausgestorbene Organismen hinterlassen haben.

Alle diese Organismen besaßen jedoch von den kleinsten Lebewesen an Nukleinsäuren. Die Nukleinsäuremoleküle in einfachen Organismen sind mehr oder weniger ebenso kompliziert aufgebaut wie in den komplexesten Lebewesen und bestehen aus Ketten von bis zu mehreren tausend Nukleotiden. Wie bildete sich somit das erste Nukleinsäuremolekül?

Wir wissen es nicht. Zudem müssen Nukleinsäuren, damit

sie eine Verdopplung durchlaufen können, Enzyme verwenden, doch die Enzyme existieren wiederum nur, weil Nukleinsäuren ihre Bildung steuern. Beide können in einem lebenden Gewebe ihre Aufgabe nicht ohne einander verrichten. Was war also zuerst da?

Nukleinsäuren müssen sich in der ersten Milliarde Jahre des Bestehens der Erde entwickelt haben, aber von diesem Vorgang haben sich keine Spuren erhalten.

Es *könnte* sich folgendermaßen abgespielt haben: Die winzigen, sehr weit verbreiteten Moleküle, die in der Frühzeit der Erde existierten, nämlich Wasser, Methan, Ammoniak, Kohlendioxid etc., verbanden sich (unter Einwirkung der Energie des Sonnenlichts oder der vulkanischen Hitze) miteinander, und bildeten größere, komplexere Moleküle. Schließlich entwickelte sich ein Molekül, das die Fähigkeit besaß, sich ohne die Hilfe von Enzymen zu verdoppeln. Wenn es sich – vielleicht noch unbeholfen – verdoppelte, brachte es manchmal etwas komplexere Versionen von sich hervor, die sich besser reproduzieren und sogar die Bildung von Enzymen steuern konnten. Möglicherweise halfen diese Enzyme dann bei dem Vorgang mit und verbesserten die Replikation, was zur Entstehung der ersten, einfachsten Lebensformen führte.

Doch woraus bestand diese erste, sehr einfache Verbindung, die sich ohne die Hilfe von Enzymen verdoppeln konnte? Vielleicht existiert sie auf der Erde gar nicht mehr, aber bestimmt könnten Chemiker sie im Labor herstellen.

Rebek und seine Gruppe haben die Verbindung »Aminoadenosintricarbonsäureester« zusammengestellt, die diese Eigenschaft zu besitzen scheint. Sie setzt sich aus zwei Teilen zusammen. Ein Teil scheint zu einem Nukleotid zu gehören (nennen wir ihn A); der zweite Teil ist etwas, das nicht damit verwandt ist (hier B genannt). Die beiden Komponenten lassen sich zusammenfügen, so daß man A-B erhält.

Wenn das A-B von einzelnen As und Bs umgeben ist, zieht der A-Teil von A-B ein B an, während der B-Teil ein A anzieht. Die angezogenen B und A lagern sich an A-B an und verhaken sich zu einem B-A. Die beiden Teile des kombinierten Moleküls trennen sich anschließend, und man erhält zwei A-Bs. Jedes von beiden kann diesen Vorgang erneut durchlaufen, so daß die Lösung am Ende eine Unzahl von A-B-Molekülen enthält.

Dies ist das erste Mal, daß man die Replikationsfähigkeit bei einem Molekül gefunden hat, das viel einfacher als eine Nukleinsäure ist. Im Vergleich zum atemberaubenden Tempo, mit dem Nukleinsäuren arbeiten, läuft der Vorgang langsam und unbeholfen ab, aber dafür kommt diese einfache Verbindung, Aminoadenosintricarbonsäureester, ohne Enzyme aus. Ist vor langer Zeit eine ähnliche Verbindung auf der Erde aufgetaucht, die sich schließlich zu Nukleinsäuren entwickelte? Vielleicht!

Mehr Replikation

Replikation ist kein schönes Wort, aber die ganze Schönheit des Lebens wird erst durch sie möglich. Replikation läßt sich als »Anfertigung einer Kopie«, als »Verdopplung« oder als »Herstellung einer Nachbildung« definieren.

In der Natur stellen große, vielzellige Tiere keine exakten Kopien von sich her. Ihre Replikation erfolgt als ein Produkt geschlechtlicher Fortpflanzung, so daß die daraus resultierenden Nachkommen einzigartig sind. Andere Tiere (insbesondere viele Insekten) können eine exakte Kopie, einen Klon, herstellen, einen Organismus, der ungeschlechtlich von einem Elterntier gebildet wird.

Diese beiden Möglichkeiten der Fortpflanzung spielen sich eigentlich auf der Zellebene ab. Bei der ungeschlechtlichen »Mitose« verdoppeln sich die DNA enthaltenden Chromosomen; dann teilt sich die Zelle, so daß jede Tochterzelle genau wie das Original ist.

Wenn sich die Chromosomen einer Zelle nicht verdoppeln, teilt sich die Zelle mit einem vollständigen einfachen (»haploiden«) Satz des genetischen Materials. Dies bezeichnet man als Reduktionsteilung oder »Meiose« (nach dem griechischen Wort für »reduzieren«). Wenn eine Samenzelle eine Eizelle befruchtet, wird die Doppelhelix mit einer neuen Mischung von Genen wiederhergestellt.

Unerwartete Veränderungen können sowohl bei der Meiose als auch bei der Mitose auftreten. Die Gene selbst können mutieren, oder die Chromosomen teilen sich möglicherweise nicht richtig. Gegenwärtig erforschen Wissenschaftler die biochemischen Vorgänge bei der Zellteilung. Beispielsweise haben sie ein »Protein des Zellteilungszyklus« (cdc2) entdeckt, das mit Hilfe eines anderen Proteins namens »Zyklin« eine Schlüsselrolle bei der Mitose spielt. Vermutlich um eine Teilung der Zelle zu ermöglichen, finden in den miteinander verbundenen Proteinen, die sich um die Membran des Zellkerns legen, Veränderungen statt. Da das cdc2-Protein in allen Zellen vorhanden ist (das cdc2-Protein des Menschen ist mit dem entsprechenden Protein des primitivsten Hefepilzes zu 63% identisch!), dürfte es auf die Frühzeit der Existenz von Zellen auf der Erde zurückgehen.

Andere Proteine, die die verschiedenen Veränderungen im Zellzyklus steuern, werden ebenfalls analysiert und können vielleicht eine wichtige Rolle bei der Krebsforschung spielen, wo es ja um fehlerhafte Zellzyklen geht.

Alle natürlichen Zellteilungen werden durch die Selbstreplikation von Nukleinsäuren in Chromosomen ermöglicht. Als Julius Rebek jr. und zwei andere Chemiker ein sich selbst reproduzierendes Molekül herstellten, das einfacher als eine Nukleinsäure war, machte dies Schlagzeilen, denn seine Funktionsweise ähnelt vielleicht der Wirkungsweise der ersten Moleküle der jungen Erde, die sich verdoppeln konnten.

In der Zwischenzeit haben Wissenschaftler in Zürich und Straßburg synthetische Mizellen hergestellt: elektrisch geladene Kolloidteilchen aus polymerischen Molekülen. Ein Polymer ist eine Kombination aus vielen kleinen Molekülen, die zusammen ein großes, komplexes Molekül ergeben, wie z. B. Stärke, Proteine oder (künstlich hergestelltes) Nylon. Die neu konstruierten Mizellen reproduzierten sich, wenn chemische Reaktionen mehr Verbindungen erzeugten, um ihre Membranen zu bilden. Die Wissenschaftler vertreten die Ansicht, das Leben sei im wesentlichen ein geschlossener, von der Umwelt durch eine Grenze (wie etwa eine Membran) abgetrennter Prozeß, der sich von innen heraus repliziert.

Rebek fuhr (zusammen mit Jong-In Hong, Qing Feng und Vincent Rotello) damit fort, zwei eng miteinander verwandte synthetische Moleküle zu entwickeln, die sich verdoppeln und dabei zusammen existieren und sich gegenseitig bei der Replikation helfen. Als man eines der Moleküle ultraviolettem Licht aussetzte, kam es zu einer »Mutation«, die es in die Lage versetzte, sich häufiger zu verdoppeln. Das mutierte Molekül war mehr als das nicht bestrahlte Molekül fähig, aus seiner Umgebung die Rohstoffe für die Replikation zu entnehmen. Vergleichbar einem »Überleben der am besten Angepaßten« bei der natürlichen Evolution übertrumpfte das mutierte Molekül bald das andere.

Diese synthetischen Moleküle sind nicht die Vorläufer des Lebens auf der Erde, wie wir es kennen, aber sie zeigen, wie Rebek sagt, »das gleiche Verhalten (Replikation, Kooperation und Mutation) wie diejenigen, die es damals gab«.

In der Computerforschung hat man es unterdessen mit einer anderen Art von synthetischem »Leben« zu tun. Man hat Programme entworfen, die sich zur Lösung von Problemen selbständig weiterentwickeln. Dann gibt es sich selbst reproduzierende Computerprogramme, die sich ausbreiten und als versteckte »Viren« richtige Computerprogramme zerstören können. Vor kurzem haben Informatiker einen Weg gefunden, um diese Programme bei der Selbstreplikation zu unterstützen. Eine ganz schöne Veränderung seit der Zeit der ersten Computer, die nicht einmal eine Festplatte hatten, die von Viren infiziert werden konnte.

Die Vorstellungen über natürliche und künstliche Replikation, ob sie sich nun auf chemischem Weg oder im Computer vollzieht, entwickeln sich atemberaubend schnell. Im Jahre 1992 wurde in Santa Fe (New Mexico) eine Konferenz über künstliches Leben abgehalten. Ein Tag war der »Hardware« gewidmet (wenn Sie nicht wissen, was das bedeutet, haben Sie noch nie einen Computer, ja, nicht einmal einen Taschenrechner gesehen). Dann gab es einen Tag für die »Software« (Sie wissen, worum es dabei geht, wenn Sie je mit einem Computer gearbeitet haben, in den ein Programm eingegeben werden muß, damit er die Arbeit verrichten kann, die man von ihm erwartet, wie z. B. Textverarbeitung).

Am erstaunlichsten war, daß die Konferenz auch einen Tag für »Wetware« reserviert hatte, nämlich für die synthetischen, sich verdoppelnden Moleküle, die von Wissenschaftlern wie Dr. Rebek großgezogen werden. Es gab sogar eine Demonstrationsshow mit künstlichem Leben (wie bei Viehausstellungen auf dem Lande), bei der die Wissenschaftler ihre Lieblingsformen künstlichen Lebens präsentierten.

Vielleicht werden Wissenschaftler dieser verschiedenen Richtungen bald synthetisches chemisches »Leben« mit »Computerleben« kombinieren und ein Lebewesen erzeugen, das sich selbst weiterentwickeln kann. Wird dies die ultimative »Antwort« sein, mit der unser menschliches Leben auf das Schweigen des Universums reagiert?

Nanomagie

Die Nanotechnik vollführt Dinge in einem sehr kleinen Maßstab, denn sie arbeitet auf der Ebene von Molekülen und sogar Atomen.

Die extreme Miniaturisierung nahm ihren Anfang in der Elektronikindustrie und hat sich enorm ausgeweitet. Mikrominiaturisierte Hardware wird heute in Labors und Werkstätten wie der Nanofabrication Facility an der Cornell University und vielen anderen Orten in einer Reihe von Ländern hergestellt. Wer den Übergang von Radioröhren zu Transistoren noch immer nicht verkraftet hat, dem wird schon bei der Vorstellung schwindlig, daß es Geräte gibt, die so klein sind, daß ihre Bauteile in Nanometern gemessen werden.

Bislang ist das kleinste mikrominiaturisierte Bauteil etwa 50 Nanometer groß, was einem Durchmesser von 500 Wasserstoffatomen entspricht. Ein Nanometer (nm) entspricht 10^{-9} Metern bzw. 10 Angström (Å). Da 1 Å einem hundertmillionstel Zentimeter entspricht, ist das sehr klein.

Gebilde im Nanometerbereich sind natürlich etwas ganz anderes als winzige Siliziumplättchen. Fachleute sprechen von Quantenschächten (das hat mit Elektronen zu tun, die von ultradünnen Halbleiterschichten auf zwei Dimensionen begrenzt werden) und Quantendrähten (kleiner, mit einer Dimension). Die Idee dahinter ist, daß Geräte mit diesen »Quantendingsdas« zu ihrem Funktionieren weniger Energie brauchen und verschwenden. Sie werden bereits in Mikrowellenempfängern von Satelliten, faseroptischen Kommunikationssystemen und sogar CD-Spielern eingesetzt.

Die Methoden, wie man nur Nanometer große Gebilde herstellt, sind so faszinierend und schwer verständlich wie die Gebilde selbst. Beispielsweise gibt es das Rastertunnelmikroskop, das erst vor zwölf Jahren erfunden wurde.

Dieses Mikroskop zeigt die Anordnung einzelner Atome und läßt sich auch zur Kennzeichnung von Oberflächen einsetzen.

Andere außergewöhnliche Techniken erlauben das Aushöhlen von winzigen Bergen und Tälern – auf molekularer Ebene – oder den Aufbau von Nanogebilden Atom für Atom. Auf einer ganz menschlichen Ebene können diese Methoden vielleicht zu so praktischen Vorrichtungen wie einem mikroskopischen Klettverschluß für die Chirurgie führen, der besonders in heiklen Bereichen wie der Gehirnchirurgie einsetzbar wäre.

Es ist ein atemberaubender Gedanke, daß es am Ende des 20. Jahrhunderts Menschen gibt, die Atome verschieben, und das nicht nur zum Spaß tun. Möglicherweise hängt die Zukunft von ihrer Arbeit ab. Im Augenblick arbeiten die Forscher daran, die Nanometer-Grenze von 50 auf 10, die Wellenlänge von Elektronenwellen, zu senken. Wenn ihnen die Konstruktion eines »Quanteninterferenztransistors« gelingt, hätten sie ein mikrominiaturisiertes Gerät, das sogar noch weniger Energie verbrauchen und verschwenden würde.

Während die Datenspeicher jede Woche immer winziger werden, erwägen Wissenschaftler (vor allem in Japan) heute ernsthaft die Möglichkeit, eines Tages die Vielzahl der winzigen Bestandteile und Verbindungen des menschlichen Gehirns nachzubauen (die, so wollen wir schleunigst hinzufügen, selbst noch nicht restlos verstanden werden). Könnte es sein, daß Isaacs Gedanke eines »positronischen« Robotergehirns eines Tages Realität werden wird? Wir können alle »Trekkies« in der Welt rufen hören, daß Mr. Data bereits eines besitzt.

Aber warum soll man diese Nanogebilde mühsam konstruieren? Warum sollen sie sich nicht selbst zusammenbauen, wie dies die winzigen Apparaturen tun, die wir als »Komponenten lebender Zellen« bezeichnen? Dies wird gegenwärtig erforscht; die Arbeit daran hat bereits begonnen.

Der Theoretiker K. Eric Drexler arbeitet seit Jahren über den Bereich der Nanotechnik und befürworter sie. Er malt sich viele faszinierende Entwicklungen aus, darunter eine, die Mediziner begrüßen würden: molekulare Maschinen, die fehlerhafte oder abgestorbene menschliche Zellen reparieren könnten. Sagt jemand: »Phantastische Reise«?

Die Nanotechnik wird auf ihrem Weg zum großen Geschäft nicht nur die Welt der Forschung, sondern auch die Wirtschaft und die Politik des Planeten noch stärker verändern. Wir müssen Energie sparen. Wir müssen, vielleicht durch eine verbesserte Kommunikation, verstärkt zu einer Weltgesellschaft werden. Es wird eine andere Welt sein, aber darüber sollte sich – heutzutage – niemand ernstlich beklagen. Und wenn die Nanotechnik erheblich schwieriger zu begreifen sein wird als Radioröhren, verwenden Sie einfach die kleinen Wörter, mit denen wir uns die ganze Sache klarmachen. Es sind die Wörter, die in der Fernsehserie Maxwell Smart zu hören bekam, als er von dem Gedanken der Mikrominiaturisierung verwirrt war: »Klitzeklein, Max.«

Das ist es.

Phantastische Fullerole

Buckminster Fuller, der Erfinder der geodätischen Kuppel, war eine charismatische Persönlichkeit. Wenn er einen Vortrag hielt (ich hörte mir einmal einen an), waren seine Ausführungen immer anregend, obwohl sie bisweilen schwierig zu begreifen waren. Nun regt ein nach ihm benanntes Molekül die Wissenschaftler und auch die Medien an. Der Versuch, einen ganz kurzen Artikel über dieses Molekül zu schreiben, gleicht ein wenig dem Bemühen, den Niedergang des Römischen Reiches auf einer Kartei-karte detailliert darzulegen. Gibbon brauchte dafür wesentlich mehr Platz.

Zunächst einmal ist ein Molekül eine Gruppe von Atomen. Wenn die Atome nicht alle identisch sind, spricht man von einer »chemischen Verbindung«. Manche sind einfach, wie etwa Wasser, andere komplex, wie die meisten organischen Verbindungen. Die Chemiker brauchten lange Zeit, um den Aufbau einiger größerer Moleküle zu entschlüsseln. Ein bekannter Durchbruch erfolgte 1865, als der deutsche Chemiker Friedrich August Kekulé von Stradonitz in der Kutsche einschlief und träumte, daß eine Kette von Kohlenstoffatomen zu einer Schlange wurde, die sich krümmte, um sich selbst in den Schwanz zu beißen. Kekulé erwachte mit der Gewißheit, daß die Atome von Benzol einen sechseckigen Ring bildeten – und er hatte recht.

1984 gab es einen Durchbruch anderer Art. An der Rice University in Houston wollten Richard Smalley, Bob Curl und der britische Chemiker Harry Kroto im Labor die Struktur nachbilden, die Ketten von Kohlenstoffatomen in riesigen Kohlenstoffsternen zu haben schienen. Als sie Graphit mit Laserstrahlen beschossen, beobachteten sie die Entstehung großer, stabiler Kohlenstoffmoleküle, die sich von jeder bislang bekannten Kohlenstoffvariante unterschieden.

Diese Moleküle wurden als »Kohlenstoff 60« bezeichnet, weil sich sechzig Kohlenstoffatome zu Sechs- und Fünfecken anordnen und eine Form bilden, die stark an einen Fußball erinnert. Oder an die geodätische Kuppel von Buckminster Fuller – daher der Name »Buckminsterfullerol« oder »Buckyball«. Dieser Riese wurde vom Wissenschaftsmagazin *Science* zum »Molekül des Jahres« gekürt.

Nachdem sie die Ergebnisse aus Smalleys Labor analysiert hatten, entdeckten die Physiker Donald Huffman und Wolfgang Kratschmer, daß sie schon 1982 zufällig Buckminsterfullerol produziert hatten, als sie mit Hilfe von Elektronen Graphit verdampften, das in einem Inertgas eingeschlossen war. Diese Methode erwies sich als Möglichkeit, um große Mengen von Fullerol herzustellen. Andere Methoden wurden gefunden, so daß die Fullerol-Forschung weiterging; Wissenschaftler erfahren dabei immer mehr über das neue Molekül und schaffen eine ganze chemische Familie von Fullerolen. Immer wieder tauchen in den Zeitschriften neue Verwendungsmöglichkeiten auf.

So verleihen »Fußballmoleküle« aus Kohlenstoff-60 einer Folie optische Eigenschaften, die nicht linear von der Lichtstärke abhängen. Anstatt langsam dunkler zu werden, wird die Folie an einem bestimmten Punkt lichtundurchlässig. Vielleicht sind wir damit endlich besser in der Lage, uns und unsere Geräte vor sehr intensivem Licht zu schützen. Die effiziente Regulierung von Licht ist eine Eigenschaft mit vielen anderen praktischen Nutzanwendungen. Faseroptische Netze mit volloptischen Schaltern und Modulatoren sind eine aufregende Möglichkeit. Eines Tages verfügen wir vielleicht über optische Digitalprozessoren.

Komprimierte »Buckybälle« ergeben Diamanten, aber noch interessanter sind »geimpfte« Fullerole, denn sie erwerben Supraleitfähigkeit, wenn man die Räume zwischen den Kohlenstoffmolekülen mit Atomen von Alkalimetallen wie etwa Kalium oder Rubidium auffüllt. Japanische Chemiker kleben die Moleküle mit Palladium zu einem Polymer zusammen, das außergewöhnlich stabil und elektrisch neutral ist.

Gasmoleküle wie Sauerstoff füllen den achtflächigen Raum zwischen den Buckybällen aus, die wie in Kisten gepackte Orangen zusammengepreßt sind. Diese dichtgedrängten Fullerole sind offenbar wählerisch: die Gasmoleküle dürfen weder zu groß noch zu klein sein. Ein nützliches Produkt wären auch Membranen, die nur für bestimmte Gase durchlässig sind.

Da Fullerole Ähnlichkeit mit Fußbällen haben, sind sie hohl

und können auch als »Käfige« bezeichnet werden. Wenn Wissenschaftler nicht gerade die Außenfläche des Käfigs mit verschiedenen Atomen überziehen, versuchen sie, etwas in den Käfig zu stecken. Sie haben Kalium, Titan, Eisen und Scandium verwendet; es ist erstaunlich. Welchen Sinn hat es, ein anderes Atom in ein großes Kohlenstoffmolekül einzuschließen? Je nachdem, was sie gerade enthalten, geben diese Fullerole vielleicht gute chemische Katalysatoren ab oder haben nützliche magnetische Eigenschaften. Außerdem hofft man, daß auf diese Weise eingeschlossene Medikamente zu einem Tumor gelenkt werden können, ohne unterwegs den Rest des Körpers zu schädigen. Die Erforschung der vielen anderen Aspekte von Fullerolen als Käfige ist voll im Gange.

Es hat viel Aufhebens um »Buckyröhren« gegeben. Dabei soll es sich um Fullerole handeln, die nicht Bälle, sondern spiralförmige Röhren bilden. Von ihnen erhofft man sich starke Fasern. Das einzige Problem dabei ist, daß es einigen Wissenschaftlern gelungen ist, mit einem Rastertunnelmikroskop Aufnahmen von Fullerolen zu machen. Die Bälle sind zu sehen, aber als eine Arbeitsgruppe versuchte, Buckyröhren zu erkennen, hatte sie keinen Erfolg.

In der Zwischenzeit kann sich der Rest von uns zurücklehnen und fasziniert verfolgen, wie weitere Ergebnisse über Fullerole eintreffen und in Aussicht gestellte praktische Anwendungsmöglichkeiten Realität werden.

Der Superdiamant

Der Diamant ist auf so mannigfaltige Weise ein Stoff der Superlative, daß man sich eigentlich gar keinen Superdiamanten vorstellen kann. Doch genau einen solchen hat der Chemieingenieur William F. Banholzer von General Electric in Schenectady offensichtlich vor kurzem erhalten.

Was macht Diamant zu einem Superstoff? Was macht ihn beispielsweise zur härtesten bekannten Substanz überhaupt?

Eine Substanz ist hart, wenn die Atome, aus denen sie besteht, eng zusammenhängen, so daß es schwierig ist, sie durch Belastung herauszulösen. Wenn ein Diamant also dazu verwendet wird, andere harte Materialien einzuritzen, löst der Diamant zwar Atome aus dem anderen Material heraus, aber nichts lockert den Zusammenhalt der Diamantatome.

Damit Atome zusammenhalten, muß sich jedes an möglichst vielen Nachbarn festklammern. Am kompaktesten ist die Anordnung, wenn sich jedes Atom bei vier anderen einhakt. Je kleiner das Atom ist, das sich auf diese Weise verhakt, desto näher rücken diese Atome zusammen, und desto fester bleiben sie an ihrem Ort. Das Kohlenstoffatom ist das kleinste Atom, das sich bei vier Nachbarn einhaken kann; der Diamant besteht ausschließlich aus Kohlenstoffatomen.

Kohlenstoffatome drängen sich allerdings nicht immer in der dichtestmöglichen Anordnung zusammen. In Kohle, Koks und Ruß beispielsweise sind sie lose verbunden. Das gleiche gilt für Graphit (das »Blei« in Bleistiften). Doch aus einem Stück Graphit wird ein Diamant, wenn es so stark erhitzt wird, daß sich die Atome neu anordnen können, und wenn der Druck gleichzeitig so hoch ist, daß er die Atome so eng wie möglich zusammenpreßt.

Tief in der Erde sind die Temperaturen und der Druck hoch genug, um Diamanten entstehen zu lassen; an einigen Stellen haben sich die Diamanten so dicht an die Oberfläche vorgearbeitet, daß man sie finden kann. Erst in den 50er Jahren konnten Wissenschaftler von General Electric Methoden entwickeln, um ausreichend hohe Temperaturen und den Druck (in Anwesenheit bestimmter Metalle) zu erzeugen, daß man künstliche Diamanten erhielt, die mit dem Naturprodukt identisch waren.

Diamanten sind durchsichtig und brechen das Licht, das durch sie hindurchgeht, in eine Vielzahl von Regenbögen. Wenn man einen Diamanten in die entsprechenden richtigen Facetten zerschneidet, so zeigt er bei einer Drehung verschiedenfarbige Blitze (»Feuer«), obwohl er selbst eine farblose Substanz ist. Das sieht atemberaubend schön aus, und im allgemeinen besteht für die Leute darin auch sein größter Wert.

Doch in der Industrie macht ihn seine Härte zum besten Schleifmittel, um Unebenheiten abzuschmirgeln und zu glätten. (Es gibt Schleifmittel, die billiger und fast so gut sind, aber sie sind es eben nur *fast*.) Außerdem leitet Diamant zwar keinen elektrischen Strom, aber dafür sehr gut Wärme. Dies bedeutet, daß die Verwendung von Diamantsplittern in Mikrochips oder anderen sehr kleinen Bestandteilen heutiger Geräte eine Überhitzung verhindert. Darüber hinaus wird der Diamant von allen durchsichtigen Substanzen mit der geringsten Wahrscheinlichkeit durch Strahlung beschädigt, weshalb er in Geräten, die Laserstrahlen verwenden, sehr nützlich werden könnte.

Zu gerne hätte man ein Material, das noch besser als Diamant Wärme leitet und Strahlung verträgt, aber was läßt sich noch verbessern, wenn die Anordnung von Atomen im Diamant bereits die perfekte Lösung ist?

Nun, es gibt zwei Arten (bzw. »Isotope«) von Kohlenstoffatomen: Kohlenstoff 12 (^{12}C) und Kohlenstoff 13 (^{13}C). Jedes Stückchen Kohlenstoff einschließlich der Diamanten enthält etwa 99% ^{12}C und 1% ^{13}C.

Die beiden Kohlenstoffarten verhalten sich in chemischer Hinsicht fast identisch, aber ^{13}C ist um etwa 8% schwerer als ^{12}C, was bestimmte, winzige Unterschiede mit sich bringt. So behauptete vor etwa 50 Jahren ein sowjetischer Physiker, Wärme durchströme einen Diamanten dann am besten, wenn alle Atome von derselben Art seien. Selbst wenn alle aus Kohlenstoff seien, hielten die seltenen

^{13}C-Atome die Wärmeenergie ein wenig auf und verlangsamten sie.

Wissenschaftler haben Methoden entwickelt, um Isotope von Elementen zu trennen. Dabei kann man mit Methan, einem kohlenstoffreichen Gas, beginnen und dieses so behandeln, daß praktisch alle Methanmoleküle, die ^{13}C enthalten, abgesondert werden. Übrig bleiben Methanmoleküle, die ausschließlich ^{12}C-Atome enthalten, und dieses Methan läßt sich zur Herstellung synthetischer Diamanten verwenden, die nur aus ^{12}C bestehen. Erstmals gelang dies 1988 einer von Banholzer geleiteten Arbeitsgruppe bei General Electric.

^{12}C-Diamanten sind nun von Wissenschaftlern an der Wayne State University in Detroit untersucht worden, wobei sie sich in der Tat als Superdiamanten erwiesen haben. Die ^{12}C-Diamanten leiten Wärme um 50% besser als herkömmliche Diamanten und halten die zehnfache Strahlungsintensität aus. Was man für perfekt gehalten hatte, ist übertroffen worden.

Leider sind Diamanten aus ^{12}C noch teurer als normale Diamanten; man darf also nicht erwarten, daß sie im großen Maßstab eingesetzt werden. Allerdings wird es mit Sicherheit vielerlei Anwendungsmöglichkeiten geben, für die sie ideal geeignet sind, und es ist durchaus denkbar, daß sie für Computer und Laser der Zukunft von wesentlicher Bedeutung sein werden.

Bakterien als Bergleute

Eine Gruppe von Wissenschaftlern am Idaho National Engineering Laboratory hat über den Einsatz von Bakterien berichtet, die mithelfen, Kobalt aus minderwertigen Erzen herauszulösen.

Dies könnte durchaus eine neue und äußerst wichtige

Methode bei der Suche nach Metallen darstellen, der die Menschen schon seit 5000 Jahren nachgehen. Metall beendete die Steinzeit, denn Metalle konnten leicht in eine bestimmte Form gebracht werden, während Stein behauen oder geschliffen werden mußte. Metalle waren härter und haltbarer als Steinwerkzeuge, zerbrachen nicht so leicht und besaßen eine dauerhafte Schneide.

Die Sache hatte nur einen Haken. Metalle waren viel schwieriger zu finden als Steine. Bereits das Wort »Metall« ist vom griechischen Wort für »suchen« abgeleitet.

Zunächst konnten nur solche Metalle genutzt werden, die in freier Form vorkamen: Gold, Silber, Kupfer und meteorisches Eisen. Als man entdeckte, daß man bestimmte mineralische Erze erhitzen und schmelzen konnte, um Metalle zu erhalten, verbesserte sich die Versorgung mit diesen begehrten Materialien. Die Metallurgie wurde damit zu einem Kennzeichen von früher Zivilisation.

Trotzdem blieben Metalle knapp. Für Werkzeuge war reines Kupfer zu weich, aber mit Zinn vermischt wurde es zur viel härteren »Bronze«. Diese Legierung wurde (während der Bronzezeit) für Werkzeuge und Waffen verwendet, bis man praktikable Methoden zum Schmelzen von Eisenerz entwickelte.

Zinn ist jedoch relativ selten, und die Vorkommen an Zinnerz, die den frühen Hochkulturen zur Verfügung standen, waren bis 1000 v. Chr. nahezu erschöpft. Dies war das erste Mal, daß eine Rohstoffquelle tatsächlich ausging. Die Phönizier fuhren auf den Atlantik hinaus, entdeckten Zinnerz auf den »Zinninseln« (vielleicht das heutige Cornwall im Südwesten Englands) und gelangten zu Reichtum, weil sie das Monopol für dieses wertvolle Material hatten, bis es vom Eisen weitgehend überflüssig gemacht wurde.

Seit damals haben die Menschen die Welt nach natürlichen Erzvorkommen abgesucht, die begehrte Metalle enthalten. Es ging dabei nicht nur um Gold, Silber, Kupfer und Eisen, sondern auch um Metalle, die erst in der Neuzeit entdeckt wurden. Nickel, Kobalt, Wolfram, Mangan, Chrom, Vanadium, Niobium und so weiter – alle hatten ihre wertvollen Anwendungsmöglichkeiten.

Vorkommen der wichtigen Erze in hohen Konzentrationen wurden ergraben und geschmolzen. Die Metalle wurden dann genutzt und schließlich als Schrott weggeworfen. Als die Vorkommen mit der höchsten Konzentration aufgebraucht waren, lernten die Metallurgen, auch Vorkommen mit geringerer Konzentration zu nutzen und das Metall auf wirtschaftliche Weise zu gewinnen. Die Metalle werden zwar nie völlig ausgehen, aber sie sind in immer geringerer Konzentration über die Erde verstreut, so daß sich die Gewinnung von größeren Mengen dieser Materialien immer schwieriger gestaltet.

Viele einfache Lebewesen sind besser als jede Technik des Menschen dazu in der Lage, bestimmte Elemente aus sehr geringwertigen Quellen zu konzentrieren. So ist beispielsweise Jod ein nützliches, aber gleichzeitig sehr seltenes Element. Es kommt im Meerwasser vor, aber nur in einer derart geringen Konzentration, daß es die Chemiker nicht mit einem vernünftigen Kostenaufwand herausziehen können. Aber Meeresalgen schaffen es. Die Pflanzen filtern das seltene Jod aus riesigen Mengen von Meerwasser, worauf man die Meeresalgen einsammeln und verbrennen und das Jod aus der Asche isolieren kann. Meeresalgen sind unsere »Jodkumpel«.

Es gibt ein Bakterium namens *Thiobacillus ferroxidans*, das sich tatsächlich von Mineralen ernährt. Es entzieht den Mineralen Schwefelatome und verbindet sie mit Sauerstoff, um die zum Leben notwendige Energie zu erhalten. Dadurch bricht das Bakterium das Mineral auf und setzt andere Atome darin frei. Dies kann dazu führen, daß giftige Stoffe wie Arsen oder Cyanid frei werden, weshalb die Bakterien eine potentielle Gefahr für Bergleute darstellen.

Wie man jedoch unter genau kontrollierten Bedingungen feststellte, gedeihen bestimmte Spielarten dieses Bakteriums auf Erzen, die Kobalt in einer so geringen Konzentration enthalten, daß sich das Schmelzen für den Menschen nicht lohnt. Wenn die Bakterien einige Zeit an dem Mineral herumgenagt haben, lassen sich 10% des Kobaltgehalts leicht herauslösen. Bislang haben die Leute am Idaho National Engineering Laboratory ihre Arbeit nur mit kleinen Proben durchgeführt, aber es gibt keinen Grund, weshalb dies auf lange Sicht nicht zu einer Technik im großen Stil werden könnte.

Vielleicht lassen sich Bakterienstämme züchten, die von einer Vielzahl von Erzen leben, so daß man alle möglichen Arten von Metallen aus Vorkommen gewinnen kann, die man sonst als unwirtschaftlich aufgeben müßte. Aber das ist noch nicht alles. Man könnte die Bakterien eventuell auf Metallschrott ansetzen, der weggeworfen wurde und nicht rentabel recycelt werden kann.

Wenn der Schrott mit dem für sie passenden nahrhaften Gestein vermischt wird, könnten die fleißigen kleinen Bakterien davon leben und die Metalle für uns recyceln. Dann werden uns die Metalle *nie* ausgehen.

Das Park-Phänomen

Andere Geschöpfe suchen sich einen Lebensraum, der am besten für sie geeignet ist, und viele von ihnen bauen sich Behausungen. Wir Menschen tun das zwar auch, aber zugleich wählen und schaffen wir Orte, an denen wir nicht leben, sondern uns »erholen«. Man bezeichnet diese Plätze heute als Parks, und die meisten von uns versprechen sich von ihnen Erholung für Körper und Geist.

Die Art von Parks, die wir im späten 20. Jahrhundert haben, gab es nicht immer. Die erste zur Erholung genutzte Parklandschaft gehörte einem alten persischen König, der gerne auf die Jagd ging. Zu allen Zeiten besaßen die Ländereien der meisten Herrscher Gärten und Jagdreviere, in denen sich mitunter auch die armen Untertanen aufhalten durften. Als das einfache Volk mächtiger wurde, legte es selbst Parks für sich an. Der älteste öffentliche Park der Vereinigten Staaten ist Boston Common, der auf das Jahr 1634 zurückgeht.

Die meisten Länder haben Naturschutzgebiete eingerichtet; auch die Mehrzahl der Städte enthält unbebaute Flächen mit Wiesen und Bäumen. Es ist kein bloßer Zufall, daß große und kleine Parks oft stark an den Savannen- und Waldlebensraum erinnern, wo sich unsere Vorfahren entwickelten. Urzeitliche Jäger und Sammler lebten in einer Umgebung, die wir leicht für parkartig halten würden. Sogar die Landwirtschaft paßt dazu. Ein Urmensch erfand sie wahrscheinlich, weil er der Meinung war, das sei einfacher, als die ganze Gegend abzulaufen und Pflanzen zu sammeln, die dort möglicherweise wachsen oder auch nicht vorkamen. Schließlich lernten die Menschen nicht nur pflanzen und ernten, sondern auch, wie man mit Pflanzen umgeht. Sie wählten aus, was wachsen sollte, und nicht nur, was sie sammelten. So entstand ein richtiger Garten.

In vielen Ländern erhielten Parks mit Gärten ein sehr förmliches Aussehen, als ob die Menschen beweisen wollten, daß sie die Natur völlig im Griff hatten. In England änderten diese künstlichen Savannen ihren Charakter im Gefolge der »naturalistischen« Ideen. Parks sollten insbesondere auf großen Gütern »natürlich« wirken, mit Kurven anstatt der in Versailles bevorzugten geraden Linien.

Es gibt einen berühmten Park, der eine bewußt geschaffene naturalistische Umgebung aus Savanne, Wald und Garten verkörpert. Es ist der Central Park, und ich habe das Glück, direkt daneben zu wohnen. Der Central Park hat etwa die Größe des Fürstentums Monaco, wie die New Yorker gerne betonen. Die berühmten Landschaftsarchitekten Olmsted und Vaux entwarfen und errichteten den Central Park auf einer Ödlandfläche voller Baracken und Müll. Im Central Park gibt es nur eine gerade Linie: die von Bäumen gesäumte Mall, die an den berühmten Stufen endet, die zum Belvedere-Brunnen und zum Bootsteich hinunterführen.

Der Central Park hat alles: eine sanft gewellte Landschaft mit Bäumen und einzelnen Felsen, Bäche und Teiche, verschiedenartige Wiesen und Felder. Jeder Jäger und Sammler wäre erfreut darüber, auch wenn es sich heutzutage leider nur um Jäger handelt, deren Opfer andere Menschen sind. Es gibt jedoch viele Sammler verschiedener ethnischer Gruppen, die solche Delikatessen ernten wie wilden Knoblauch, Weißen Gänsefuß (das ist eine Pflanze), Knöterich, Felsenbirnen, Weißdorn, Kirschen, Äpfel und Nüsse (die man sich mit den Vögeln, Eichhörnchen, Ratten, Spechten und vielleicht einem Waschbär teilen muß).

Mit Ausnahme der großartigen Statue von *Alice im Wunderland* (die man ersteigen kann) stellen die beliebtesten Skulpturen im Central Park keine Menschen dar: das häßliche Entlein neben Hans Christian Andersen, Kemeys' Berglöwe, der geduckt oberhalb der östlichen Zufahrt dahockt, und Balto, der Schlittenhund aus Alaska und Anführer des Rudels, das 1925 ein Serum gegen Diphtherie transportierte, »um die Schmerzen der armen Nome zu lindern«. Und natürlich gibt es einen Zoo, der nach seiner Umgestaltung natürlicher denn je wirkt, ganz besonders im Tropenhaus, wo die Vögel an Ihrem Kopf vorbeischwirren oder Sie von zum Greifen nahen Ästen aus anstarren.

Unsere urzeitlichen Vorfahren hatten keine Ahnung von der wunderbaren Geschichte unseres Planeten, einer Geschichte, die oft unter ihren Füßen lag und die man lesen kann, sofern man nur weiß, wie. Im Central Park enthält das zutage tretende Schiefergestein von Manhattan, ein metamorphes Gestein, das vor etwa 500 Millionen Jahren entstand (und so hart ist, daß es sich als Fundament der Wolkenkratzer eignet), Spuren, die von einem eiszeitlichen Gletscher hinterlassen worden sind.

Manchmal hört man die Meinung, der Wald im Central Park nehme überhand und werde nicht so stark ausgeforstet, wie es ursprünglich geplant war. Vielleicht mögen viele von uns deshalb diesen Baumreichtum, weil unsere Vorfahren primitive Jäger in den Wäldern waren, während die Völker in weniger bewaldeten Regionen Babylon erbauten oder auf der Agora philosophische Diskurse führten.

Für den heimwehgeplagten Hominiden im Städter ist ein Park – insbesondere der Central Park – ein Ort der Ruhe, mit einer Landschaft, wo Augen und Geist verweilen können und deren Luft scheinbar weniger verschmutzt und sauerstoffreicher ist. Olmsted pflanzte um den Park herum Bäume an, um die Gebäude dahinter zu verdecken. Vor allem in den hügeligen und bewaldeten Teilen des Parks fällt es schwer zu glauben, daß man sich in einer riesigen Stadt befindet, bis man das ferne Dröhnen des Verkehrs hört. Es klingt wie ein schwer atmendes Tier aus Stahl und Beton, das sich um den Park schlingt.

Arterhaltung

Immer wieder liest man von Bemühungen, lebende Exemplare von Arten zu finden, die ausgestorben sein könnten, oder vom Aussterben bedrohte Arten zu retten. Der Wunsch, die Vielfalt des Lebens zu erhalten, ist ein positiver Kommentar zu den zivilisierten Instinkten zumindest einiger Menschen.

Das war nicht immer so. Die Menschen der Steinzeit sind wenigstens teilweise dafür verantwortlich, daß die prächtigen Mammuts und andere große Säugetiere, die damals lebten, verschwunden sind. In der Neuzeit sind wir Zeugen der achtlosen oder sogar mutwilligen Ausrottung faszinierender Arten durch Menschen oder durch Katzen und Hunde geworden. Der Dodo (Dronte), eine große, flugunfähige Taube auf der Insel Mauritius, wurde ausgerottet, ebenso der in den nördlichen Meeren lebende Riesenalk, die arktische Version des Pinguins. Stellers Seekuh, die größte aller Seekühe (Sirenen), wurde ebenso gleichgültig abgeschlachtet wie die Wandertauben Nordamerikas, die früher einmal zu Milliarden die Luft erfüllten. Die riesigen Bisonherden im amerikanischen Westen wurden skrupellos niedergemetzelt, teilweise auch, um die indianischen Stämme zu besiegen, deren Lebensgrundlage sie waren – und beinahe ausgerottet, bevor man Maßnahmen zur Rettung der überlebenden Tiere ergriff.

Die Zeiten haben sich gewandelt. Heute bemüht man sich unablässig um die Erhaltung von gefährdeten Arten wie dem Nordamerikanischen Kranich und dem Kalifornischen Kondor. Manchmal können solche Arten nur gerettet werden, indem man sie fängt und in einem Zoo hält, wo sie nicht verfolgt werden. Wenn ein Kondorei in einem Zoo ausgebrütet wird, macht dies auch regelmäßig Schlagzeilen.

Auf Tasmanien, der Insel vor der Südküste Australiens, gab es früher einmal ein fleischfressendes, hundeähnliches Säugetier, das mit dem Hund überhaupt nichts zu tun hatte. Es war ein Beuteltier, das enger mit dem Känguruh oder dem Koala verwandt war. Wegen seines gestreiften Hinterteils wurde es »Tasmanischer Tiger« genannt, aber sein richtiger Name lautet »Beutelwolf«. Nach der Besiedlung Tasmaniens durch die Europäer wurde er ausgerottet, weil er Schafe riß. Der letzte bekannte Beutelwolf starb 1936 in einem Zoo der tasmanischen Hauptstadt Hobart. Seither hat man keinen lebenden Beutelwolf mehr mit Sicherheit identifiziert, doch ab und zu gibt es Berichte, solche Geschöpfe seien in den wilderen Gegenden der Insel flüchtig gesehen worden. Auch Wissenschaftler versuchen, diesem schwer faßbaren Tier mit Hilfe von Computerprogrammen auf die Spur zu kommen, die diejenigen Orte ausfindig machen sollen, die den bevorzugten Lebensbedingungen des Beutelwolfs am ehesten entsprechen. Sollten solche Tiere gefunden werden, wird man alles unternehmen, um die Gegend für Menschen zu sperren, und wenn möglich, wird man auch einige männliche und weibliche Exemplare in Zoos bringen, wo man sie vielleicht züchten kann. (Viele Tiere paaren sich nicht gerne in Gefangenschaft. Anscheinend sind einige Reize erforderlich, die nur in Freiheit wirken.)

In den Wäldern von Madagaskar lebte der größte Vogel überhaupt, der *Aepyornis* (»Madagaskarstrauß«). Er wog bis zu 900 Kilogramm, legte das größte bekannte Ei, diente als Vorbild für den »Vogel Rock« aus »Tausendundeiner Nacht« und wurde sogar noch vor der Ankunft der Europäer ausgerottet. Diese Sage über ihn ließ ein viel kleineres madegassisches Tier in Vergessenheit geraten, das ebenfalls als ausgestorben galt, aber vor kurzem von Bernhard Meier von der Ruhr-Universität Bochum aufgespürt wurde. Er entdeckte den »büschelohrigen Zwergmaki«, ein Tier, das man nicht mehr gesehen hatte, seitdem Wissenschaftlern 1964 ein Fell von ihm überlassen wurde.

Der Maki (Lemur) ist ein primitives Herrentier (Primat) und gehört damit zur gleichen Ordnung von Tieren wie die Menschen. Dieser Zwergmaki ist der kleinste bekannte Primat, der (ohne Schwanz) knapp 13 Zentimeter lang ist und etwa 100 Gramm wiegt. Wahrscheinlich hat er von den heute lebenden Primatenarten am meisten Ähnlichkeit mit den Primaten, die zu der Zeit lebten, als die Dinosaurier ausstarben. Mit Sicherheit wird man alles tun, um sein Überleben zu sichern.

In Neuseeland lebte mit dem Riesenmoa ursprünglich der am höchsten aufragende Vogel aller Zeiten, auch wenn er nicht so schwer wie der Aepyornis war. Einige Moas waren über dreieinhalb Meter groß, aber sie wurden von den Maori ausgerottet, noch bevor die Europäer kamen.

Ebenfalls in Neuseeland lebt der Kakapo, ein großer, flugunfähiger Eulenpapagei, der dort früher weit verbreitet war, aber heute fast ausgerottet ist. Der Vogel brütet einmal alle vier Jahre, und nur dann, wenn kein Mangel an Nahrung besteht; ihn am Leben zu erhalten ist also schwierig. Nur 43 Vögel sind noch übrig, 13 davon Weibchen. Vor einigen Jahren wurden 22 Kakapos auf eine kleine Insel vor der Küste transportiert, wo es keine Katzen oder andere Raubtiere gab.

Man brachte zusätzliches Futter dorthin, um die fett und bequem werdenden Vögel zum Brüten zu bewegen. Als einer der Kakapos ein Ei legte, war das eine Meldung in den Zeitungen wert.

Die Kraft der Pflanzen

Bei den Tomaten schließt sich inzwischen fast der Kreis. Die südamerikanischen Indios aßen sie bereits, aber als die Spanier die Pflanze in die Alte Welt mit zurücknahmen, wurde sie von den Europäern als giftiger »Liebesapfel« bezeichnet. Es dauerte Jahrhunderte, bis die Tomate zu dem beliebten Nahrungsmittel wurde, das sie heute ist. Oder war, denn wenn man den Zeitungsmeldungen glauben darf, sind Tomaten inzwischen suspekt. Einige von ihnen sind nämlich (tief einatmen: ein Schauder) *genetisch verändert* worden! Das bedeutet, daß sie länger frisch bleiben, weil ein eingefügtes geschmackerhaltendes Gen namens Flavr Savr das in den Tomaten vorhandene Gen daran hindert, zur Wirkung zu gelangen und die Tomate weicher werden zu lassen.

Auch andere genetisch veränderte Produkte kommen auf den Markt. Da das eingefügte Gen teilweise Allergien hervorrufen könnte, sollte alles getestet werden, aber Hysterie ist fehl am Platz, vor allem auch deshalb, weil das Obst und Gemüse in Supermärkten schon jetzt mit Pestiziden behandelt und mit Wachs überzogen wird.

Seit dem Beginn der Landwirtschaft haben die Menschen Nahrungsmittel genetisch verändert, Saatgut von den besten Pflanzen ausgewählt, und größeres und besseres Obst und Gemüse erzeugt. Tatsächlich besteht eines der Probleme der Menschheit darin, daß wir den Selektionsprozeß übertrieben haben und die lebensnotwendige Vielfalt an Pflanzen verlorengeht. Wenn sich die Umwelt verändert, erweisen sich andere Pflanzen vielleicht als anpassungsfähiger als diejenigen, die schon immer angebaut wurden.

Man hat verschiedene Samenbanken eingerichtet, um die unschätzbare Vielfalt zu erhalten, aber fast alle enthalten zu wenige Varianten und sind in Schwierigkeiten, weil zu viele Länder immer noch glauben, es sei wichtiger, das Militär zu finanzieren, als zukünftige Generationen zu schützen. Nun haben die Norweger damit begonnen, tief in einem ehemaligen Kohlebergwerk auf der arktischen Insel Spitzbergen die Internationale Samenbank Svalbard anzulegen, die das wertvolle Saatgut einfriert und bereithält, falls die Pflanzen in anderen Teilen der Erde aussterben.

In prähistorischer Zeit machten die Menschen von der großen Pflanzenvielfalt regen Gebrauch. Sie aßen zwar auch recht viel Fleisch, aber dies war zäh und mager und enthielt wenig gesättigtes Fett. Die Fische und Vögel, die sie fingen, wie auch die Nüsse, Früchte und Gemüsesorten, die sie sammelten, boten eine bemerkenswert gesunde Ernährung. Jane Goodall hat gezeigt, daß die Schimpansen ebenfalls Allesfresser sind, aber ähnlich wie die Gorillas haben die Schimpansen einen viel größeren Dickdarm als der Mensch. Wir tun uns schwerer damit, eine ballaststoffreiche, ausschließlich pflanzliche Nahrung zu verdauen, die zudem nicht genügend Eiweiß enthält, wenn man sorgfältig all die nahrhaften Insekten abwäscht, von denen die Nahrungspflanzen befallen sind.

Pflanzen sind eine so wertvolle Quelle für Medikamente, daß es noch dringender geboten ist, die Vielfalt der wild wachsenden Pflanzen zu erhalten. Die einzige Möglichkeit, wie dies geschehen kann, besteht darin, die Menschen dazu zu erziehen, daß sie mit der Umweltzerstörung aufhören. Die Wälder der Erde sind von der alles verschlingenden Woge der Überbevölkerung bedroht, aber sie enthalten nicht nur unzählige Quellen für bereits genutzte Heilmittel, sondern viele Pflanzen, die erst jetzt erforscht werden. In Belize haben die Botaniker Michael Balick und Robert Mendelsohn herausgefunden, daß der Wert eines Landes laufend abnimmt, wenn die Wälder für eine nur mäßig produktive traditionelle Landwirtschaft gerodet werden, aber zunimmt, wenn das Land für die Gewinnung von Heilmitteln genutzt wird. In Guyana läuft derzeit ein UN-Projekt zur Rettung des Regenwaldes, das auch die Entdeckung wertvoller Pflanzengene für biotechnische Zwecke und nützliche Heilmittel verspricht.

Darüber hinaus erforscht man neue Verwendungsmöglichkeiten für normale, genetisch nicht veränderte Pflanzen. Eine im Osten der Vereinigten Staaten wachsende Spielart der Papanfrucht enthält Bullatazin, einen Wirkstoff gegen Krebs, der gerade untersucht wird. In Indien und Myanmar (Birma) sind Blätter des Paternosterbaums schon immer verwendet worden, um Insekten zu töten, weshalb Wissenschaftler heute seine schädlingsbekämpfenden Verbindungen (sogenannte Limonoide) untersuchen. In Südafrika bietet die Kapmacchie (Fynbos) eine riesige Vielfalt an Pflanzen (1470 verschiedene allein auf dem Tafelberg!) mit vielen medizinischen Verwendungsmöglichkeiten, aber alle sind von der eingeführten Pflanzenwelt bedroht. Es gibt nun eine große Kontroverse über

Methoden zur Eindämmung der iportierten Vegetation, denn die südafrikanischen Siedler sind inzwischen auf vielerlei Weise von den neuen Pflanzen und Bäumen abhängig. Die Ökologie des Planeten ist eine höchst komplizierte Angelegenheit.

Die Menschen sind nicht die einzigen, die Pflanzen nicht nur als Nahrung verwenden. Manche Vögel umgeben ihre Nester mit Blättern, die einem Parasitenbefall entgegenwirken. Vermutlich zerkauen Bären ein bestimmtes Kraut und reiben es in ihr Fell, um Insekten abzuhalten. Von allen Tieren sind es hauptsächlich unsere engsten Verwandten, die Schimpansen, die Pflanzen bewußt und gezielt als Heilmittel verwenden. Wenn Schimpansen unter dem Wetter leiden, suchen sie sich ganz bestimmte Pflanzen als Nahrung aus, und normalerweise paßt die ausgewählte Pflanze zu dem medizinischen Problem. Dann gibt es noch eine Elefantenkuh, die beim Fressen von Baumblättern beobachtet wurde, aus der die Kenianer ein Heilmittel zur Einleitung der Wehen brauen. Die Elefantenkuh brachte ein Junges zur Welt und ließ die Wissenschaftler im unklaren, ob sie die Blätter aus medizinischen Gründen oder nur zufällig gefressen hatte.

Wir erforschen, wie sich andere Lebewesen die Wirkung von Pflanzen zunutze machen, und bemühen uns, die unglaubliche Vielfalt der Pflanzen zu erhalten, die wir vielleicht eines Tages brauchen könnten. Bei alledem ist es trotzdem noch notwendig, mit unseren eigenen technischen Möglichkeiten zu experimentieren, um die Pflanzen zu verändern, zu verbessern und zu schützen. Seien Sie also unbesorgt, wenn Sie hören, daß ein Wissenschaftler eine Pflanze mit einem »Teilchengewehr« beschießt. Vielleicht versucht er nur, die Pflanze gegen Krankheiten resistenter zu machen, so daß bei ihrem Anbau weniger Pestizide eingesetzt werden müssen. Das Ergebnis könnte ein besseres, gesünderes, haltbareres und weniger belastetes Obst oder Gemüse sein.

Die Hilfe der Pflanzen

Wenn das gesamte pflanzliche Leben plötzlich verschwände, würde jeder darunter leiden. Zuerst würden die Tiere aussterben, die die Pflanzen fressen, und danach die Fleischfresser, die sich von den Pflanzenfressern ernähren. Nur in den Tiefen des Ozeans gäbe es noch Tiere, die sich von den Bakterien ernähren, die wiederum von den chemischen Stoffen leben, die aus Vulkanöffnungen austreten; das Land wäre dagegen ein Friedhof voller Bakterien. Wäre die Menschheit weise, so hätte sie bereits Saatgut in einer Raumstation gelagert. Falls sie das nicht tut, werden vielleicht ein paar verzweifelte Überlebende auf der Erde versuchen, Behälter mit Bakterien als – igitt – Nahrung zu züchten und gleichzeitig die künstliche Evolution zu beschleunigen, um wieder Pflanzen hervorzubringen.

Trotz der Vorstellung, daß unsere Vorfahren von der Jagd gelebt haben, sind die Menschen heute Allesfresser und sind es immer gewesen. Tatsache ist, daß der prähistorische *Homo sapiens sapiens* sowohl ein Sammler pflanzlicher Nahrung als auch ein Jäger war. Das gleiche gilt für den *Homo sapiens neanderthalensis*, der nicht nur Waldfrüchte und Nüsse aß, sondern auch Blumen auf die Gräber der geliebten Toten legte.

In letzter Zeit war die botanische Seite der Natur verstärkt in den Nachrichten vertreten. Statistisch gesehen treten viele Arten von Krebs weniger häufig bei Menschen auf, deren Ernährung zum großen Teil aus Gemüse, Obst und Nüssen besteht. Es heißt, daß chemische Stoffe bei Kreuzblütlern wie Kohl oder Brokkoli das Risiko von Brustkrebs verringern, indem sie den Stoffwechsel von Östrogen erhöhen, das in eine inaktive Form aufgespalten wird.

Während die Regenwälder schrumpfen, werden sie von Botanikern nach wunderbaren Pflanzen abgesucht, die dem Menschen helfen können. Weiter im Norden gelangt ein Nadelbaum, die Eibe, zu Berühmtheit. Ihre Rinde enthält Taxol, das als Heilmittel gegen Krebs wirkt, weil es die Zellteilung stoppt.

Unter einem weniger medizinischen Aspekt untersuchen Wissenschaftler wie Sharon Long an der Stanford University das Pflanzenwachstum im Hinblick auf den Nutzen für den Menschen. Longs Labor hat einen Test für die besten Luzernesorten entwickelt und untersucht, wie die Luzerne ihre symbiotische Beziehung mit dem Bakterium *Rhizobium meliloti* herstellt, das danach in den Wurzelknötchen lebt. Die botanischen Kenntnisse aus diesen Studien könnten zur Entwicklung von Düngern und Pestiziden beitragen, die nur an der Wurzel bestimmter Pflanzen produziert würden, ohne die anderen Pflanzen zu beeinträchtigen.

Pflanzen helfen dem Menschen auf vielerlei Weise, aber was tun wir, um den Pflanzen zu helfen? Der Einsatz für die Erhaltung der schwindenden Grünflächen ist der wichtigste Kampf, aber es gibt noch andere, weniger aufwendige Dinge, die man tun kann. Beispielsweise ist die Produktion von Tomaten in Treibhäusern für den britischen Markt dadurch behindert worden, daß Honigbienen keine Tomatenblüten mögen und im Hinblick auf Temperatur und Sonnenlicht, auf die in nördlichen Ländern kein Verlaß ist, recht heikel sind. Eine künstliche Befruchtung durch menschliche Arbeitskräfte ist teuer und ineffizient und schädigt oft die Tomatenpflanzen. Man hat herausgefunden, daß die einheimische, nicht staatenbildende Sandbiene mehr Stunden am Tag und mehr Monate im Jahr arbeitet und zudem keine Vorurteile gegen Tomatenblüten hat.

Die Pflanzenwelt wäre viel gesünder, wenn die Menschen die Luft nicht durch die Verbrennung von Kunststoffen verschmutzen würden, die biologisch nicht abbaubar sind. Vor kurzem haben amerikanische Gentechniker bakterielle Gene in die Thalekresse eingefügt, die dann »Polyhydroxybutyrat«, einen biologisch abbaubaren Kunststoff, ergibt. Wenn wir eines Tages »guten« Kunststoff anbauen könnten, bräuchten wir kein Plastik mehr zu produzieren, das auf Dauer in den Deponien übrigbleibt, das Leben im Meer tötet und die Luft verschmutzt. Ich würde mir auch gern Farmer vorstellen, die ihren Tabak unterpflügen und statt dessen »Kunststoff« anbauen.

Laut einer Edinburgher Gruppe von Wissenschaftlern könnten Bauern in der Lage sein, frühzeitig festzustellen, ob ihre Ernte in Gefahr ist. Man bräuchte dazu in jedem Feld ein paar Pflanzen als »Biosensoren«, die Gefahren und die Notwendigkeit für Hilfsmaßnahmen signalisieren würden. Bereits hergestellt werden genetisch veränderte Pflanzen, die ein Protein namens »Äquorin« enthalten, das ursprünglich in einer Qualle entdeckt wurde. Die Wissenschaftler übertragen das Äquorin produzierende Gen aus der Qualle in ein DNA-Stück, das dann in eine als »Trojanisches Pferd« bezeichnete Mikrobe eingesetzt wird. Die Mikrobe (*Agrobacterium tumefaciens*) dringt als Parasit in die Pflanze ein und fügt dem Genom der Pflanze dieses Gen hinzu. Das Ergebnis ist eine Pflanze, die bei Belastung ein blaues Licht ausstrahlt.

Die Bemühungen zur Rettung von Bäumen machen Fortschritte. Vielleicht bringen Molekularbiologen die wunderbaren Kastanienbäume zurück, die den ersten Siedlern in den amerikanischen Kolonien Schatten, Schönheit und Nahrung schenkten. Die verheerende »Tintenkrankheit« (ein Pilz) läßt sich eindämmen, wenn man sie mit dem Gen eines Virus infiziert, der den Pilz weniger wirksam macht.

Der Mensch verschwendet Papier, was riesige Mengen gefällter Bäume bedeutet. Nach dem Gebrauch kann Papier recycelt werden. Jetzt läßt sich die Papierherstellung verbessern. Normalerweise wird der Papierbrei verarbeitet, indem man ihn nach der Entfernung der Kohlenhydrate preßt und trocknet. Der Chemieingenieur G. Graham Allan von der University of Washington meint, der dabei entstehende ungenutzte Zwischenraum im Papierbrei könne gefüllt werden, indem man den Brei in einer Lösung einweicht, die Kalziumkarbonat in die Zwischenräume ausfällt. Auf diese Weise könnten 30% des Papierbreis durch Füllmaterial ersetzt werden; die Zahl der zur Herstellung des Papierbreis notwendigen Bäume würde damit erheblich reduziert.

Wenn mein Plädoyer für eine Unterstützung der Pflanzen letztlich nach Hilfe für die Menschheit aussieht, ist das genau der entscheidende Punkt: Wir sind alle miteinander verbunden. Wir sind alle Teil *eines Lebens* und *eines Planeten*.

Unterirdisch

Japan, dieses überbevölkerte Land, wo die Grundstückswerte astronomische Höhen erklimmen, denkt daran, nach unten, unter die Erde, zu gehen. Die Japaner planen zunächst unterirdische Kläranlagen, dann unterirdische Eisenbahnen und schließlich unterirdische Städte.

So undenkbar ist das gar nicht. Wir haben unterirdische Züge, die »U-Bahnen«. Städte wie New York besitzen eine unterirdische Welt aus Stromkabeln, Abwasserkanälen, Gasleitungen und ähnlichem mehr. In Großstädten im Norden mit langen, strengen Wintern baut man gern unterirdische Einkaufszentren, die selbst schon richtige Städte sind.

Der Gedanke, unter der Erde zu leben, sich wie ein Maulwurf in die Erde zu graben und von der Luft und vom Himmel getrennt zu sein, mag einem unangenehm erscheinen, aber wenn man einmal genauer darüber nachdenkt, bietet ein Leben unter der Erde auch viele Vorteile.

Zunächst einmal würde das Wetter keine Rolle mehr spielen, denn dieses ist in erster Linie ein Phänomen der Atmosphäre. Regen, Schnee, Graupel und Nebel würden die unterirdische Welt nicht behelligen. Selbst Temperaturschwankungen sind auf die Oberfläche beschränkt und kämen unter der Erde nicht vor. Ob am Tag oder in der Nacht, im Sommer oder im Winter, in einem subtropischen oder in einem subpolaren Gebiet – die Temperatur unter der Erde würde sich überall etwa zwischen 13 °C und 16 °C bewegen. Die großen Energiemengen, die heute aufgewendet werden, um unsere Umgebung an der Oberfläche zu erwärmen, wenn sie zu kalt ist, oder herabzukühlen, wenn sie zu warm ist, könnten eingespart werden. Die Schäden, die das Wetter dem Menschen und seinen Bauten zufügt, gehörten der Vergangenheit an. Selbst die Auswirkungen von Erdbeben wären unter der Erde nur etwa ein Fünftel so zerstörerisch wie über dem Erdboden.

Zum zweiten wäre die Ortszeit nicht länger von Bedeutung. Der Lauf der Sonne, die Tyrannei, daß Tag und Nacht an verschiedenen Orten zu verschiedenen Zeiten eintreten, wäre vermeidbar. Unter der Erde, wo es keinen von außen bestimmten Tag gibt, ließe sich der Wechsel von Arbeit, Freizeit und Schlaf den eigenen Bedürfnissen anpassen. Die ganze Welt, jedenfalls soweit es die geschäftlichen und öffentlichen Aktivitäten betrifft, könnte sich in 8-Stunden-Schichten abspielen und überall gleichzeitig anfangen und aufhören. Dies könnte in einer grenzenlos mobilen Welt von Bedeutung sein. Flugreisen über weite Strecken nach Ost und West würden keinen Jet-lag mehr nach sich ziehen. Wenn wir mittags in New York abfliegen und zwölf Stunden nach Tokio brauchen, wäre es dort – und auch für unsere biologische Uhr – Mitternacht.

Drittens wäre es von Vorteil für das ökologische Gleichgewicht der Erde. In gewissem Maße ist die Erde durch die Menschheit überlastet. Nicht nur unsere enorme Zahl beansprucht Raum, sondern auch die Gebäude, die wir für uns und unsere Maschinen errichten, damit wir reisen, miteinander kommunizieren und uns erhalten können. All diese Dinge stören die Natur, berauben viele Tier- und Pflanzenarten ihres natürlichen Lebensraums – und begünstigen mitunter ungewollt ein paar Arten wie etwa Ratten und Schaben. Je mehr von uns und unseren Produkten wir unter die Erde schaffen, unter den Lebensraum der in Erdlöchern wohnenden Geschöpfe, desto mehr Raum wird es auf dem Planeten für andere Lebewesen geben.

Viertens wäre die Natur *näher*. Es könnte den *Anschein* haben, als bedeute ein Rückzug unter die Erde auch einen Rückzug von der natürlichen Umwelt, aber wäre das wirklich der Fall? Ginge der Rückzug viel weiter als heute, da so viele Menschen in der Stadt in häufig fensterlosen, vollklimatisierten Gebäuden arbeiten? Selbst wenn sie Fenster haben, was sieht man mancherorts außer anderen Gebäuden?

Jemand könnte dagegen einwenden, daß es einen psychologischen Unterschied gibt. Wie stark heutige Städte auch von der Natur abgeschnitten sein mögen, so sehen wir doch die Sonne und den Himmel, wenn wir aus dem Fenster sehen oder vor die Tür treten. Stimmt das nicht?

Aber sehen Sie es einmal so. Um jetzt aus der Stadt herauszukommen, um richtig ins Grüne zu fahren und eine weitgehend unberührte Natur zu erreichen, muß ein Einwohner von New York, London oder Tokio in horizontale Richtung viele Kilometer weit stundenlang durch dichten Verkehr fahren, erst durch die Innenstadt und dann durch die ausgedehnten Vorstädte.

Wenn wir unten leben würden, wenn wir eine unterirdische Kultur hätten, wäre das freie Land gleich da, ein paar hundert Meter über der obersten Ebene der Stadt – wo immer Sie wohnen. Die Welt der Natur wäre eine Fahrstuhlfahrt entfernt, und die Bewohner der unterirdischen Welt würden unter ökologisch gesünderen Bedingungen mehr von der Natur sehen als die Bewohner der heutigen Städte an der Oberfläche.

Und bedenken Sie als weiteren Punkt, daß die Fortbewegung zu Fuß in einer unterirdischen Welt mit stets gleichbleibendem Wetter viel angenehmer wäre. Es gäbe nicht so häufig einen Grund, Transportmittel für kurze Fahrten einzusetzen, was Energie sparen und die körperliche Fitneß steigern würde.

Bringt ein unterirdisches Leben auch Nachteile mit sich? Ein paar. Es bedürfte einer gewaltigen Kapitalinvestition und einer großen psychologischen Umstellung. Außerdem gäbe es das Problem der umfangreichen Vorkehrungen für die Belüftung und natürlich die Gefahr von Bränden – die in den Höhlen mehr Schaden anrichten können als im Freien.

Übrigens bin ich auch hier kein völlig unbeteiligter Beobachter. Ich mag nun einmal geschlossene Räume, und schon 1953 verfaßte ich einen Roman mit dem Titel *Der Mann von drüben (The Caves of Steel)*, in dem ich eine Erde beschrieb, die vollständig aus unterirdischen Städten aufgebaut war.

Die Wirtschaft weist den Weg

»Intelligente Karten« werden immer wichtiger. Es handelt sich dabei um computerisierte Objekte, die so klein hergestellt werden, daß sie wie Kreditkarten aussehen oder in vielen anderen handlichen Formen auf den Markt gebracht werden können. Sie können genug persönliche Informationen über Sie – Ihren Fingerabdruck, das Aussehen Ihrer Netzhaut, den Klang Ihrer Stimme etc. – gespeichert haben, daß sie fast hundertprozentig sicher sind und nur von einer einzigen Person benutzt werden können. Darüber hinaus können sie auch genug wirtschaftliche Informationen enthalten, damit sie es Ihnen ermöglichen, ohne Probleme geschäftliche Transaktionen durchzuführen, Geld zu überweisen, den eigenen Kontostand abzufragen usw.

Dies ist die neueste Entwicklung einer langen Reihe von Veränderungen, die den Handel und damit die Wirtschaft einfacher gemacht haben.

Am Anfang stand der Tauschhandel, bei dem zwei Personen einen für beide Seiten nützlichen Austausch vereinbarten. Das ging langsam vor sich, und man hatte nie die Gewißheit, daß sich zum Schluß nicht einer oder beide übers Ohr gehauen fühlten.

Später wurde ein Tauschmittel in Form von seltenen Edelmetallen wie Gold oder Silber entwickelt, mit denen man den Wert bestimmter Waren angeben konnte. Damit konnte man ein Vermögen mit sich führen. Münzen wurden im 8. Jh. v. Chr. in Lydien erfunden, wo die Regierung Gold- und Silberklumpen von einem bestimmten Gewicht und einer garantierten Qualität herstellte, sie durch Prägung offiziell gültig machte und damit die Betrugsmöglichkeiten einschränkte.

Papiergeld wurde im Mittelalter in China erfunden, so daß man sein Vermögen noch leichter mit sich führen konnte. Im spätmittelalterlichen Europa wurden Bankhäuser eingerichtet; die Weitergabe von Banknoten zwischen Personen erlaubte Finanzgeschäfte im ganzen Land. Man erfand Schecks, d. h. spezielle Banknoten oder Papierstreifen, die für eine beliebige Menge Geld standen. Kreditkarten führten dazu, daß man nur noch einen Scheck im Monat ausstellen muß.

Und nun haben wir intelligente Karten.

Man könnte die Behauptung aufstellen, der Zwang zur Erleichterung des Wirtschaftslebens sei die treibende Kraft hinter dem technischen Fortschritt gewesen sei. Die Phönizier erfanden das Alphabet, weil sie eine Handelsnation waren, die mit der großen Zivilisation der Babylonier im

Osten und der großen Zivilisation der Ägypter im Südwesten in Kontakt standen, die beide eine schrecklich komplizierte Schrift besaßen. Das Alphabet war eine Art Kurzschrift, in die man zur Erleichterung des Handels eine oder beide Sprachen übersetzen konnte.

Der Bau von Straßen, Kanälen und Schiffen diente in erster Linie nicht dem Reisebedürfnis der Menschen (früher unternahmen die Menschen praktisch kaum Reisen), sondern der Erleichterung des Warentransports. Dasselbe könnte man auch über neuere Erfindungen auf dem Gebiet des Verkehrs und der Kommunikation sagen, angefangen bei Dampfschiffen und Eisenbahnen bis hin zu Flugzeugen und dem Rundfunk. Jeder Fortschritt erweiterte den Umfang und die Reichweite des Handels.

Dies ist natürlich wichtig, denn kein einzelner Mensch und keine kleine Gruppe hat alles oder kann alles herstellen. Durch Handel können Nahrungsmittel, sonstige Güter und Wissen ausgetauscht werden, so daß jedem einzelnen oder jeder kleinen Gruppe sowohl physisch als auch geistig eine weitere Welt offensteht.

Wir sind nun auf der Stufe angelangt, wo die Welt ein einziger Wirtschaftsraum ist und jede Gruppe (einige natürlich mehr als andere) Zugang zu den Erzeugnissen aller anderen Gruppen hat.

Die Bedeutung dieser Tatsache kann man gar nicht überschätzen. Wir leben in einer Zeit, in der die Probleme und Gefahren, denen die Menschheit gegenübersteht, weltweit sind. Die Gefahren eines Atomkriegs, einer Umweltverschmutzung durch Chemikalien und Strahlen, der Überbevölkerung, der Versteppung, der schwindenden Ozonschicht und des Treibhauseffekts sind *global*. Kein Land kann ihnen entkommen.

Auch die Anstrengungen zur Lösung dieser Probleme müssen weltweit unternommen werden. Wenn andere Länder sich nicht beteiligen, kann keine Nation allein diese

Gefahren wirksam bekämpfen. Zu allen derartigen Problemen finden deshalb laufend internationale Treffen statt.

Wie können wir Nationen, die durch jahrtausendealte Traditionen der Rivalität, des Mißtrauens, des Hasses und der kriegerischen Auseinandersetzung voneinander getrennt sind, davon überzeugen, daß sie zusammenarbeiten? Wir müssen ein gemeinsames Interessenfeld finden. Sprache, Religion und Kultur trennen im allgemeinen. Die Wissenschaft ist ein einigender Faktor, aber nur wenige Menschen verspüren ein übermäßiges Interesse an der Wissenschaft.

Damit bleibt nur noch die Wirtschaft übrig. Heutzutage schadet alles, was den freien Welthandel behindert, jedem. Die meisten Länder sind sich der vom Protektionismus ausgehenden Gefahr bewußt, so daß Vorwürfe gegen alle in Japan und anderswo noch immer existierenden Handelsbarrieren laut werden.

Schon heute sind die großen Firmen multinational und müssen in globalen Kategorien denken. Engstirnige nationalistische und patriotische Erwägungen haben einfach keinen Sinn. Das muß sich fortsetzen, wenn wir überleben wollen, denn alles, was den Handel erleichtert und die Wirtschaft internationaler gestaltet, erfordert ein noch globaleres Denken.

Dies sollte es auch leichter machen, die Probleme der Welt zu lösen, falls sie überhaupt lösbar sind. Ob es Ihnen gefällt oder nicht: Die Wirtschaft weist den Weg.

Schachmatt?

Vor nicht allzu langer Zeit besiegte der Schachweltmeister Garri Kasparow einen Computer mühelos in zwei Partien. Viele Menschen atmeten erleichtert auf. Ein Mensch hatte einen Computer besiegt; die Überlegenheit des Menschen bestand immer noch.

Dabei ist diese Reaktion in mehrfacher Hinsicht falsch. Zunächst einmal ist der Sieg nur vorläufig und läßt sich wahrscheinlich nicht aufrechterhalten. Schachcomputer sind noch nicht alt, erst ein paar Jahrzehnte. Sie sind immer besser geworden, weil die Programme immer ausgereifter und leistungsfähiger wurden und sich die Fähigkeit, eine Unzahl möglicher Züge zu berücksichtigen, ständig erweitert hat.

Gegenwärtig hat der Schachcomputer bereits andere menschliche Großmeister besiegt, so daß es schon eines Weltmeisters bedurfte, um gegen ihn zu gewinnen. Computerexperten werden die beiden Niederlagen gründlich analysieren und die dabei zutage getretenen Schwächen der Programmierung korrigieren. Das nächste Mal wird es Kasparow schon schwerer haben und könnte durchaus den kürzeren ziehen.

Aber was ist, wenn dies geschieht? Unter dem Aspekt der »Überlegenheit« ist es bedeutungslos. Schon jetzt können Computer in kurzer Zeit mathematische Aufgaben lösen, für die menschliche Mathematiker ein Leben lang bräuchten. (Selbst billige Taschenrechner lösen arithmetische Probleme schneller als Menschen.) Computer rechnen nicht nur millionenfach schneller als normale Mathematiker, sie tun dies auch, ohne Fehler zu machen.

Das bedeutet nun aber nicht, daß Computer klüger als Mathematiker wären. Sie können nur auf Befehl die Zahlen schneller, genauer und unermüdlicher handhaben. Der Mathematiker muß aber immer noch die Einzelheiten der Operation eingeben.

Auch die Fähigkeit zum Schachspielen stellt demgegenüber keinen entscheidenden Fortschritt dar. Schach ist ein arg begrenztes Spiel. Es wird auf einem aus 64 Feldern bestehenden Brett mit 32 Figuren sechs verschiedener Typen gespielt, wobei sich jede Spielfigur nur auf eine ganz bestimmte, festgelegte Weise bewegen darf. Es gibt zwar eine ungeheure Anzahl möglicher Schachpartien, aber ein

Mann wie Kasparow studiert diese ständig und hat sich eine Vielzahl von Eröffnungen, Schlußzügen und sonstigen Spielsituationen eingeprägt, so daß auch er in gewisser Weise (aber nicht nur) mechanisch spielt. Ein Computer kann dies prinzipiell mit einer größeren Speicherkapazität ebenfalls tun, und aus diesem Grund wird er irgendwann jeden Menschen schlagen können. Wenn ihm das gelingt, beweist er auch nicht mehr Überlegenheit, als wenn er Unmengen von Differentialgleichungen gleichzeitig löst.

Ein Sieg des Computers würde nicht einmal das Ende von Schach als Wettkampfsport bedeuten. Es würde lediglich dazu führen, daß es schließlich nur noch Partien zwischen Menschen und Partien zwischen Computern gäbe. Das gleiche läßt sich auch bei Wettrennen beobachten. Ein Reiter ist schneller als jeder andere Mensch; man veranstaltet deshalb Pferderennen, bei denen ein Läufer natürlich nicht mithalten kann. Trotzdem gibt es Wettläufe, bei denen nicht minder heftig gekämpft wird. Und genauso gibt es Autorennen, bei denen Pferde auf verlorenem Posten stehen würden.

Aber könnte es sein, daß Schachspielen nur ein Symptom ist und der Computer dem Menschen schließlich in allen Bereichen intellektuell überlegen sein wird? Ich glaube nicht, daß dies geschehen wird.

Das menschliche Gehirn enthält 10 Milliarden Nervenzellen und 90 Milliarden unterstützender Gliazellen. Es wird lange dauern, bis Computer so viele Einheiten haben werden. Doch es ist nicht nur eine Frage der Einheiten; jede Zelle im menschlichen Gehirn ist auf unvorstellbar komplizierte Weise mit einer Vielzahl anderer Zellen zu einer Struktur verknüpft, die wir nicht durchschauen. Außerdem sind die Zellen nicht wie die Computereinheiten bloße Kippschalter. Jede Zelle enthält Millionen großer, komplexer Moleküle, mit deren genauer Wirkungsweise wir noch nicht vertraut sind.

Es wird lange dauern, bis ein Computer die Komplexität

des menschlichen Gehirns nachahmen kann, und es hat keinen großen Sinn, dieses Ziel gewaltsam anzustreben. Einfacher wäre es, das menschliche Gehirn selbst durch gentechnische Veränderungen zu verbessern und die Arbeit von Computern auf ihre immer leistungsfähigere Verarbeitung von Zahlen zu beschränken.

Aber hat unser komplexes menschliches Gehirn überhaupt noch etwas zu tun, wenn wir das Rechnen dem Computer überlassen. Keine Frage! Die Spiele der Kunst, der Literatur, der naturwissenschaftlichen Forschung und vieler anderer derartiger Dinge sind, soweit wir es überblicken können, grenzenlos. Die einzelnen Elemente sind überaus zahlreich und die Verbindungen nicht mehr zählbar. Die Menschen können als Künstler, Schriftsteller, Wissenschaftler, Musiker, Erfinder usw. tätig sein, aber was sie dabei tun, ist nicht leicht zu beschreiben, sondern nutzt unbekannte Vorgänge, die wir »Intuition«, »Einsicht«, »Vorstellungsgabe«, »Phantasie« und dergleichen nennen.

Wir können solche Prozesse nicht genau mit Begriffen beschreiben, die es ermöglichen würden, einen Computer so zu programmieren, daß er sie nachahmt, weil wir nicht wissen, wie unser eigenes Gehirn das schafft.

Unter diesen Umständen wird der Mensch also immer einen Rang einnehmen, den der Computer nicht erreichen kann. Wir werden nicht schachmatt gesetzt.

Küchenschaben und Computer

Als die ersten elektronischen Rechner auf den Markt kamen – und die Verkaufszahlen von Isaacs damals neuem Buch über den Rechenschieber gegen null drückten, schrieb Isaac, seines Wissens funktionierten die Dinger, weil in jedem eine besonders lebhafte und intelligente Küchenschabe steckte.

Dreißig Jahre später scheint die Erklärung gar nicht so abwegig. Die ursprüngliche Bemerkung wurde durch angenehme Erinnerungen an Don Marquis' berühmten Archy inspiriert, aber dieses literarische Insekt war intelligent, weil es ein Dichter war, dessen Seele unglücklicherweise in den Körper einer Küchenschabe »übersiedelt« war. Echte Schaben sind nicht poetisch.

Gibt es irgendwelche Ähnlichkeiten zwischen Küchenschaben und Computern? Zunächst einmal gibt es Küchenschaben schon 250 Millionen Jahre länger als Menschen, während Computer jünger als viele von uns sind. Der Stammbaum der Schabe ist eindrucksvoll: Stamm der Gliederfüßer (seit 630 Millionen Jahren auf der Erde), Unterstamm der Tracheaten oder Antennaten, Klasse der Insekten, Unterklasse der Fluginsekten (Pterygota). Wie alle Gliederfüßer haben die Schaben ein hartes Außenskelett, und wie alle Bodeninsekten atmen sie durch Luftkanäle, die mit Klappen versehen sind. Ihr Nervensystem besteht aus einer Doppelkette von Nervenzellenbündeln, die als »Ganglien« bezeichnet werden. Das größte Ganglion im Kopf empfängt sensorische Impulse und gibt Befehle weiter, aber die Ganglien im Mittel- und Unterleib sind ebenfalls groß genug, um selbst dann noch Muskeln zusammenzuziehen, wenn jemand der Schabe kräftig auf den Kopf getreten ist.

Außenskelett und Luftkanäle sorgen dafür, daß alle Insekten relativ klein bleiben müssen. In einem winzigen Tier kann sich kein großes Gehirn ausbilden, aber in einer Gemeinschaft – als ob die Einzeltiere wie Chips in einem Computer miteinander in Verbindung stehen würden – gelingen einigen Insekten erstaunliche Dinge. Staatenbildende Insekten wie Bienen, Wespen und Ameisen bauen eine komplexe Gemeinschaft mit einer komplizierten Kommunikation auf. Schaben tun dies nicht, aber die Wissenschaftler sind der Meinung, daß es sich bei ihnen um die Vorfahren eines eindrucksvollen staatenbildenden Insekts handelt, der Termiten, die fähig sind, selbst große Bauwerke zu errichten oder unsere Gebäude zum Einsturz zu bringen.

Küchenschaben sehen aus wie kleine Maschinen, aber sie lernen schneller als unsere Maschinen. Da sie Luft- und Bodenschwingungen wahrnehmen können, gehen sie uns aus dem Weg und lernen sogar, regelmäßig mit Gift behandelte Orte zu meiden. Eine einzige Küchenschabe lebt über vier Jahre lang und kann durchaus tausend Eier ablegen. Küchenschaben findet man fast überall, wo Menschen leben können. Sie sind zwar nicht intelligent, aber erfolgreich – wie Computer.

Ich benutze einen Computer, teile aber Isaacs Meinung, daß ein Archy darin stecken muß. Ich rief meinen Bruder, einen Computerfreak, an und erfuhr, daß moderne Computer auf Siliziumchips mit integrierten Schaltkreisen basieren, die wie kleine Rechtecke mit vielen winzigen Beinen aussehen (eher wie Tausendfüßer als wie Küchenschaben, die mit sechs Beinen auskommen). Sie laufen nicht unter den Kühlschrank, weil die Beine (für Input und Output) auf eine Leiterplatte gelötet sind, die dünne Metallstreifen zur Verbindung der Chips enthält.

Ein Chip besteht aus dünnen Siliziumschichten, die behandelt worden sind, damit sie die richtigen elektronischen Eigenschaften besitzen. Man verwendet mikroskopisch-lithographische Verfahren, um Schaltkreise auf die Schichten des Chips zu ätzen, so daß viele tausend elektronische Schaltkreise auf einen Chip passen und einen großen Input und Output verarbeiten können. Eine Leiterplatte kann viele Chips enthalten. Mit Hilfe von neuen Methoden, bei denen Elektronenstrahlen und Röntgenstrahlen zum Ätzen der Schaltkreise eingesetzt werden, wird man die Größe der Komponenten noch weiter verringern und somit noch mehr Einzelteile hineinpacken, was die Leistungsfähigkeit des Computers weiter erhöht.

Die Grenze der Kapazität meines Gehirns wurde überschritten, als mein Bruder von Torschaltungen anfing (aus vier Arten von Torschaltungen, die mit Ventilen vergleichbar sind, kann man jeden Computer bauen). Ich stelle mir Küchenschaben weiterhin als einfache, aber leistungsfähige kleine Maschinen und ihre termitischen Abkömmlinge als chemisch verdrahtete Chips vor.

Kürzlich habe ich über Leute gelesen, die »Siliziumneuronen« herstellen: analoge integrierte Schaltkreise, die den funktionellen Besonderheiten echter Nervenzellen nahekommen, die Ionenströme leiten, um Nervenimpulse zu erzeugen. Einige Wissenschaftler versuchen inzwischen sogar, viele Siliziumneuronen zu einem Mikrochip zu kombinieren und die Chips miteinander zu verbinden, um die Art und Weise nachzuahmen, wie organische Gehirne Informationen verarbeiten.

Wir sind anscheinend auf dem Wege, das herzustellen, was Marvin Minsky als »neurales Netz« bezeichnet hat. Computer arbeiten an einem Problem normalerweise linear, einen Schritt nach dem anderen, aber ein Computer mit einem neuralen Netz kann Teile eines Problems kleinen Prozessoren zuweisen, die mit allen anderen verbunden sind.

Wenn Kommunikation die Tätigkeit der Neuronen in einem menschlichen Gehirn oder die Einzeltiere in einem Termitenhügel organisiert, sollte die Erleichterung der Kommunikation in einem künstlichen neuralen Netz bei Computern Wunder bewirken. Sie werden schneller und besser lernen. Bald werden diese künstlichen Dinger Gehirne nachahmen – aber wessen Gehirn?

Theoretisch ist der Mikrochip unsterblich, aber er kann durch Hitze beschädigt oder bei zu hoher Belastung zerbrochen werden. Eine Küchenschabe kann man zertreten, viele vergiften, aber trotzdem dürfte diese Sippe mit großer Wahrscheinlichkeit das menschliche Geschlecht überleben.

In der Science-fiction-Literatur überleben intelligente Computer den Menschen ebenfalls.

Kopf hoch. Im Gegensatz zu Küchenschaben wissen Mikrochips nicht, wie sie sich reproduzieren können. Noch nicht.

Miniroboter

Dank der Präsenz von Marvin Minsky, dem Guru der Künstlichen Intelligenz, ist das MIT (Massachusetts Institute of Technology) eines der wichtigsten Zentren zur Weiterentwicklung der Robotertechnik. Der in Australien geborene MIT-Professor Rodney A. Brooks geht die Robotik unter einem anderen Gesichtspunkt aus an, nämlich vom Kleinen her.

Die in Science-fiction-Büchern und -Filmen dargestellten Roboter hatten immer große Ähnlichkeit mit Menschen. Sie waren humanoid, künstliche Menschen. Tatsächlich war in der Zeit vor der Erfindung miniaturisierter Computer der ganze Beweggrund für Roboter die Idee, mechanische Menschen zu haben, die die Arbeit in der Welt verrichten könnten.

Dennoch läßt sich leicht zeigen, daß Menschen kein geeignetes Modell für Roboter sind. Menschen sind Allzweckmechanismen mit vielseitig verwendbaren Gliedmaßen und einem hochgradig spezialisierten Gehirn. Ein Mensch ist für viele Aufgaben angelegt, vom Schieben einer beladenen Schubkarre bis zum Komponieren einer Symphonie und vom Fällen eines Baumes bis zur Alphabetisierung von Karteikarten – alles mit demselben Gehirn und dem gleichen Satz Muskeln. Es bedeutet tatsächlich einen herben Rückschritt, wenn die Anforderungen des Lebens einen Menschen normalerweise dazu zwingen, den Großteil seiner Zeit und seinen wunderbar vielseitigen Körper zu spezialisieren. Oft muß er Arbeiten erledigen, die sein Gehirn völlig unterfordern und verkümmern lassen. Oder er setzt, aus Neigung oder Notwendigkeit, das Gehirn nur für eine bestimmte Aufgabe ein und läßt dabei seine Muskeln verkümmern und den Körper verweichlichen. Fast immer beherrscht er einige Dinge sehr gut und bleibt in anderen Bereichen praktisch ein Idiot.

Aber wenn wir eine mechanische Vorrichtung für eine bestimmte Aufgabe wollen, warum sollten wir dann einen vielseitigen Apparat bauen, der imstande wäre, viele verschiedene Aufgaben auszuführen, die womöglich nie von ihm verlangt werden? Der Versuch, eine vielseitig verwendbare Konstruktion zu bauen, birgt so viele Komplikationen und Schwierigkeiten, daß die Verwirklichung vielleicht noch in weiter Ferne liegt. Andererseits dürfte eine spezialisierte Konstruktion für die Durchführung einer ganz bestimmten Aufgabe relativ leicht herzustellen sein.

So sind das, was wir heute als »Industrieroboter« bezeichnen, computergesteuerte Maschinen. Der Mitte der 70er Jahre entwickelte Mikrochip machte es möglich, billige, zuverlässige, spezialisierte Industrieroboter zu bauen. Sie sehen alles andere als menschlich aus, sind aber im Grunde computergesteuerte Arme oder Hebel, die eine begrenzte Anzahl von Bewegungen ausführen und auf diese Weise bestimmte Tätigkeiten immer wieder erledigen können. Sie tun dies gleichmäßiger und besser, als es ein von einem überspezialisierten Gehirn gesteuerter menschlicher Arm möglicherweise je tun könnte; außerdem werden die Roboter nie müde oder gelangweilt.

Natürlich werden solche Roboter mit der Zeit immer komplexer, damit sie für verschiedenartige Arbeiten eingesetzt werden können. Die Tendenz zu einer größeren Vielfalt wird sich durchsetzen. Es sind denn auch zumindest zwei Gründe denkbar, warum man sich bemühen *sollte*, einem Roboter eine menschliche Gestalt zu verleihen.

Zum einen existiert bereits jetzt eine umfangreiche Technologie, die dem menschlichen Körper angepaßt ist. Maschinen lassen sich auf eine bestimmte Weise einsetzen, weil sich auch der menschliche Körper auf eine bestimmte Weise beugen und strecken kann, weil Arme und Beine und Finger eine bestimmte Größe haben usw. Wenn man Roboter entwerfen kann, die humanoid gebaut sind, können sie die schon vorhandene Technologie nutzen. Wir müssen nicht zwei Technologien haben: eine für den Menschen und eine für den Roboter.

Zum anderen wird ein menschlich aussehender Roboter eher als Freund und Kollege betrachtet und empfunden werden. Dies könnte ein starker emotionaler Grund für die Entwicklung solcher Dinge sein.

Aber Brooks vom MIT ist der Ansicht, die Entwicklung sollte auch (und vorzugsweise) in andere Richtungen gehen. Seiner Meinung nach könnte ein geeigneteres Modell für die Entwicklung von Robotern der Insektenkörper sein, der ganz anders aufgebaut ist als unser Körper. Insekten sind ökonomische Organismen, deren Funktionsweise auf einem winzigen Raum zusammengedrängt ist; mit ihren Millionen von Arten besitzen sie auch Millionen von Spezialisierungen, die sie jeweils für eine bestimmte Lebensweise geeignet machen. Warum soll man nicht eine Fülle winziger Roboter bauen, die spezialisierte Aufgaben nach Insektenart erledigen?

Brooks selbst schlägt vor, daß kleine Roboter beispielsweise Muscheln vom Rumpf eines Schiffes entfernen könnten. Er stellt sich vor, daß sie auf dem Marsboden Erkundungen durchführen könnten. Und er denkt sogar an sehr kleine Roboter, die in ein Blutgefäß injiziert werden können, um chirurgische Eingriffe von innen vorzunehmen.

An dieser Stelle muß ich jedoch eine persönliche Bemerkung machen. Seit 51 Jahren schreibe ich Science-fiction-Erzählungen über Roboter, und für einen Wissenschaftler ist es nicht leicht, eine Idee über Roboter vorzubringen, die ich nicht irgendwann schon behandelt hätte.

In einer 1974 unter dem Titel »That Thou Art Mindful of Him« veröffentlichten Erzählung erörterte ich bereits die Möglichkeit von Minirobotern. Ich stellte mir einen winzigen, vogelartigen Roboter vor, der geschwind umherschwirrte und die Aufgabe hatte, Insekten zu vernichten. Außerdem beschrieb ich in der 1988 verfaßten Erzählung »Too Bad« einen Miniroboter in einem Blutgefäß, der Krebszellen abtötete, ohne normale Zellen anzugreifen. Keine schlechten Ideen!

Roboter von gestern und morgen

Im Jahre 1920 schrieb der tschechische Dramatiker Karel Čapek mit seinem Theaterstück *R.U.R.* Geschichte. Seit damals benutzt man das tschechische Wort *robot* (»Sklave«) zur Bezeichnung eines künstlichen Apparats, der die Arbeit von Menschen verrichten kann. In der Literatur haben Roboter normalerweise Menschengestalt, aber mittlerweile werden viele Geräte so bezeichnet, die Tätigkeiten menschlicher Körperteile ausführen wie beispielsweise die Roboterarme zur Handhabung von Werkzeugen in automatisierten Fabriken.

Ein Großteil der Science-fiction-Literatur und sogar der wissenschaftlichen Spekulation befaßt sich mit der Zukunft der »Robotik«. Isaac hat diesen Ausdruck als erster verwendet, allerdings ohne zu ahnen, daß er damit einen neuen Begriff prägte. Doch er hat auch zur heutigen Entwicklung der Robotik mit »Ich, der Robot« einen großen Beitrag geleistet; diese Erzählungen haben die Berufswahl vieler führender Pioniere der Robotik und der Künstlichen Intelligenz beeinflußt. Ich glaube, Isaac hätte sich gefreut, wenn ich die Leser auf den neuesten Stand einiger Entwicklungen in der angewandten Robotik bringe.

Um nach unserem Verständnis auch wirklich verwendbar zu sein, sollte uns ein Roboter in unserer Welt helfen können. Wir haben bereits Roboter, die sich im Weltraum bewegen, für uns Aufnahmen machen und Gesteinsbrocken vom Mond oder Mars ausgraben können. Andere Roboter dringen in die Tiefen des Ozeans vor, um fremdartige Lebensformen zu beobachten, die von Bakterien leben; diese wiederum ernähren sich von dem Schwefel, der aus Spalten in der Erdkruste aufsteigt.

All diese Dinge können wir nicht selbst erledigen. Aber ob nun ein Roboter in Bereiche vordringt, die dem Menschen verschlossen sind, oder ob er uns nur im Alltag hilft; für uns ist es einfacher, wenn der Roboter wie wir sehen und mit Gegenständen umgehen kann. Ein Roboter sollte diese Dinge nach Möglichkeit besser können.

Besser ist das entscheidende Wort. Bei der Operation Wüstensturm (im Golfkrieg) zeigten Roboter bei der Nachtaufklärung Dinge, die das menschliche Auge in der Dunkelheit nicht wahrnehmen kann – aber die Bilder waren so verständlich, als ob der Mensch plötzlich nachts eine hervorragende Sehkraft erlangt hätte.

Momentan konstruiert Carnegie Mellon's Field Robotics Center einen Roboter, der Raumfähren verlassen und die Platten der Außenwandung inspizieren und instandhalten kann. Näherliegend ist das Projekt für einen Schurroboter an der University of Western Australia. Schafe können nun in siebzehn Minuten geschoren werden, was für die Schafe wie auch für die Wollindustrie besser sein dürfte.

Michael Ali ist graduierter Student am New York State Center for Advanced Technology in Automation and Robotics (das wäre doch etwas für ein Schülerlied!). Er hat eine Roboterhand entworfen, die in Form und Funktionsweise der menschlichen Hand so stark ähnelt, daß ihre Bedienung leicht zu erlernen ist. Die Roboterhand ahmt ferngesteuert das nach, was auch menschliche Hände tun können, aber sie tut dies an Orten, wo es für Menschen gefährlich ist. Vielleicht wird Alis Roboterhand eines Tages Bestandteil von humanoiden Robotern sein ... – aber da gehen schon meine Zukunftsträume mit mir durch.

Zurück in die Gegenwart: Heute konstruiert man bereits nützliche Reparaturroboter. Robotikwissenschaftler an der Northwestern University besitzen ein Exemplar, das rasch Schlaglöcher, den Fluch der autoverrückten Amerikaner, ausbessert. An der University of California in Davis kann ein Reparaturroboter Risse in der Fahrbahn sowohl erkennen als auch ausfüllen.

Auch an der Verbesserung der Sehfähigkeit von Robotern wird gearbeitet. Die heute verwendeten elektronischen Sehsysteme sind langsam, denn das Bild der Videokamera muß vom Computer erst digitalisiert und analysiert werden. Wir wissen nicht genau, wie das Auge und das Gehirn des Menschen Gegenstände erkennen, aber sie arbeiten dabei schnell und mit einem Minimum von Hinweisen oft erstaunlich genau. Um eine Person zu erkennen, braucht man nur einen kleinen Teil ihres Kopfes zu sehen. Es gibt einen Test für die »strukturelle Visualisierung« des Menschen, bei dem der Testperson ein Bild gezeigt wird, das wie ein Puzzle aus nur ein paar Teilen aussieht. Um das Bild herum befinden sich ähnliche Puzzles, deren Einzelteile umgedreht und auseinandergenommen sind. Es kommt nun darauf an, aus den verstreuten Teilen genau das Bild auszuwählen, das dem zusammengesetzten Puzzle entspricht. Künstler, Ingenieure und sogar viele Ärzte sind darin gut – Maschinen nicht.

In naher Zukunft werden Roboter vielleicht mit einem optischen und nicht mehr mit einem elektronischen Sichtsystem ausgestattet sein. Die Optik ist kompliziert: Laserstrahlen befördern Bilder vom Testobjekt und von dem

Objekt, mit dem es verglichen werden soll. Dieser »verbundene Umformungskorrelator« kann sich verändernde Objekte mit großer Geschwindigkeit heraussuchen. Wenn die Entwicklungsabteilungen nur dafür sorgen könnten, daß der Apparat den Test für die strukturelle Visualisierung besteht ... – aber bislang funktioniert es nicht besonders, wenn die Objekte verschieden groß oder aus verschiedenen Winkeln zu sehen sind.

Joseph F. Engelbergers Transition Research Corporation spezialisiert sich auf Roboter, die für jedermann nützlich sind. Auch dort bemüht man sich um eine Verbesserung der Sehfähigkeit von Robotern, wobei man eine »log-polare« elektrooptische Bilderkennung verwendet. Inzwischen rollt ihr Botenroboter HelpMate bereits durch Krankenhausflure, in Aufzüge, Lagerräume und Küchen, um Tag und Nacht Essen, Medizin und sterile Geräte zu verteilen. Krankenschwestern müssen ihre Patienten nicht mehr alleine lassen, um Medikamente aus der Krankenhausapotheke zu holen, denn HelpMate kann sie herausnehmen und bringen. HelpMate lernt seinen Weg und umgeht unterwegs Hindernisse, auch Menschen. Wenn der Weg versperrt ist, meldet er es und bittet darum, das Hindernis aus dem Weg zu räumen.

Sobald sie HelpMate das Kochen beibringen, kaufe ich mir einen.

Musik, permanent

Da wir mittlerweile zur – ähm – reiferen Generation gehören, geben wir ein größeres Trinkgeld, wenn man uns bei einer Taxifahrt Ruhe gönnt oder zumindest Musik erklingt, die, wie Cordelias Stimme, »immer sanft und still und liebreich« ist. Leider werden wir die meiste Zeit von lauten, rauhen Klängen überschwemmt, die manche Leute »Musik« nennen. Wir sind der festen Überzeugung, daß diese Art von Musik sogar das Wachstum von Pflanzen hemmt, aber da wir die entsprechenden Aufsätze nicht finden können, handelt es sich vielleicht um Wunschdenken.

Doch Musik in und außerhalb von Taxis ist wichtig für das menschliche Leben. Eine gute Definition von Musik bietet das *Random House Dictionary*: »Eine Klangkunst in der Zeit, die Ideen und Gefühle in bedeutungsvoller Form durch die Elemente von Rhythmus, Melodie, Harmonie und Tonfarbe ausdrückt«.

Die erste menschliche Musik dürfte stimmlicher Natur gewesen sein und existierte bereits vor dem Menschen: in den Baumwipfeln singende Primaten, über das Grasland hinweg schmetternde Hominiden. Der *Homo sapiens sapiens* (also wir) machte Musik, während er in den prähistorischen Höhlen, deren Widerhall nachweisbar so gut wie in manchen Konzertsälen ist, Felszeichnungen anfertigte. Die Höhlen mit weniger guter Akustik enthalten auch weniger Malereien. Vom Cromagnon-Menschen hat man Knochenflöten und Trommeln aus Mammutknochen gefunden; er war also mit Sicherheit musikalisch.

Andere Tiere machen natürlich alle Arten von Musik, von den hübschen Liedern der Vögel und Wale bis zu den Schwingungen der Beine von Heuschrecken. Honigbienen müssen nicht einmal dem Tanz einer Biene zusehen, die den anderen zu zeigen versucht, wo der Honig ist. Sie brauchen nur zuzuhören und erfahren es auch so.

Säugetiere sind von der Zeugung an Musik ausgesetzt, denn der Fötus hört und spürt den Rhythmus des mütterlichen Herzschlags. Kleine Welpen entspannen sich und schlafen, wenn man eine tickende Uhr in ihr Körbchen legt. Musiktherapie findet auch bei Menschen Anwendung. Die zeitliche Organisation der Musik hilft bestimmten nervenkranken Patienten dabei, ihren eigenen Bewegungsablauf zu organisieren, so beim Gehen oder sogar beim Sprechen. Manche Patienten, die nicht mehr sprechen können, lernen ihre Mitteilungen zu singen.

Zusätzlich zur angenehmen Freisetzung von Endorphinen kommen viele zerebrale Funktionen in Gang, wenn das menschliche Gehirn Musik verarbeitet. Man glaubt, daß auf diese Weise das Funktionieren des Verstandes aufrechterhalten und gefördert wird (allerdings nicht, wenn die Musik so laut gespielt wird, daß der Zuhörer einen Gehörschaden erleidet).

Die durchschnittliche Pulsfrequenz des Menschen liegt bei etwa siebzig Schlägen in der Minute. Das ist auch das Durchschnittstempo der meisten abendländischen Musik. Tatsächlich heißt es, die langsamen Passagen von Barockmusik würden zu geistiger und emotionaler Integration führen (erzählen Sie das einmal Taxifahrern). Die Konzentration auf den Rhythmus der Musik (normalerweise wippt man dazu mit dem Fuß im Takt) beeinflußt die Atemfrequenz; sie wird gleichmäßiger und je nach dem gespielten Stück langsamer oder schneller.

Im Zusammenhang mit Musik gibt es interessante Entwicklungen. So erzeugt man »bioelektrische« Musik, indem man die Klänge aufzeichnet, die elektrische Impulse bewirken, die aus der Gehirnaktivität oder aus Muskelbewegung resultieren. Die Klänge werden vom Computer verarbeitet, damit Komponisten, Musiker oder sogar Behinderte, denen man diese Ausdrucksmöglichkeit beibringen kann, sie verwenden können. Möglicherweise werden wir die Biologie viel besser begreifen, wenn wir die »Musik« von Zellen, Mikroorganismen und Pflanzen analysieren.

Dann gibt es noch jene phantastischen Geräte, die nicht einfach Synthesizer, sondern auch leistungsfähige Computer sind. Irgendwann wird einer davon anfangen, selbständig Musik zu machen.

Die Feststellung, Musik sei »Klang in der Zeit« bedeutet für uns Menschen, daß Schall von der Schwingung der Luft herrührt. Die Ozeane sind nicht stumm, sondern voller Klänge, die von den Schwingungen des Wassers übertragen werden. Der Weltraum ist vermutlich lautlos, weil es weder Luft noch Wasser gibt, die herkömmliche Schallwellen übertragen können, aber wer weiß? Schwingen die Felder des Universums?

In einem Roman (von Janet) programmieren Musiker einen Computer mit der Musik, die von Mikroorganismen auf einem fremden Planeten erzeugt wird. Der Computer (er ist so intelligent, daß er von Marvin Minsky stammen könnte) läßt sich nicht abstellen, weil er erst das Stück vollenden möchte, und erklärt, die Musik sei eine nach Vollendung strebende Klangfolge. Erreicht werde dieses Ziel in rund 150 Milliarden Jahren, etwa dem Zeitraum, der dem heutigen Universum noch übrigbleibt. Die sich entwickelnde Klangfolge dieser Musik werde erst mit dem Ende der Veränderung aufhören.

Da Musik nur in der Zeit existiert, ist sie die Kunstform, die das Wesen des Universums authentisch ausdrückt und darstellt: Veränderung. Wir Menschen, die wir Musik lieben und machen, sind Teil der sich bewegenden Muster des Universums, vom Tanz der Elementarteilchen bis zur Flucht der Galaxien. Und vielleicht, aber nur vielleicht, ist das Universum ein einziges gewaltiges Musikstück.

IV

Das Universum von den Quarks zum Kosmos

Klein, aber nützlich

Eine geringe Größe hat viele Vorteile. In unserer technischen Zivilisation rühmen wir zurecht den winzigen Mikrochip oder die kleinen glasfaseroptischen Röhren, die Ärzten bei der Diagnose helfen.

Aber gehen wir noch weiter und betrachten das Kohlenstoffatom. Es kommt in leicht verschiedenen Isotopen vor, von denen einige radioaktiv sind. Kohlenstoff 14 (^{14}C) ist das Kohlenstoffisotop mit der langen Halbwertszeit von etwa 5700 Jahren. Entdeckt wurde es von Martin David Kamen, der amerikanische Chemiker Willard Frank Libby verwendete es erstmals 1947.

Die Bombardierung der Atmosphäre durch kosmische Strahlung wandelt einen Teil von Stickstoff 14 (^{14}N) in ^{14}C um. Neuer ^{14}C entsteht, während alter ^{14}C radioaktiv zerfällt. Das daraus resultierende Gleichgewicht sorgt dafür, daß immer eine ganz geringe Menge von ^{14}C in der Erdatmosphäre vorhanden ist. Ein paar ^{14}C-Atome kommen in dem Kohlendioxid vor, das Pflanzen bei der Photosynthese aufnehmen, und einige dieser ^{14}C-Atome werden Bestandteil des pflanzlichen Gewebes. Auch wenn die Konzentration dieser radioaktiven Atome sehr niedrig ist, kann man ihr Vorhandensein und ihre Konzentration bestimmen, indem man die Betateilchen zählt, die sie abgeben.

Wenn eine Pflanze abstirbt, absorbiert sie kein Kohlendioxid und deshalb auch keinen ^{14}C mehr; der bereits aufgenommene ^{14}C wird dann langsam radioaktiv zerfallen. Wissenschaftler können die Menge des in einer toten Pflanze übriggebliebenen ^{14}C und damit die seit dem Absterben der Pflanze vergangene Zeit messen. Dies bedeutet, daß Wissenschaftler das Alter von allem pflanzlichen

Material feststellen können, wie etwa von Holzhäusern, Pergamentrollen, Kleidern, Papier und Kohlestückchen. Der kleine ^{14}C ist in der Tat sehr nützlich.

Es gibt sogar noch kleinere Helfer. Was täten wir beispielsweise ohne das Photon? Die meisten Pflanzen brauchen für ihr Wachstum Photonen, und Tiere brauchen als Nahrung entweder Pflanzen oder andere Tiere, die Pflanzen fressen. Wenn die Versorgung der Erde mit Photonen von der Sonne deutlich verringert wird, leidet das Leben auf der Erde darunter; manchmal kommt es dann zu einem »Massensterben«, bei dem viele Arten – wie die Dinosaurier – aussterben.

Das Neutrino ist noch kleiner als das Photon und erscheint auf den ersten Blick einzigartig nutzlos. Es ist das kleinste Einzelteilchen, das nicht aus anderen Dingen besteht, und wird bei der Umwandlung eines Protons in ein Neutron gebildet. Das Neutrino wurde von dem berühmten Physiker Enrico Fermi benannt und bedeutet auf italienisch »kleines Neutrales«. Neutrinos sind wirklich neutral: Sie treten mit Materie nahezu nicht in Wechselwirkung. Wenn sie im Inneren der Sonne entstehen, verlassen sie diese unverzüglich mit Lichtgeschwindigkeit und können, immer noch mit Lichtgeschwindigkeit, die Erde und sogar uns durchdringen. Doch das Schlüsselwort steckt im vorhergehenden Satz: *nahezu*.

Einige Neutrinos treffen auf Elementarteilchen, was uns Informationen über das Elementarteilchen liefert. Neutrinos sind auch nützlich, weil sie in der von Supernovae emittierten Energie auftauchen. Der Nachweis von Neutrinos, die von der letzten sichtbaren Supernova (in der Magellanschen Wolke) stammen, wird uns mehr über diese spektakulären Sternexplosionen verraten.

Nicht zuletzt sind winzige Elementarteilchen selbst aus kleineren »Dingen« aufgebaut, den Quarks. Bislang haben die Wissenschaftler drei davon entdeckt und mit Wörtern aus der Alltagssprache wie *color* (Farbe bzw. Farbladung) und *flavor* (Geschmack) bezeichnet. Alles sehr amüsant, aber in diesem Fall ist das Allerkleinste das wichtigste von allen, denn daraus setzt sich die ganze Materie zusammen.

Quarks und das letzte Teilchen

Gegenwärtig geht man in der Teilchenphysik davon aus, daß das gesamte Universum im wesentlichen aus zwei Arten von Teilchen besteht: Leptonen und Quarks. Jedes Teilchen besteht aus drei Paaren, und jedes Paar bezeichnet man als »Flavor«.

Die drei Flavors von Leptonen sind: 1. das Elektron und sein Neutrino, 2. das Müon und sein Neutrino, und 3. das Tauon und sein Neutrino. Das sind sechs Leptonen. Jedes Teilchen hat seine spiegelbildliche Entsprechung bzw. sein Antiteilchen, was insgesamt 12 Leptonen ergibt. Sie alle wurden tatsächlich nachgewiesen; zudem sind die Physiker vor kurzem durch einen ziemlich komplizierten Gedankengang zu dem Ergebnis gekommen, daß es nur diese drei Flavors von Leptonen gibt. Wir kennen sie alle! (Von den Leptonen sind das Elektron und sein Neutrino die einzigen, die in unserer Alltagswelt Bedeutung haben, aber die Physiker schätzen alle Flavors und halten sie ausnahmslos für unverzichtbare Bestandteile des Universums.)

Die Physiker betrachten Symmetrie als sehr wichtig; sie sind deshalb der Ansicht, die Situation bei den Leptonen sollte sich auch bei den anderen Teilchenarten, den Quarks, widerspiegeln. Danach müßte es drei Flavors von Quarks geben, nämlich: 1. das Up-Quark und das Down-Quark, 2. das Strange-Quark und das Charmed-Quark, und 3. das Top-Quark und das Bottom-Quark. Jedes von ihnen besitzt sein spiegelbildliches Antiteilchen, was insgesamt zwölf Quarks ergibt.

Man hat die Quarks nie als isolierte Teilchen nachgewiesen und wird dies vermutlich auch nie schaffen. Sie hängen sehr stark in Zweier- und Dreiergruppen zusammen und lassen sich nicht auseinanderreißen.

Wenn sie sich jedoch aneinander heften, bilden sie andere, kompliziertere Teilchen (mehr als hundert davon sind bekannt), und anhand dieser größeren Teilchen lassen sich die Eigenschaften der einzelnen Quarks ableiten. Das erste Flavor, das Up-Quark und das Down-Quark, sind als einzige für die Alltagswelt wichtig, denn aus ihnen setzen sich die Protonen und Neutronen der Atomkerne zusammen. Doch auch hier schätzen die Physiker alle Flavors.

Aus den Teilchen, die die Quarks enthalten, läßt sich die Masse (d. h. das Gewicht) jedes einzelnen Quarks ableiten; insgesamt sind die Quarks schwerer als Leptonen. Dies ist wichtig, weil Masse eine Form von Energie ist, d. h., je schwerer ein Teilchen ist, desto mehr Energie muß man zu seiner Erzeugung in einem modernen Teilchenbeschleuniger aufwenden, und desto schwieriger ist es nachweisbar.

Am leichtesten ist das Up-Quark; es hat etwa die fünffache Masse des Elektrons, während das Down-Quark etwa auf die siebenfache Masse kommt. Dies sind geringe Massen, so daß die Up- und Down-Quarks bekannt sind, seitdem die Existenz von Quarks 1963 von Murray Gell-Mann dargelegt wurde, der dafür einen Nobelpreis erhielt.

Beim zweiten Flavor hat das Strange-Quark etwa die 150fache Masse des Elektrons, was ebenfalls nicht allzu schlimm ist; es ist seit 1963 bekannt. Doch das Charmed-Quark ist etwa 1500mal so schwer wie das Elektron, und jedes Teilchen, das ein Charmed-Quark enthält, muß noch schwerer sein und ist deshalb schwierig zu erzeugen. Erst 1974 wurden Teilchen entdeckt, in denen Charmed-Quarks enthalten waren. Die Entdeckung gelang Burton Richter und Samuel Ting, die dafür einen Nobelpreis erhielten.

Damit bleibt noch das dritte Flavor übrig. Das Bottom-Quark besitzt etwa die 5000fache Masse des Elektrons; es wurde 1978 entdeckt.

Bliebe nur noch das Top-Quark. Von allen Leptonen und Quarks ist es das letzte Teilchen, das einzige noch nicht entdeckte. Die Physiker sind von seiner Existenz überzeugt, aber sie würden gerne ein Teilchen entdecken oder erzeugen, das tatsächlich ein Top-Quark enthält.

Das Problem ist, daß das Top-Quark nach ihrer Vermutung mindestens 45 000mal so schwer wie das Elektron ist. Eine solche Masse erfordert die höchstmögliche Energie, die die größten Teilchenbeschleuniger der Welt erzeugen können.

Möglich ist es aber. Es gibt bestimmte Teilchen, die als »W-Teilchen« bezeichnet werden und keine eigentlichen Bausteine der Materie sind, aber benötigt werden, damit andere Teilchen in einer bestimmten Weise miteinander in Wechselwirkung treten. Diese W-Teilchen sind ungefähr so schwer wie das Top-Quark, aber dennoch wurden sie 1983 von Carlo Rubbia nachgewiesen, der dafür einen Nobelpreis erhielt.

Nach den W-Teilchen wurde sowohl bei Fermilab in Illinois als auch am CERN-Teilchenbeschleuniger in Genf gesucht, und CERN gewann diesen Wettlauf. Fermilab versucht nun, Teilchen mit einem höheren Energieaufwand als vorher zu zertrümmern, und hofft, unter den »Trümmern« Teilchen zu entdecken, die Top-Quarks enthalten.

Wenn die Physiker sie nicht nachweisen können, werden sie sich um das gesamte System Sorgen machen, das sie so mühsam aufgestellt haben.

Aber ist das Top-Quark wirklich das *letzte* Teilchen? Wahrscheinlich nicht. Mit dem oben erwähnten W-Teilchen ist das »Higgs-Teilchen« verbunden, über das sehr wenig bekannt ist. Bis jetzt hat man es nicht aufgespürt. Selbstverständlich kann es noch weitere Teilchen geben, über die die Physiker bislang nur spekulieren.

Die Entdeckung des Quarks

1990 ging der Nobelpreis für Physik an drei Physiker, Jerome Friedman und Henry Kendall aus den Vereinigten Staaten und Richard Taylor aus Kanada, für eine Arbeit, die zwanzig Jahre zurückliegt.

Geschehen war folgendes: Seit 1930 wußte man, daß Atomkerne aus Protonen und Neutronen bestehen, die beide zu der als »Hadron« bezeichneten Art von Elementarteilchen gehören. Das Problem war nun, daß die Wissenschaftler immer mehr Hadronen fanden, bis man über 100 davon kannte, die sich alle voneinander unterschieden.

Dies war ein sehr verblüffendes Phänomen. 1964 stellte der amerikanische Physiker Murray Gell-Mann eine Theorie auf, nach der alle Hadronen aus ein paar unterschiedlichen, noch grundlegenderen Teilchen bestanden, die er »Quarks« nannte. (Unabhängig von Gell-Mann entwickelten auch andere Wissenschaftler dieselbe Theorie.) Von diesen Quarks sollten jeweils zwei oder drei miteinander verbunden sein, wobei jede verschiedene Kombination ein anderes Hadron war.

Auf diese Weise wurde das Chaos der Vielzahl von Hadronen durch eine sinnvolle und stark vereinfachte Ordnung ersetzt, für die Gell-Mann 1969 einen Nobelpreis erhielt.

Das Problem war, daß niemand einzelne Quarks isolieren oder nachweisen konnte. Viele Wissenschaftler waren der Meinung, Quarks seien lediglich ein mathematischer Kunstgriff zur Erklärung der Hadronen, existierten aber nicht wirklich. (So wissen wir, daß man eine Dollarnote in zehn Zehn-Cent-Stücke wechseln kann. Zerreißt man die Dollarnote aber, erhält man dabei trotzdem keine Zehn-Cent-Stücke.)

Wie findet man heraus, wie der innere Aufbau eines Protons (des am häufigsten vorkommenden und bekanntesten Hadrons) tatsächlich beschaffen ist?

Bereits 1911 stand der britische Physiker Ernest Rutherford vor einem ähnlichen Problem, als er den inneren Aufbau des Atoms bestimmen wollte. Zu diesem Zweck nahm er eine dünne Goldschicht und beschoß sie mit energiereichen Alphateilchen von radioaktiven Materialien. Die Alphateilchen durchdrangen die Goldschicht und trübten einen lichtempfindlichen Film dahinter. Da fast alle Alphateilchen unbehelligt durchkamen, folgerte Rutherford, das Atom bestehe hauptsächlich aus leerem Raum.

Von den Millionen Alphateilchen prallte jedoch eines auf und wurde in eine andere Richtung abgelenkt. Dies bedeutete, daß es irgendwo im Atom etwas Schweres gab. Da aber so wenige Alphateilchen davon betroffen waren, mußte dieser schwere Teil des Atoms extrem klein und schwierig zu treffen sein. Aufgrund dieses Experiments kam Rutherford zu dem Ergebnis, daß es im Zentrum des Atoms einen schweren »Atomkern« geben müsse, der nur $\frac{1}{100\,000}$ so groß sei wie das Atom selbst.

Genau dieser Kern bestand aus noch kleineren Teilchen, den Protonen und Neutronen, und diese Teilchen wiederum waren womöglich aus den noch einmal kleineren Quarks aufgebaut.

Im Laufe der Jahre entwickelten die Physiker eine viel stärkere atomare Artillerie als Alphateilchen. Sie verfügten nun über Geräte, die Elementarteilchen fast auf Lichtgeschwindigkeit beschleunigen konnten. Diese schnellen Teilchen besaßen eine enorme Energie, und wenn sie auf andere Teilchen prallten, konnte man anhand der Einzelheiten der Kollision viel herausfinden.

An der kalifornischen Stanford University gibt es einen großen »Linearbeschleuniger«. Es handelt sich dabei um eine etwa drei Kilometer lange Vakuumröhre, durch die man Elektronen jagen kann. Ringförmige Magneten treiben die Elektronen immer schneller voran, bis sie am Ende der Röhre mit einer Energie von 20 Milliarden Elektronenvolt austreten. (Das ist sehr viel Energie.) Friedman, Kendall und Taylor nahmen 1967 ihre Arbeit mit dem Linearbeschleuniger auf.

Sie ließen die energiereichen Elektronen auf flüssigen Wasserstoff prallen, dessen Atomkerne nur jeweils ein Proton enthalten. Auf diese Weise wurden die Elektronen gezwungen, Protonen zu treffen. Die Elektronen waren energiereich genug, um sich ihren Weg in die Protonen hinein und durch sie hindurch zu bahnen.

Falls die Protonen aus »Protonenmaterial« bestanden, das gleichmäßig über das Teilchen verteilt war, würden die Elektronen nicht stark abgelenkt werden. Setzten sich die Protonen jedoch aus Quarks zusammen, so könnte ein auf ein Quark treffendes Elektron ziemlich stark abgelenkt werden – wie bei Rutherfords Experiment, aber mit viel mehr Energie.

Bis 1968 entdeckten Friedman und seine Kollegen die Art von Ablenkung, die anscheinend auf Teilchen innerhalb des Protons hinwies. Jahrelang setzten sie ihre Experimente fort und versuchten, die Eigenschaften dieser Teilchen zu bestimmen. Andere Wissenschaftler, besonders Richard Feynman, schlossen sich diesem Vorhaben an.

Bis 1974 stand schließlich fest, daß die Teilchen innerhalb des Protons genau wie die Teilchen waren, die Gell-Mann postuliert hatte. Einige der Eigenschaften waren sehr merkwürdig, wie etwa die Tatsache, daß Quarks die einzigen bekannten Teilchen waren, die eine elektrische Teilladung besaßen. Die meisten Wissenschaftler hätten diese Möglichkeit zuvor ausgeschlossen.

Nun wissen wir eine ganze Menge über Quarks und ihre Eigenschaften. Wir wissen, wie sie sich zu Hadronen zusammenfügen, und wir wissen, kurz gesagt, viel mehr über das Universum als zuvor.

Quarksklümpchen

Gewöhnliche Materie ist nicht besonders dicht. Wasser beispielsweise besitzt eine Dichte von 1 g/cm^3. Das liegt daran, daß der wirklich dichte Teil des Atoms, das Proton im Zentrum, von anderen Protonen durch Elektronen auf Abstand gehalten wird.

Einige Elemente besitzen Atomkerne, die aus vielen Protonen und Neutronen bestehen, die alle zusammenhängen. Obwohl diese Kerne von Elektronen auseinandergehalten werden, sind solche Elemente dichter als Wasser. Das Metall Osmium weist beispielsweise eine Dichte von 22 g/cm^3 auf.

Die Materie im Zentrum eines Sterns wie der Sonne ist einer so großen Hitze und einem so hohen Druck ausgesetzt, daß die Atome auseinandergerissen werden und die Kerne sich frei bewegen, wobei sie sich viel näher kommen, als dies in gewöhnlicher Materie möglich ist. Eine solche Materie ist viel dichter als alles auf der Erde und wird als »entartete Materie« bezeichnet.

Wenn ein Stern explodiert, kann ein Teil davon zu einer Kugel aus entarteter Materie kollabieren; er wird dann zu einem »Weißen Zwerg«. In diesem Fall ist seine Größe normalerweise geringer als die der Erde, aber er enthält so viel Masse wie die Sonne. Die gesamte Sonnenmasse auf das Volumen eines kleinen Planeten zusammengequetscht – Sie können sich vorstellen, wie dicht diese Masse sein muß.

Das ist aber noch nicht der Schlußpunkt. Selbst in einem

Weißen Zwerg werden die Kerne noch in gewissem Maße von Elektronen auseinandergehalten. Doch wenn der Weiße Zwerg groß und schwer genug ist, kollabieren die Kerne einfach bis zu dem Punkt, an dem die Elektronen sie nicht mehr zurückhalten können. Dann wandeln sich die Protonen in Neutronen um. Die Neutronen besitzen keine elektrische Ladung und stoßen einander nicht ab. Alle Neutronen kollabieren deshalb, bis sie sich berühren, und das Ergebnis ist ein »Neutronenstern«.

Ein Neutronenstern besitzt die Dichte eines Neutrons, was sich auf 15 000 000 000 000 000 g/cm^3 beläuft. In einem Neutronenstern ist die Masse der Sonne zu einer kleinen Kugel mit einem Durchmesser von vielleicht 14 Kilometern zusammengepreßt. Solche Neutronensterne wurden 1969 entdeckt.

Doch Neutronen sind keine selbständigen Teilchen. Sie setzen sich aus je drei Quarks zusammen, und wenn die Neutronen immer dichter zusammengepreßt werden, können sie in ihre einzelnen Quarks zerfallen, die sich dann noch stärker verdichten und so zu einem noch kompakteren Stern werden. (Selbst die Quarks können zerbrechen, und wenn das eintritt, schrumpft der Stern einfach zu nichts zusammen, obwohl er seine Masse behält. Er wird zu einem »Schwarzen Loch«.)

Neutronensterne kann man nachweisen, weil sie bei ihrer sehr schnellen Rotation zumeist winzige Radiowellenimpulse aussenden. Einige Neutronensterne drehen sich so schnell um ihre Achse, daß sie alle paar Tausendstelsekunden einen Impuls abgeben. Bei einer solchen Drehgeschwindigkeit kann selbst ein Neutronenstern trotz seiner enormen Dichte kaum verhindern, daß er auseinandergerissen wird.

Die norwegischen Physiker T. Overgard und E. Ostgaard glauben, wenn sie einen Neutronenstern finden könnten, der für eine Umdrehung weniger als $^1/_{2000}$-Sekunde bräuchte, werde dies kein Neutronenstern mehr sein, sondern vielmehr ein Quarkstern.

Brian McCusker von der University of Sydney in Australien ist der Meinung, wenn Quarksterne wirklich existierten, seien die Quarks stabil.

Niemand hat je ein Quark wirklich auf der Erde nachweisen können, und manche Wissenschaftler halten eine Nachweismöglichkeit sogar für ausgeschlossen. Andererseits könnten sich nach der Entstehung eines rotierenden Quarksterns Stücke losreißen. Das Ergebnis wären jeweils »Quarksklümpchen« aus vielleicht Hunderten von Quarks.

Vielleicht treiben solche Quarksklümpchen in großer Zahl durch das All, und einige können zufällig auf die Erde fallen. Sobald ein Klümpchen auf die Erdatmosphäre trifft, könnte es in Dreiergruppen zerfallen, die jeweils ein Proton oder ein Neutron bilden. Dabei könnten allerdings einzelne Quarks übrigbleiben, die sich in Form von kosmischer Strahlung zeigen würden. Einzelne Quarks besäßen – im Unterschied zu allen anderen Teilchen – eine elektrische Teilladung und würden auf diese Weise nachgewiesen werden. Es wurde bereits mehrfach über Teilchen mit einer elektrischen Teilladung berichtet, aber in keinem Fall bestätigten sich die Berichte. Die »Jagd nach dem Quark« geht also weiter.

Wir könnten uns die Frage stellen: Falls wir nie ein Quark wirklich nachweisen, wie wissen wir dann, daß es wirklich existiert?

Die Antwort lautet: Es lassen sich so viele Aspekte der Kernphysik durch die Annahme erklären, daß Quarks existieren und miteinander auf bestimmte Weise reagieren, daß sich ihre Existenz fast nicht bestreiten läßt. Aber so vernünftig es auch sein mag, ihre Existenz zu postulieren, die Physiker würden doch gerne eines entdecken.

Einzelne Atome

Mittlerweile können wir sogar mit einzelnen Atomen spielen: Man nimmt immer nur ein Atom und buchstabiert damit Wörter. Vor kurzem haben die beiden IBM-Wissenschaftler Donald M. Eigler und Erhard K. Schweizer mit einzelnen Atomen »I B M« geschrieben.

Unsere Kenntnis von Atomen ist noch recht jung. In der Antike haben zwar verschiedene griechische Philosophen die Auffassung vertreten, die gesamte Materie bestehe aus extrem kleinen Atomen, aber sie hatten dafür keine Beweise. Erst 1803 führte der britische Chemiker John Dalton aus, wenn die Materie aus winzigen Atomen bestehe, erkläre dies die Art und Weise, wie sich Elemente zu Verbindungen zusammenschlossen. Dies wurde später als »moderne Atomtheorie« bezeichnet; das gesamte 19. Jahrhundert hindurch erklärten die Chemiker alles, was im Reagenzglas ablief, mit Hilfe von Atomen.

Doch wenn es Atome gab, waren sie so winzig, daß man sie auf keinen Fall sehen konnte. Nicht einmal die besten Mikroskope des 19. Jahrhunderts vermochten sie zu zeigen, weil selbst die kleinen Lichtwellen dafür zu groß waren; sie übersprangen die Atome einfach und machten sie deshalb nicht sichtbar.

So beharrten manche Forscher weiterhin darauf, daß Atome zwar eine nützliche Konzeption seien, aber nicht notwendigerweise wirklich existierten. 1905 stellte Albert Einstein jedoch eine Gleichung auf, mit der er zeigte, wie Atome (falls sie existierten) winzige Teilchen in einer Lösung bombardierten und sie dazu brachten, sich ziellos umherzubewegen. 1913 berechnete der französische Wissenschaftler Jean B. Perrin mit Hilfe dieser Gleichung, wie groß die Atome sein müßten, um die beobachtete Geschwindigkeit zu bewirken. Es stellte sich heraus, daß sie einen Durchmesser von etwa $\frac{1}{100\,000\,000}$ Zentimeter haben müßten. Die Tatsache, daß sich kleine Teilchen in einer Lösung tatsächlich genau so bewegen, als ob sie von Atomen beschossen würden, überzeugte schließlich jeden von der Existenz der Atome.

Im Jahre 1895 wurden die Röntgenstrahlen entdeckt. Sie waren wie Lichtwellen, aber viel kleiner. Röntgenstrahlen waren zwar klein genug, um Atome nachzuweisen, aber sie waren zu diesem Zweck zu stark. Anstatt wie Licht reflektiert zu werden, drangen sie geradewegs durch Materie hindurch. Außerdem ließen sich Röntgenstrahlen nicht leicht bündeln.

Das Elektron wurde 1896 entdeckt. 1923 zeigte der amerikanische Wissenschaftler Arthur H. Compton, daß es aus Wellen bestand, die etwa so groß waren wie die der Röntgenstrahlen. Elektronen jedoch konnten leicht konzentriert werden und wurden zudem von Materie reflektiert. Aus diesem Grund gelang der Bau von »Elektronenmikroskopen«, die viel leistungsfähiger waren als herkömmliche Lichtmikroskope. Das erste einfache Elektronenmikroskop wurde 1932 von dem deutschen Ingenieur Ernst Ruska konstruiert, der dafür 1986 (54 Jahre später!) einen Nobelpreis erhielt.

Im Lauf der Jahre verbesserten sich die Elektronenmikroskope und wurden immer leistungsfähiger. Der bisherige Höhepunkt wurde 1985 mit der Erfindung des »Rastertunnelmikroskops« durch die beiden IBM-Wissenschaftler Gerd Binnig und Heinrich Rohrer erreicht. Auch sie erhielten 1986 einen Nobelpreis.

Dieses neue Mikroskop arbeitet mit einer dünnen Wolframnadel, die in unmittelbare Nähe der untersuchten Oberfläche gebracht wird. Ein winziger elektrischer Strom schießt Elektronen aus der Nadel, die von der Oberfläche abprallen und die Position der dort befindlichen Atome anzeigen. Man erkennt jedes Atom als winzige Kugel ohne besondere Merkmale.

Zwischen den Atomen der Oberfläche und der nur ein paar Atome weit entfernten Wolframnadel kommt es zu einer winzigen Anziehung. Wenn die Nadel vorsichtig geführt wird, kann sie ein bestimmtes Atom aus der Oberfläche herausziehen.

Am besten funktioniert dies bei Xenonatomen, die zu den größten Atomen gehören und nicht sehr eng zusammenhängen. Die Xenonatome werden auf eine Oberfläche aus Nickel gesprüht. Normalerweise würden sie dort nicht bleiben, aber wenn die Nickeloberfläche und die Xenonatome fast auf den absoluten Nullpunkt abgekühlt werden, besitzen die Atome so wenig Energie, daß sie unbeweglich an der Oberfläche bleiben.

Anschließend werden sie einzeln von der Wolframnadel angezogen und an eine andere Stelle der Oberfläche gesetzt, worauf die Nadel wieder entfernt wird. Das Xenonatom bleibt an der neuen Stelle. Ein weiteres Xenonatom wird hinzugefügt, danach noch weitere, wobei alle an eine bestimmte Stelle gesetzt werden. Nach Abschluß dieser Arbeit lassen sich die 35 Atome ganz deutlich als I B M entziffern.

Dies ist ein wunderbares Beispiel für eine diffizile wissenschaftliche Methode, aber ist sie auch von irgendeinem Nutzen? Im Augenblick nicht. In Zukunft kann man einzelne Atome aber vielleicht so manipulieren, daß sie Substanzen bilden, die aus bestimmten Atomkombinationen (»Molekülen«) aufgebaut sind, Substanzen nämlich, die durch herkömmliche chemische Methoden nicht zu erzeugen sind.

Außerdem könnten die Mikrochips, die unsere modernen Computer und anderen elektronischen Geräte ermöglichen, eines Tages aus präzise angeordneten einzelnen Atomen zusammengesetzt werden. Dies würde die Mikrochips mehr »mikro« denn je machen. Wir hätten dann kleine Computer, die viel mehr Dinge in viel kürzerer Zeit tun würden und an Komplexität sogar mit dem menschlichen Gehirn konkurrieren könnten. Irgendwann!

Die Messung des Elektrons

Um die Grundregeln zu überprüfen, nach denen das Universum funktioniert, müssen die Naturwissenschaftler sehr feine Eigenschaften messen und tun dies so genau wie möglich. Physiker verwenden viel Zeit auf die Entwicklung solcher Meßverfahren; in den letzten Jahren haben sie sich auf neue Methoden verlegt, die genauer als je zuvor sind.

Nehmen Sie zum Beispiel das Elektron. Es ist das bekannteste aller Elementarteilchen (Teilchen, die viel kleiner als Atome sind). Elektronen sind Bestandteil aller Atome und können leicht aus ihnen herausgelöst werden. So ist der elektrische Strom das Ergebnis eines Elektronenflusses, weshalb das Teilchen auch ursprünglich den Namen »Elektron« erhielt.

Nach einer bereits 1930 aufgestellten Theorie sollte es ein weiteres Teilchen geben, das genau wie das Elektron beschaffen sein, aber die entgegengesetzte elektrische Ladung haben sollte. Das Elektron trägt eine negative elektrische Ladung, und das neue Teilchen sollte eine positive elektrische Ladung von *genau* der gleichen Größe besitzen. Es wurde 1932 entdeckt und wegen seiner positiven elektrischen Ladung als »Positron« bezeichnet.

Diese sehr wichtige Theorie setzt voraus, daß das Elektron und das Positron exakt dieselbe Ladungsgröße haben, und dies bedeutet nicht nur »annähernd«. Einfache Messungen zeigen, daß die beiden Teilchen ziemlich genau die gleiche Größe haben, aber das reicht hier nicht aus. Schon die geringste Abweichung müßte durch eine Modifizierung der Theorie erklärt werden, und dies könnte uns ein noch genaueres Bild vom Universum liefern, als es jetzt existiert.

Deshalb müssen die Wissenschaftler die Größe der Ladung sowohl beim Elektron als auch beim Positron messen und dabei so genau wie möglich arbeiten, um zu sehen, ob sie sich vielleicht minimal unterscheiden. Die übliche Methode besteht darin, Teilchen aufeinanderprallen zu lassen, dadurch ihre Beschaffenheit zu verändern und aus diesen Veränderungen ihre Eigenschaften abzuleiten. Die Methode ist allerdings ziemlich grob, so daß die Wissenschaftler nach Möglichkeiten suchen, mit einem geringeren Kraftaufwand auszukommen. (Es ist wie bei Ärzten, die auf der Suche nach einem Tumor zwar einen chirurgischen Eingriff vornehmen könnten, aber doch lieber auf Röntgenstrahlen oder magnetische Kernresonanz zurückgreifen, um ihre Informationen auch ohne den Einsatz des Skalpells zu erhalten.)

So haben die Wissenschaftler beispielsweise gelernt, ein einzelnes Elektron oder Positron unter Bedingungen einzufangen, die es stunden- oder sogar tagelang beinahe bewegungslos festhalten. Ein einzelnes, annähernd bewegungsloses Teilchen läßt sich sehr genau untersuchen. Es dreht sich um seine Achse, was bedeutet, daß es seine elektrische Ladung in einem winzigen Kreis trägt, und dies erzeugt eine magnetische Wirkung, die man messen kann. Ein Elektron und ein Positron sollten genau die gleiche magnetische Wirkung erzeugen. 1989 berichtete Hans G. Dehmelt von der University of Washington in Seattle über Messungen eingefangener Teilchen, die zeigten, daß der magnetische Effekt bis auf ein paar Billionstel tatsächlich der gleiche war. Das ist nicht *vollkommen* genau (absolute Präzision läßt sich niemals erreichen), liegt aber näher an der Gleichheit als jede Messung zuvor.

Wie groß ist die Abweichung von ein paar Billionsteln? Wenn Sie zwei Felsblöcke hätten, von denen einer genau eine Tonne wiegt und der andere eine Tonne plus ein Millionstel Gramm, wäre das eine Übereinstimmung bis auf ein paar Billionstel.

Und noch etwas. Ein Elektron scheint ein elementares Teilchen zu sein, d. h., es besteht nicht aus noch einfacheren

Teilchen und läßt sich auch nicht in noch kleinere Teilchen spalten. In diesem Fall sollte es sich so verhalten, als habe es einen Nulldurchmesser.

Ein Nulldurchmesser läßt sich nicht messen, aber Untersuchungen können zeigen, daß der Durchmesser unter einem bestimmten Wert liegen muß. Bis jetzt haben die genauesten Untersuchungen ergeben, daß Elektronen nicht größer als ein Billionstel des Durchmessers eines Atoms sein können. Man bräuchte also mindestens eine Billion Elektronen nebeneinander, um den Durchmesser eines normalen Atoms zu erreichen. Durch die Überprüfung einzelner, praktisch bewegungsloser Elektronen zeigen Wissenschaftler jetzt auf, daß Elektronen nicht mehr als ein Tausendstel dieser Größe haben können. Mit anderen Worten: Man bräuchte für den Durchmesser eines Atoms mindestens tausend Billionen Elektronen nebeneinander.

Das bedeutet natürlich noch immer keinen Nulldurchmesser, aber es kommt der Null näher als je zuvor und stützt die Theorien der Physiker über Elementarteilchen.

Im allgemeinen haben die letzten Hochpräzisionstests die Theorien gestützt, mit denen die Wissenschaftler arbeiten. Vielleicht meinen Sie, die Forscher würden sich jetzt befriedigt die Hände reiben und sagen, das sei nun nahe genug, um dann zu anderen Dingen überzugehen.

Das jedoch werden sie niemals tun. Jede neue präzise Messung rückt einen weiteren, ferneren Horizont in unser Blickfeld, den man anstreben muß. Schließlich könnte eine noch genauere Messung eine bislang nicht erwartete winzige Abweichung zutage fördern, die uns ein tieferes, befriedigenderes Verständnis des Universums liefert. In diesem Sinne kann die Naturwissenschaft ihre Arbeit nie abschließen, und die Naturwissenschaftler können dafür nur dankbar sein. Niemand möchte, daß das Streben nach Wissen aufhört.

Einstein hat wieder recht

Einsteins allgemeine Relativitätstheorie wurde vor kurzem von Gerard Gabrielse und einer Gruppe der Harvard University erneut auf die Probe gestellt. Die Theorie wurde erstmals 1916 verkündet und war eine erstaunliche Leistung der Vorstellungskraft, denn es gab praktisch keine Beweise für sie. Einstein glaubte einfach, daß das Universum so funktionieren müsse.

Als Wissenschaftler dann 1919 ein Experiment durchführten, bei dem sie die Position von Sternen in der Nähe der Sonne während einer totalen Finsternis feststellten, erhielten sie einige Abweichungen, weil die Schwerkraft der Sonne an den Lichtstrahlen zerrte und sie krümmte. Die Abweichungen stimmten mit dem überein, was Einstein vorausgesagt hatte.

Einstein wurde gefragt: »Wie hätten Sie sich gefühlt, wenn die Abweichungen *nicht* gestimmt hätten?« Er antwortete: »Ich hätte Mitleid mit Gott gehabt, denn die Theorie *stimmt.*«

Eine der Grundlagen der Theorie ist die Annahme, daß alle Gegenstände ungeachtet ihrer Masse mit der gleichen Geschwindigkeit fallen (wenn man Dinge wie den Luftwiderstand außer acht läßt). So fallen eine Kanonenkugel und eine Feder in einem Vakuum mit der gleichen Geschwindigkeit. Dies wird als »Äquivalenzprinzip« bezeichnet.

Vier Jahrhunderte vorher hatte Galilei dies erstmals auf eine sehr primitive Weise gezeigt, und seit damals wurde die Richtigkeit dieses Prinzips durch immer genauere Experimente bestätigt.

Nur in einer einzigen Hinsicht ist das Äquivalenzprinzip bislang unvollständig. Jedes Materieteilchen hat ein »Antiteilchen«. Für das Elektron ist das Antiteilchen das »Positron«, für das Proton ist das Antiteilchen das »Antiproton«, und so weiter. Diese Antiteilchen ergeben »Antimaterie«.

Die Frage ist nun: Fällt Antimaterie genau auf die gleiche Weise wie Materie, oder reagiert sie auf Schwerkraft etwas anders. Nach der Entdeckung der Antimaterie erklärte Einstein, falls die allgemeine Relativitätstheorie stimme, müsse Antimaterie auf die gleiche Weise fallen wie Materie. Dies entsprang allerdings wiederum Einsteins Intuition, denn weder für die eine noch für die andere Möglichkeit gab es Beweise, die im übrigen auch nicht gerade einfach zu erhalten waren.

Die Gravitation ist nämlich bei weitem die schwächste aller bekannten Kräfte. Wir sind uns ihrer Existenz sehr wohl bewußt, weil wir sie im Zusammenhang mit riesigen Himmelskörpern kennen. Bei einem Himmelskörper wie der Erde addieren sich die winzigen Gravitationskräfte aller Teilchen zu einer Kraft, die insgesamt gewaltig ist. Wenn wir es aber mit einzelnen Teilchen oder sehr kleinen Gruppen davon zu tun haben, ist die Gravitation so schwach, daß sie sich nicht messen läßt. Wer mit solchen Teilchen arbeitet, ignoriert die Gravitation daher völlig.

Da wir Antimaterie nur als einzelne Teilchen oder winzige Gruppen erhalten, können wir den Einfluß der Schwerkraft auf sie nicht direkt messen. Die Wissenschaftler sind gezwungen, indirekte Experimente durchzuführen.

Wenn beispielsweise gezeigt werden kann, daß Protonen und Antiprotonen genau dieselbe Masse besitzen, müssen sie von der Schwerkraft auch gleich stark angezogen werden. Wie kann man feststellen, ob sie dieselbe Masse besitzen, und zwar nicht annähernd, sondern genau die gleiche?

An dieser Stelle kommt die Gruppe um Gerald Gabrielse ins Spiel. Sie ließen sowohl Protonen als auch Antiprotonen von Magnetfeldern herumwirbeln und maßen die Anzahl der Kreisbewegungen in einer Sekunde. Diese Zahl hing von der Masse ab, und es stellte sich heraus, daß sich die Masse der beiden Arten von Teilchen um weniger als $\frac{1}{25\,000\,000}$ voneinander unterscheiden.

Daraus konnte man ableiten, daß Einstein wieder recht hatte und Antimaterie auf Schwerkraft genauso reagierte wie Materie selbst. (Noch ein Punkt für Einsteins Intuition.)

Eric G. Adelberger und sein Team an der University of Washington in Seattle führten eine ganz andere Art von Experiment durch. Sie waren an Messungen interessiert, die das Vorhandensein oder Fehlen einer »fünften Kraft« (ähnlich wie die Gravitation, aber noch schwächer) anzeigen sollten. Dabei ist keine derartige fünfte Kraft zum Vorschein gekommen.

Bei der Durchführung ihrer Experimente kam ihnen jedoch folgender Gedanke: Falls Antimaterie auf eine andere Weise fiele als Materie, gäbe es bei ihren Experimenten bestimmte nachweisbare Effekte. Solche Auswirkungen wurden nicht nachgewiesen. Obwohl Adelberger nur mit Materie und nicht mit Antimaterie arbeitete, kam er zu dem Schluß, das Äquivalenzprinzip sei auch für Antimaterie gültig.

Sind die Wissenschaftler nun mit dem ganzen Äquivalenzproblem und der Art und Weise, wie Antimaterie fällt, zufrieden? Nicht ganz.

Die Experimente gehen indirekt vor. Zu den direkten Messungen gehören eine Reaktion auf den Magnetismus oder auf die gesuchte fünfte Kraft. Die Naturwissenschaftler würden gerne sehen, wie die Antimaterieteilchen tatsächlich fallen und tatsächlich auf Schwerkraft reagieren. Erst dann hätten sie Gewißheit. Und dennoch hat man in fast achtzig Jahren nie nachgewiesen, daß Einstein sich getäuscht hätte, und meiner Meinung nach wird das in diesem Fall auch nie gelingen.

Das Ausschließungsprinzip

Es gereicht der Forschung zur Ehre, daß jede noch so fest verankerte naturwissenschaftliche Theorie ständig überprüft wird, um zu sehen, ob sie wirklich universell gültig ist. Vor kurzem wurde dies von einer Gruppe von Wissenschaftlern unter der Leitung von D. Kekez aus Jugoslawien im Zusammenhang mit etwas durchgeführt, das als »Ausschließungsprinzip« bezeichnet wird: Das Prinzip hat es unbeschadet überstanden.

Die Geschichte beginnt im Jahre 1913, als der dänische Physiker Niels Bohr die neue »Quantentheorie« auf das Atom anwandte. Er zeigte, daß es in jedem Atom Elektronen gibt, die nur ganz bestimmte Bahnen und keine anderen einnehmen können. Dies erklärte sehr schön einige der Arten, wie Atome Energie aufnehmen und abgeben.

Bohr erhielt dafür 1922 einen Nobelpreis. Zunächst war seine Theorie sehr grob, doch im Laufe der Jahre wurde sie erweitert und verfeinert, um auch im einzelnen darzulegen, wie Atome Energie absorbieren und emittieren.

1925 wies der österreichische Physiker Wolfgang Pauli schließlich darauf hin, daß sich nicht mehr als zwei Elektronen auf genau der gleichen Bahn aufhalten können. Und auch diese beiden können dort nur zusammen vorkommen, wenn sie sich in entgegengesetzte Richtungen drehen. Auf diese Weise werden Elektronen eindeutig von Bahnen ausgeschlossen, die bereits ein Elektronenpaar mit gegensätzlichem Spin enthalten, weshalb Paulis Regel als »Pauli-Verbot« oder »Ausschließungsprinzip« bezeichnet wird.

Das Ausschließungsprinzip stellte sich als außerordentlich nützlich heraus. Es erklärte die Eigenschaften aller verschiedenen Atome im Zusammenhang mit ihrem chemischen Aufbau und ihren Energiebeziehungen. Und es erklärte vortrefflich das (von Chemikern sehr geschätzte) Periodensystem der Elemente.

Im weiteren Verlauf wurde die Quantentheorie stark verfeinert, es war nun nicht mehr denkbar, sich Elektronenbahnen nach dem Vorbild der Umlaufbahnen von Planeten um die Sonne vorzustellen. Statt dessen wurden die Elektronen zu einem unbestimmten Wellengemisch, das sich nur mittels mathematischer Beziehungen beschreiben ließ. Trotzdem hatte Paulis Ausschließungsprinzip weiterhin Bestand, und zwar nicht nur für Elektronen, sondern auch für Protonen und alle anderen als »Fermionen« klassifizierten Teilchen.

Das Prinzip mußte natürlich Bestand haben, denn andernfalls hätten Atome nicht die uns heute bekannten Eigenschaften. Das Universum wäre nicht das Universum unserer Erfahrungswelt, und wir könnten vor allem gar nicht existieren und uns Gedanken machen, ob es ein Ausschließungsprinzip gibt oder nicht.

Trotzdem konnten die Wissenschaftler nicht erkennen, warum es das Ausschließungsprinzip geben mußte. Selbst wenn es existierte und die Theorie des Universums stützte: Wäre es nicht möglich, daß sich ein Elektron oder ein anderes dem Pauli-Prinzip unterworfenes Teilchen ab und zu in eine Bahn drängt, wo es nicht hingehört? Dies könnte so selten vorkommen, daß Wissenschaftler, die nicht gerade danach suchen, nie darauf stoßen.

Aus diesem Grund versuchen sie zu berechnen, was bei einer Verletzung des Ausschließungsprinzips geschehen könnte. Bestimmte Ereignisse würden ab und zu auf »verbotene« Weise geschehen und dabei Strahlung emittieren, die eigentlich gar nicht abgegeben werden dürfte. Deshalb überlegen sie sich sorgfältig durchgeführte Experimente, bei denen auch eine selten auftretende Strahlung unter Bedingungen nachgewiesen werden könnte, die auf eine Verletzung des Ausschließungsprinzips hinweisen würden.

Beispielsweise könnte ein Elektron außerhalb des Atomkerns in ganz seltenen Fällen in den Kern fallen und sich dort mit einem Proton zu einem Neutron verbinden. Das Ausschließungsprinzip verbietet dies, aber wenn es trotzdem vorkommen sollte, gäbe es wider Erwarten einen Gammastrahl.

Kekez und seine Gruppe benutzten den »Flüssigkeitsszintillationsdetektor« unter dem Mont Blanc. Dort standen ihnen neunzig Tonnen flüssigen Wasserstoffs zur Verfügung, der sechs Jahre lang auf die darin stattfindenden nuklearen Vorgänge untersucht wurde. Jeder Hinweis auf eine eigenartige, durch eine Verletzung des Ausschließungsprinzips bedingte Strahlung wäre dabei ans Tageslicht gekommen.

Die Schlußfolgerung lief letztlich darauf hinaus: Wenn nukleare Vorgänge nach dem Zufallsprinzip stattfinden, würde eine Häufigkeit von mehr als einem Fall bei 10 000 000 000 000 000 000 000 000 000 000 000 das Ausschließungsprinzip verletzen. Das ist ein Vorgang bei zehn Milliarden Billionen Billionen.

Wohlgemerkt, es handelt sich hier um eine Obergrenze. Kekez und seine Gruppe sagen damit, daß es keine Verletzung des Ausschließungsprinzips gibt, die mit einer größeren Wahrscheinlichkeit als der genannten eintritt. Die tatsächliche Wahrscheinlichkeit einer Verletzung könnte noch viel geringer sein oder sogar bei null liegen; das Ausschließungsprinzip ist somit immer noch ungefährdet.

Dennoch werden die Wissenschaftler weiter nach Verletzungen suchen. Kekez und seine Gruppe haben sich nämlich nur mit Bedingungen hier auf der Erde befaßt. Vielleicht wird das Ausschließungsprinzip unter extremeren Bedingungen leichter verletzt.

Die Sonne erzeugt sogenannte »Neutrinos«, aber sie produziert von diesen Teilchen viel weniger, als Wissenschaftler glaubten. Sie wissen nicht, warum, aber einige vermuten, daß das Ausschließungsprinzip bei den extremen Bedingungen im Zentrum der Sonne nicht aufrechterhalten wird und so vielleicht zu einem Neutrinomangel führt. Meiner Ansicht nach ist das nicht wahrscheinlich, aber es ist ganz offensichtlich etwas, dem man auf die Spur kommen muß, wenn man einen Weg dazu finden kann.

Überschwere Elemente

Atome werden entsprechend der Zahl der in ihrem Kern enthaltenen Teilchen bezeichnet. So ist Wasserstoff mit einem einzigen Proton im Kern *Wasserstoff 1* (^{1}H). Auf der anderen Seite enthält Uran, das komplizierteste Atom, das auf der Erde existiert, 92 Protonen und 146 Neutronen und ist deshalb *Uran 238* (^{238}U).

Im letzten halben Jahrhundert gelang es den Wissenschaftlern, künstlich Atome zu erzeugen, die komplizierter als die von Uran sind. Im allgemeinen jedoch sind komplexere Atome auch stärker radioaktiv und besitzen eine kürzere Lebensdauer.

Das komplexeste Atom, das bislang erzeugt wurde, ist das Element 109 (mit 109 Protonen, 266 Neutronen und noch immer keinem Namen). Nach seiner Erzeugung existiert es nur ein paar Tausendstelsekunden, bevor es zerfällt. Aus diesem Grund wird die Erforschung solcher künstlichen Elemente immer schwieriger, und eine Zeitlang war man allgemein der Ansicht, jenseits von 109 könne man sich den Spaß auch schenken.

Doch von 1966 bis 1972 entwickelte der sowjetische Physiker Vilen Strutinsky Theorien über den Kernaufbau, nach denen es so aussah, als könnten Atome auch jenseits von 109 existieren und untersucht werden. Das Element 114 erschien sogar stabil genug, um Millionen Jahre zu überdauern.

Selbstverständlich nahmen die Wissenschaftler sofort die

Suche nach dem Element 114 auf. Sie glaubten, daß es vielleicht durch natürliche Vorgänge entstanden sei und daß es irgendwo auf der Erde Einschlüsse davon geben könne. Aber Pech gehabt: Es wurde nicht gefunden.

Dann könnte man es vielleicht – ähnlich wie die anderen schweren Elemente – künstlich herstellen. Diese Elemente jenseits von 109 werden oft als »überschwer« oder »superschwer« bezeichnet. Man muß deshalb ein Element mit 114 Protonen und 184 Neutronen herstellen. Dies wäre das Element 298, das – theoretisch – recht stabil sein müßte.

Eine Möglichkeit der Herstellung eines künstlichen Elements besteht darin, ein bereits existierendes Element mit Neutronen zu beschießen. Ein Neutron kann (wenn auch selten) in einen Kern eindringen und sich mit dem vorhandenen Material zu einem komplexeren Kern verbinden. Elemente über 100 hinaus wurden auf diese Weise erzeugt. Doch je komplexer ein Atom ist, desto schwieriger läßt sich ein Neutron in den Kern einfügen. Deshalb werden solche Atome mit schwereren Teilchen wie etwa den Kernen verschiedener kleiner Atome beschossen. Außerdem müssen diese Kerne sehr energiereich sein, um in die schweren Kerne vorzudringen, und werden deswegen mit Hilfe von Teilchenbeschleunigern auf die nötige Geschwindigkeit gebracht. Auf diese Weise wurde das Element 109 durch einen Beschuß mit Atomkernen von Sauerstoff, Chrom und Eisen gebildet. Dabei mußte jedes Atom einzeln erzeugt werden.

Wie läßt sich Element 114 herstellen? Physiker haben verschiedene Theorien vorgebracht, was dazu notwendig sei. Die Wahrscheinlichkeit, daß ein Kern in einen viel schwereren Kern eindringt und Element 114 erzeugt, ist sehr gering. Man hat berechnet, daß ein Vorgang unter mehr als einer Milliarde zur Bildung eines 114-Atoms führt. Die übrigen lösen eine Kernspaltungsreaktion aus, die das

Atom zerstört. Vermutlich können nicht mehr als drei Atome pro Tag auf diese Weise erzeugt werden.

Es gibt Berichte über mehr als fünfundzwanzig Versuche, Element 114 künstlich herzustellen. Alle sind fehlgeschlagen. Die Anzahl der produzierten 114er könnte sich auf etwa drei aus einer Billion Reaktionen belaufen, aber nicht einmal unsere besten Geräte können diese geringe Zahl noch nachweisen. Und selbst wenn man Element 114 isolieren würde, müßte man immer noch beweisen, daß es sich tatsächlich um dieses Element handelt.

Die leichteren überschweren Elemente, etwa bis zum Element 100, lassen sich chemisch bestimmen, aber jenseits davon ist die Lebensdauer der Atome zu kurz, als daß chemische Reaktionen noch von Nutzen wären. Die Wissenschaftler müssen radioaktive Reaktionen analysieren, um ein überschweres Atom vom anderen zu unterscheiden. Solange Elemente bei ihrem Zerfall Alphateilchen produzieren, sind sie verhältnismäßig einfach zu identifizieren, aber Element 114 zerfällt durch eine spontane Spaltung, und dies zu bestimmen ist nicht so leicht möglich. Doch die Wissenschaftler geben nicht auf. Eine Reihe von ihnen ist davon überzeugt, daß die überschweren Elemente existieren und auch entdeckt und erforscht werden können.

Spielt es eine Rolle? Nehmen wir einmal an, daß das Element 114 tatsächlich existiert, daß man es entdeckt und identifiziert. Für wen von uns könnte das irgendeinen Nutzen haben? Auf was sind die Wissenschaftler aus, wenn sie für die Erforschung des Atoms bereitwillig viel Zeit und Geld aufwenden.

Sie haben eine sehr genaue Vorstellung vom Atomkern. Manche Kerne sind rund, andere oval, wobei die Form ihr Verhalten bestimmt. Und hier kommt Element 114 ins Spiel. Aus seinem Verhalten könnten Wissenschaftler seine Form ableiten, und das wiederum würde möglicherweise ihre Theorien über Form und Verhalten der Atome auf den Kopf stellen – besonders dann, wenn das überschwere Element ziemlich stabil wäre.

Daran sind die Wissenschaftler interessiert, so daß sich eine Frage wie »Ist das nützlich?« gar nicht stellt. Ihre Frage lautet: »Wie sehen Atomkerne aus?« Zur Beantwortung dieser Frage investieren sie gerne Zeit, Geld und Mühe.

So kalt wie möglich

Eine Gruppe französischer Wissenschaftler unter der Leitung von Alain Aspect stellte im Frühjahr 1990 einen neuen Kälterekord auf. Sie kühlten einige Cäsiumatome auf eine Temperatur von 2,5 Mikrokelvin herab.

Was ist ein Mikrokelvin? Diese Einheit geht auf den britischen Physiker William Thomson zurück, der später als Lord Kelvin in den Adelsstand erhoben wurde. Er machte deutlich, daß Temperatur die Energie darstellte, die eine bestimmte Menge an Materie enthielt, und daß diese Materie so kalt wurde, wie es nur möglich war, wenn man die Energie auf null reduzierte. Sie konnte niemals noch kälter werden, weil man nicht weniger als null Energie haben kann.

Diese kältestmögliche Temperatur bezeichnet man als »absoluten Nullpunkt«; er wird bei −273,15 °C angesetzt. Für Wissenschaftler ist es oft zweckmäßig, Temperaturen in soundsoviel Grad Celsius über dem absoluten Nullpunkt anzugeben.

Eis schmilzt bei 0 Grad Celsius (0 °C). Man könnte auch sagen, es schmelze bei absolut 273,15 °C. Doch da sowohl die Celsiusskala als auch die Fahrenheitskala der Temperaturmessung nach den Wissenschaftlern benannt sind, die sie einführten, wollte man dies auch auch beim neuen

System beibehalten. Deshalb sagen die Wissenschaftler heute, Eis schmelze bei 273,15 Kelvin (273,15 K). Ein Millionstel eines Kelvin ist ein »Mikrokelvin«.

Seit vielen Jahren versuchen Wissenschaftler, einer Substanz Energie zu entziehen und dadurch ihre Temperatur immer stärker zu senken. So verflüssigte der englische Chemiker Michael Faraday 1823 Chlorgas bei einer Temperatur von 238,7 K.

Die Wissenschaftler fuhren fort damit, und zwar normalerweise, indem sie Gase verflüssigten und anschließend einen Teil davon verdampfen ließen. Das nimmt Energie weg und senkt die Temperatur des nicht verdampften Teils. 1877 wurde Sauerstoff bei nur 90,17 K verflüssigt. Bald darauf gelang die Verflüssigung von Kohlenmonoxid bei 81,70 K und von Stickstoff bei 77,35 K. 1895 verflüssigte der britische Wissenschaftler James Dewar Wasserstoff bei 20,38 K.

Es wurde recht kalt, aber *ein* Gas widersetzte sich der Verflüssigung hartnäckig, nämlich Helium. Erst 1908 verflüssigte der holländische Physiker Heike Kamerlingh Onnes Helium bei frostigen 4,21 K. Indem er einen Teil des Heliums flüssig werden ließ, kam er auf eine Temperatur von 0,83 K, so daß man dem absoluten Nullpunkt bis auf weniger als 1 K näher kam.

Durch die Untersuchung des Verhaltens von Materie bei der Temperatur von flüssigem Helium entdeckte Kamerlingh Onnes die Supraleitfähigkeit, die Fähigkeit einiger Materialien, elektrischen Strom verlustfrei zu leiten. Allerdings ließen sich durch das Verdampfen kalter Flüssigkeiten keine Temperaturen erreichen, die weniger als ein halbes Kelvin über dem absoluten Nullpunkt lagen. Da ein Mikrokelvin einem Millionstel Grad entspricht, ist ein halbes Kelvin 500 000 Mikrokelvin.

In den 20er Jahren stieß man auf folgendes Phänomen: Wenn man bestimmte Verbindungen einem Magnetfeld aussetzte, so reihten sich alle Atome auf. Wenn die Verbindung so stark wie möglich herabgekühlt wurde und man anschließend das Magnetfeld aufhob, verließen die Atome ihre Anordnung, was Energie verbrauchte und die Temperatur senkte. Mit diesem Verfahren erreichten die Wissenschaftler bis 1933 Temperaturen von bis zu 30 000 Mikrokelvin.

Es gibt zwei Arten von Helium: Helium 3 (^{3}He) und Helium 4 (^{4}He). In den 60er Jahren wurden Methoden entwickelt, sich Mischungen aus beiden zunutze zu machen, um die Temperatur noch weiter zu senken. Bis 1965 wurde schließlich eine Temperatur von nur 20 Mikrokelvin ($\frac{1}{50\,000}$ Grad über dem absoluten Nullpunkt) erreicht.

Wie können Wissenschaftler zu noch besseren Ergebnissen gelangen? In den 80er Jahren wurde eine neue Methode entwickelt, die Laserstrahlen verwendete. Eine kleine Gruppe von Atomen wird sechs intensiven Laserstrahlen ausgesetzt: oben, unten, vorne, hinten, rechts, links. Die Atome stellen fest, daß sie sich in keine Richtung bewegen können. Jeder Bewegung steht der Druck des Laserstrahls entgegen. Dies bedeutet, daß die Atome keine Wahl haben, sondern bewegungslos oder beinahe bewegungslos bleiben müssen. Je regloser sie sind, desto weniger Energie besitzen sie, und desto niedriger ist ihre Temperatur.

Auf genau diese Weise wurde eine Temperatur von nur 2,5 Mikrokelvin erreicht ($\frac{1}{400\,000}$ Grad über dem absoluten Nullpunkt).

Können die Wissenschaftler den absoluten Nullpunkt tatsächlich erreichen? Nein! Einer der Hauptsätze der Thermodynamik spricht dagegen. Gleichgültig, wieviel Energie der Materie entzogen wird, bleibt immer ein Teil übrig. In diesem Fall können die Atome, die vom Laserlicht fast bewegungslos gehalten werden, nicht völlig bewegungslos gemacht werden, weil sie etwas Energie aus den Laserstrahlen aufnehmen und sie anschließend wieder abgeben. Die Emission verleiht ihnen einen geringen Rückstoß, der Energie darstellt.

Doch auch wenn die Wissenschaftler den absoluten Nullpunkt nicht erreichen können, sind sie imstande, immer
näher an ihn heranzukommen. Es gibt Forscher, die eine
Temperatur von einem Pikokelvin anstreben (das entspricht einem Millionstel eines Mikrokelvins bzw. einem
Billionstel von einem Grad über dem absoluten Nullpunkt).

Warum? Zu welchem Zweck? Nun, wir können nie voraussagen, auf welche neuen Phänomene wir stoßen werden.
Und außerdem stellen Wissenschaftler – ähnlich wie Base-
ballspieler – gerne Rekorde auf.

Kein Gold!

Kelly Kennison-Faulkner und John Edmond, zwei Geologen am Massachusetts Institute of Technology (MIT), zeigen in ihren jüngsten Analysen, daß die Konzentration von
Gold im Meerwasser nur ein tausendstel so hoch ist, wie
man früher vermutet hatte. Schade darum, aber wie ich
erklären werde, ist es wirklich keine Tragödie.

Wenn die Flüsse über die Landoberfläche der Erde strömen
und den Ozean erreichen, führen sie allerlei gelöste Stoffe
mit sich. Der größte Teil der Feststoffe vom Land löst sich
nur ganz wenig auf, aber dennoch finden Spuren davon
ihren Weg in den Ozean.

Sie bleiben dort nicht zwangsläufig für immer, denn flache
Bereiche des Ozeans trocknen manchmal aus und lassen
das zurück, was man als »Salzstöcke« bezeichnet. Neben
dem Hauptbestandteil Salz enthalten sie Spuren von all
den verschiedenen im Meerwasser gelösten Substanzen.
Selbst wenn man berücksichtigt, daß gelegentlich etwas
austrocknet und entfernt wird, findet sich im Meerwasser
ein wenig von jedem bekannten Element, darunter auch
von Gold.

Seit Jahrtausenden suchen die Menschen die Erde nach Gold ab, und aufsehenerregende Goldfunde führten unter anderem im 19. Jahrhundert in den 50er Jahren in Kalifornien und in den 90er Jahren im kanadischen Klondike zu einem kurzlebigen Goldrausch. Aber was ist mit dem Gold im Ozean? Ist das nicht die größte Mine der Welt?

Das haben die Menschen früher geglaubt; die Mine im Ozean hat sogar Träume von Reichtum geweckt. Nach dem Ersten Weltkrieg, als Deutschland riesige Reparationszahlungen leisten mußte (die es letztendlich nie bezahlte), kam der Nobelpreisträger und Chemiker Fritz Haber auf den Gedanken, er könne ein Verfahren entwickeln, um aus dem Ozean Gold zu gewinnen, mit dem Deutschland seine Schulden begleichen könne. Er versuchte es, aber es funktionierte nicht.

Es stellte sich heraus, daß es im Ozean weniger Gold gab, als Haber vermutet hatte, und inzwischen scheint es, als gebe es sogar *viel* weniger.

Für die neuen und sehr genauen Analysen ließen Kennison-Faulkner und Edmond ihre Meerwasserproben durch ein Material sickern, das als »Ionenaustauschharz« bezeichnet wird. Es enthält bestimmte elektrisch geladene Atome (Ionen), die das Harz nicht sehr fest gebunden hat und leicht aufgibt. Diese Ionen werden durch andere Ionen aus dem Meerwasser ersetzt. Auf diese Weise werden der Meerwasserprobe alle Goldatome entzogen und können später aus dem Harz entfernt werden.

Das Ionenaustauschharz absorbiert natürlich eine bunte Mischung von Ionen. Diese Mischung läßt man durch ein Vakuum in einem »Massenspektrometer« strömen. Dabei macht man sich die elektrische Ladung der Ionen zunutze und setzt sie einem Magnetfeld aus, das ihre Bahn krümmt. Die Krümmung ist bei jeder Ionenart verschieden, so daß die Goldionen alle getrennt vom Rest an einer bestimmten Stelle auftreffen und ihre Menge gemessen werden kann.

Es stellte sich heraus, daß in einer Milliarde Tonnen Meerwasser etwa zehn Gramm Gold vorhanden sind. Dabei ist es gleichgültig, ob das Meerwasser aus dem Atlantik oder dem Pazifik stammt; mehr befindet sich nicht darin.

Das Mittelmeer unterscheidet sich ein wenig. Es ist mit dem Atlantik nur durch die schmale Straße von Gibraltar verbunden, weshalb sich sein Wasser nicht besonders gut mit dem Ozean vermischt. Außerdem ist es ein warmes Meer, so daß viel Wasser verdunstet und der Anteil an zurückbleibenden Feststoffen steigt. In einer bestimmten Menge von Mittelmeerwasser gibt es dreimal so viel Gold wie in der gleichen Menge von Wasser aus dem Ozean. Vielleicht sind andere von Land umschlossene Gewässer etwas reicher an Gold, aber hoch ist die Menge nirgends – bei weitem nicht so hoch, wie vermutet.

Natürlich darf man die gewaltige Ausdehnung des Meeres nicht außer acht lassen. Das Gesamtgewicht des Meerwassers auf der Erde beläuft sich auf ungefähr 1,25 Millionen Billionen Tonnen. Selbst, wenn es in jeder Milliarde Tonnen nur 25 Gramm gibt, sind dies im gesamten Ozean 1360 Tonnen, was beim gegenwärtigen Goldpreis 1,725 Billionen Dollar ausmachen würde.

Es gab einmal eine Zeit, als jeder bei einer solchen Summe von »unermeßlichem Reichtum« gesprochen hätte, aber leider ist der Reichtum heute nicht mehr unermeßlich. Die Schulden der Vereinigten Staaten belaufen sich auf mehr als vier Milliarden Dollar; bei dem Tempo dieser Verschuldung wird es nicht lange dauern, bis das Land seinen Bürgern und dem Rest der Welt den dreifachen Wert allen Goldes im Ozean schuldet.

Ein Grund für den hohen Marktwert des Goldes ist außerdem seine Knappheit. Wenn die 1360 Tonnen plötzlich alle in den Banken und Tresoren der Welt auftauchten, würde sein Kilopreis in den Keller stürzen und viel weniger von der Staatsschuld tilgen, als man erwarten würde.

Worauf es aber letztlich ankommt, ist nicht die Gesamtmenge im Ozean, sondern wie dünn sie verteilt ist – und
sie ist sehr dünn verteilt. Heute (und noch auf absehbare
Zeit) gibt es keine Methode, mit der man das nur in Spuren
vorhandene Gold wirtschaftlich gewinnen könnte. Um
Gold im Wert von einem Dollar zu erhalten, müßte man
1000 Dollar oder mehr aufwenden, wie Fritz Haber nach
dem Ersten Weltkrieg berechnete. Das Gold wird also bleiben müssen, wo es ist, und wir müssen uns sinnvollere
Möglichkeiten überlegen, um die Finanzprobleme der Vereinigten Staaten und der Welt zu lösen.

Warum ist der Himmel dunkel?

Vielleicht hat der Astrophysiker Paul S. Wesson von der
University of Waterloo in Ontario (Kanada) ein Problem
gelöst, das die Astronomen seit fast 200 Jahren gequält.
Bereits 1826 wies der deutsche Astronom Heinrich W. M. Olbers nämlich auf folgendes hin: Wenn es eine unendliche
Zahl von Sternen gäbe, würde man in jeder Richtung irgendwann einen Stern sehen. Der Stern könnte zwar zu wenig
Leuchtkraft haben, um ganz alleine sichtbar zu sein, aber bei
einer unendlichen Zahl sähe man eine Lichtwolke. Ja, der
gesamte Himmel wäre von dieser Wolke aus unendlich vielen
Sternen erleuchtet, so daß er überall so hell und so heiß wie
die Oberfläche der Sonne schiene. Ein Leben wäre unmöglich. Und doch ist der Himmel aus irgendeinem Grund
schwarz. Man bezeichnet dies als »Olberssches Paradoxon«.
Die einfachste Möglichkeit zur Lösung des Olbersschen
Paradoxons ist die Annahme, es gebe *keine* unendliche
Anzahl von Sternen im Universum. Zu Olbers' Zeit wurde
ihre Zahl auf ein paar hundert Millionen geschätzt, und
dahinter würde Leere herrschen.
Doch diese Ansicht geriet mit der Zeit ins Schwanken. In

den 20er Jahren wußte man nicht nur, daß unsere eigene Galaxis 300 Milliarden Sterne enthält (viele tausend Male mehr, als man zu Olbers' Zeit geglaubt hatte), sondern es gab zudem Hunderte von Milliarden anderer Galaxien, die alle vor Sternen glitzerten. Die Zahl der Sterne war immer noch nicht unendlich, aber es gab so viele, daß sich die Astronomen fragten, wie man sie am schwarzen Himmel übersehen konnte.

Anfang des 20. Jahrhunderts entdeckte man, daß viele Galaxien von Staubwolken erfüllt waren und daß das Universum überhaupt hier und dort dünne Staubschleier enthielt. Dieser Staub schluckte sehr viel Licht, und so glaubte man, die Antwort auf den schwarzen Himmel gefunden zu haben: Es gab zwar viel Sternenlicht, aber es wurde vom Staub absorbiert.

Eine einfache Überlegung zeigte, daß dies nicht möglich war. Wenn der Staub das Licht aufhielte, würde er sich selbst bis zum Glühen erwärmen. Statt mit Sternen, die am ganzen Himmel leuchteten, hätten wir es mit leuchtenden Sternen *und* Staub zu tun, und das Olberssche Paradoxon wäre noch immer nicht gelöst.

In den 20er Jahren ergab sich dann etwas anderes: die Ausdehnung des Universums. Die fernen Galaxien entfernten sich immer weiter von uns. Dies hatte auch eine Auswirkung auf das Licht, das sie ausstrahlten. Wenn sie sich entfernten, verschob sich das abgegebene Licht zum energiearmen roten Licht hin.

Dies wiederum bedeutete, daß sich ein hoher Anteil des von den Sternen abgegebenen Lichts möglicherweise so weit verschob, daß sein Energiegehalt sehr niedrig wurde und diese Sterne nicht imstande waren, den Himmel zu erleuchten. Das war es: Der Himmel war schwarz, weil sich das Universum ausdehnte. Diese Annahme war so verlockend, daß ich sie in meinen Astronomiebüchern als Lösung des Olbersschen Paradoxons anführte.

Trotzdem war sie ebenfalls falsch. Wesson stellte umfangreiche Berechnungen an, wieviel Licht infolge der Ausdehnung des Universums verlorenging, und fand heraus, daß es zu wenig war, um das Olberssche Paradoxon zu erklären. Auch wenn sich das Universum ausdehnte, sollte es immer noch den Himmel erhellen und ein Leben unmöglich machen.

Eine Weile schien es, als sei keine Erklärung denkbar, aber dann stellte sich doch eine ein. Die Galaxien existieren nicht seit immer und werden auch nicht für immer bestehen. Es gibt eine Phase, in der sie geboren werden und zu leuchten beginnen, und eine Phase, in der sie sterben und zu scheinen aufhören. Mit anderen Worten: Das Universum mag zwar eine fast unendliche Anzahl von Sternen enthalten, aber sie geben nicht unendlich lange Licht ab, und das tatsächlich emittierte Licht hatte noch keine Zeit, das Universum zu erfüllen.

Wessons Berechnungen zeigen die Richtigkeit dieser Überlegungen und erklären damit das Olberssche Paradoxon. Der Himmel ist nur deshalb schwarz, weil er nicht die Zeit hatte, vollständig erleuchtet zu werden. Wir leben, weil wir uns noch in der Frühzeit des Universums befinden.

Was bedeutet das für die Zukunft? Wird das Universum im Laufe der Zeit immer stärker von Licht erfüllt werden, bis es – vielleicht in Billionen Jahren – ein Stadium erreicht, wo nirgends mehr Leben möglich sein wird?

Oder wird das von den Sternen erzeugte Licht allmählich schwächer werden, wenn einzelne Sterne verlöschen? Wird die gesamte Lichtmenge durch die Entstehung neuer Sterne unverändert bleiben? Oder wird, da neue Sterne seltener entstehen als alte sterben, das Licht des Universums langsam schwächer, bis es so viel Dunkelheit und so wenig Licht und Wärme gibt, daß das Leben ohnehin unmöglich wird? Oder wird das Universum noch andere Veränderungen durchlaufen? Das ist die Art von Dingen, die Astronomen faszinieren.

Sternenlicht und Staub

Erstmals in der Geschichte sind die Menschen nun in der Lage, reines Sternenlicht zu analysieren.

Für jeden, der schon einmal in einer klaren, dunklen Nacht den Himmel betrachtet hat, mag dies eigenartig klingen, aber es stimmt.

Das Problem bei der Sternenbeobachtung liegt darin, daß wir uns in der unmittelbaren Nachbarschaft eines bestimmten Sterns, der Sonne, befinden, dessen Licht so ungeheuer stärker als alles andere ist, was wir sehen können, daß es alles überstrahlt.

Natürlich dreht uns die Rotation der Erde die Hälfte der Zeit in ihren eigenen Schatten. Die Sonne sinkt, die Nacht bricht herein, und die Sterne kommen zum Vorschein. Doch das reicht nicht aus. Mit großer Wahrscheinlichkeit steht der Mond am Himmel, der das Sonnenlicht in einem solchen Maße reflektiert, daß sein Licht heller ist als alles andere am Nachthimmel zusammen genommen.

Zusätzlich zum Mond gibt es die hellen Planeten Merkur, Venus, Mars, Jupiter und Saturn, die ebenfalls Sonnenlicht reflektieren und zusammen heller als alle Sterne sind. Aus diesem Grund steuern sogar Uranus, Neptun und Pluto ebenfalls Sonnenlicht bei, obwohl sie sehr lichtschwach oder für das bloße Auge nicht einmal sichtbar sind.

Und doch gibt es Zeiten, in denen der Mond am Nachthimmel nicht zu sehen ist (das gilt sogar für die Hälfte der Zeit), und auch Zeiten, wenn alle Planeten zufällig auf der Tagseite der Erde stehen. Das kommt nicht sehr häufig vor, doch ab und zu bietet sich die Gelegenheit, den Nachthimmel ohne Mond und Planeten zu sehen.

Können wir dann nicht reines Sternenlicht sehen? Leider nein.

Zehntausende von Planetoiden umkreisen die Sonne, dazu noch mehr Meteoroiden und eine unbestimmte Zahl von

Kometen. Alle reflektieren Sonnenlicht, was das Sternenlicht, das sonst in reiner Form zu sehen wäre, deutlich dämpft.

Andere Lichtquellen stören sogar noch stärker. Das Sonnensystem ist ein System aus großen und kleinen Himmelskörpern, von denen einige sehr klein sind; sie sind nichts anderes als Staubpartikel. Sagen wir es ruhig unverblümt: Das Sonnensystem ist ein staubiger Ort.

Woher kommt der Staub? Er stammt wahrscheinlich von langsam zerfallenden Kometen und von größeren Himmelskörpern, die hin und wieder zusammenstoßen und in immer kleinere Brocken auseinanderbrechen. Nach einer Schätzung soll es zehn Billionen Tonnen Staub im Sonnensystem geben. Dieser Staub wird zwar ständig von größeren Himmelskörpern aufgefegt, aber in einem Umfang von etwa zehn Tonnen in der Sekunde wird ständig neuer Staub produziert; die Gesamtmenge bleibt damit konstant.

Ist das dem Sternenlicht sehr abträglich? Nun, der Staub reflektiert Sonnenlicht und erzeugt noch in der dunkelsten Nacht ein dauerhaftes, schwaches Licht. Das Licht ist am hellsten in der Ebene, in der sich die Planeten durch die Sternbilder des Tierkreises bewegen. Das Licht wird deshalb auch als Tierkreis- oder Zodiakallicht bezeichnet.

Selbst wenn der Mond und all die Planeten nicht zu sehen sind und man auch das Licht der Planetoiden und Kometen beiseite lassen möchte, sind etwa 40% des Lichts, das auf die Fotoplatte eines gegen den Nachthimmel gerichteten Teleskops fällt, Zodiakallicht.

Was kann man dagegen unternehmen? Bislang nichts. Doch bereits 1972 und 1973 wurden mit *Pioneer 10* und *Pioneer 11* zwei Raumsonden zum Jupiter geschickt. Sie erfüllten ihre Aufgabe, flogen am Jupiter vorbei und senden, obwohl sie sich inzwischen weit jenseits der Planetenbahnen befinden, noch immer Radiosignale zurück.

Der Staubgehalt des Sonnensystems nimmt mit zunehmender Entfernung von der Sonne ab, und die beiden *Pioneer*-Raumsonden sind nun so weit von der Sonne entfernt, daß das Zodiakallicht keine Rolle mehr spielt. Mit dem Rücken zur Sonne, zu den Planeten und zum Staub sehen sie jetzt hinaus zu den Sternen und erkennen (vielleicht mit Ausnahme des unbedeutenden gelegentlichen Aufflackerns eines fernen Kometen, der zum Sonnensystem gehört) nur die Sterne und andere Objekte außerhalb des Sonnensystems.

Gary Toller vom NASA-Raumfahrtzentrum Goddard in Greenbelt (Maryland) analysierte die von den Sonden zurückgeschickten Signale und stellte fest, daß 82% des Lichts, das man beim Blick auf den Sternenhimmel wahrnimmt, tatsächlich von den Sternen unserer eigenen Galaxis erzeugt werden, und zwar fast ausschließlich von Sternen, die mit dem bloßen Auge nicht zu entdecken sind.

Da alle Sterne inmitten von Staub zu existieren scheinen, wird dieses Sternenlicht von Millionen und Abermillionen Zodiakallichtern reflektiert. Fast der gesamte Rest des sichtbaren Lichts stammt daher nicht direkt von den Sternen, sondern ist Sternenlicht, das vom Staub zurückgeworfen wird.

Nur ein kleiner Teil des Lichts, etwa 0,6% der Gesamtmenge, stammt von Lichtquellen außerhalb unserer Milchstraße, von den unzähligen Galaxien, die sich jenseits von unserer eigenen Galaxis befinden.

Auf den ersten Blick scheint uns diese Information nicht viel zu verraten, aber zusammen mit anderen Messungen diente sie dazu, den Standort der Sonne in unserer Galaxis genauer zu bestimmen. Teilt man unsere linsenförmige Galaxis durch eine gedachte Ebene in zwei Hälften, so scheint das Sonnensystem nur etwa vierzig Lichtjahre über dieser Ebene zu liegen.

Die Krümmung von Licht

Am National Radio Astronomy Oberservatory hat eine Gruppe von Astronomen unter der Leitung von Glen Langston einen winzigen Ring von Radiowellen am Himmel lokalisiert. Es war der zweite derartige Ring, der entdeckt wurde; dabei handelt es sich um eines der ungewöhnlichsten Phänomene, mit denen wir am Himmel rechnen können. Man bezeichnet es als »Gravitationslinse«.

Der erste Hinweis darauf, daß es so etwas geben könnte, ergab sich 1916, als Albert Einstein seine allgemeine Relativitätstheorie entwickelte. Nach dieser Theorie sollten Lichtstrahlen in der Nähe eines sehr massereichen Objekts genauso gekrümmt werden, wie wenn sie schräg in Glas eindringen.

Der Unterschied besteht darin, daß Licht von Glas stark gekrümmt wird (Brechung), während die Gravitationskraft Licht nur extrem schwach zu krümmen vermag. Dennoch stellte man 1919 während einer totalen Sonnenfinsternis fest, daß die Sterne in der Nähe der verfinsterten Sonne (die nur wegen der Sonnenfinsternis überhaupt sichtbar waren) aufgrund dieser Krümmung leicht verschoben erschienen.

Nehmen Sie einmal an, eine ferne Lichtquelle schicke Strahlen an allen Seiten der Sonne vorbei, und das Licht werde überall gekrümmt und auf diese Weise gebündelt. Wenn der Brennpunkt in der Nähe der Erde läge, würden wir die ferne Lichtquelle als Lichtkreis um die ganze Sonne herum wahrnehmen.

Das ist jedoch unmöglich. Licht wird in so geringem Maße gekrümmt, daß es nur in einer Entfernung von vielen Lichtjahren zu einem Brennpunkt käme. Aus diesem Grund muß bereits das massereiche Objekt, das das Licht fokussiert, sehr viele Lichtjahre von uns entfernt sein – und die Lichtquelle noch sehr viele Lichtjahre weiter.

Objekte in einer solchen Entfernung galten schlichtweg als nicht erkennbar; deshalb hielten die Astronomen die Gravitationslinse zwar für eine interessante theoretische Idee, glaubten aber nicht, daß sich je so etwas beobachten ließe.

Doch 1963 entdeckte man sehr helle und gleichzeitig sehr ferne Objekte, die Quasare. Sie sind Milliarden Lichtjahre entfernt und dank ihrer ungeheuren Lichtfülle sowie noch besser durch ihre Radiowellen zu orten. Die Radiowellen besitzen alle Eigenschaften von Lichtwellen und können ebenfalls gekrümmt werden.

Nehmen wir also an, daß sich genau zwischen einem fernen Quasar und uns etwas Massereiches befindet, das die Radiowellen des Quasars krümmen und sie in der Nähe der Erde fokussieren kann. Wir würden den Quasar nicht als den üblichen kleinen Strahlungsfleck, sondern als Ring um das fokussierende massereiche Objekt herum wahrnehmen.

Selbstverständlich muß sich dieses Objekt nicht genau zwischen uns und dem Quasar befinden. Die Radiowellen streichen vielleicht hauptsächlich an der einen Seite und sehr wenig an der anderen vorbei. Anstatt eines Rings aus Radiowellen sähen wir dann einfach einen verzerrten Quasar, vielleicht einen Doppelquasar mit einem Quasar auf der einen und einem kleineren Quasar auf der anderen Seite.

Am 9. März 1979 entdeckte man einen Doppelquasar, dessen Komponenten sehr nahe beieinander lagen. Darüber hinaus waren die Spektren so identisch, daß die Vermutung nahelag, man sehe in Wirklichkeit nur einen Quasar, der durch einen Fokussierungseffekt verzerrt wurde. Bei genauerer Überprüfung stellte sich auch tatsächlich heraus, daß sich vor dem Quasar ein riesiger Galaxienhaufen befand, der so weit entfernt war, daß man ihn kaum noch erkennen konnte.

Danach wurden noch sieben weitere Fälle von verzerrten

Galaxien entdeckt, aber erst 1987 fand man einen Quasar, der einen Galaxienhaufen genau vor sich hatte, so daß er einen Ring aus Radiowellen bildete. Nun hatte man die perfekte Gravitationslinse oder, wie er auch manchmal genannt wird, einen »Einstein-Ring«. Mittlerweile wurde noch ein zweiter Einstein-Ring entdeckt, bei dem die Astronomen sagen können, wie weit der für die Strahlung verantwortliche Quasar entfernt sein muß. Die Entfernung wird auf 2,8 Milliarden Lichtjahre geschätzt.

Darüber hinaus haben sie das Objekt ausgemacht, das für die Fokussierung verantwortlich ist. Es ist eine große Galaxis, die genau zwischen dem Quasar und uns liegt und deren Masse etwa 300 Milliarden mal so groß ist wie die unserer Sonne. Mit anderen Worten: Diese Galaxis ist so groß wie unsere eigene Milchstraße, vielleicht sogar ein wenig größer.

Dies wirft nun Fragen zur »fehlenden Masse« auf, einem der beiden großen Probleme, die die Astronomen heute beschäftigen. (Das andere ist der Ablauf bei der Entstehung der Galaxien.)

Es gibt Gründe für die Annahme, daß nicht die gesamte Masse im Universum die Form von Objekten hat, die wir sehen können. Wenn man die Masse aller Sterne in allen Galaxien addiert, scheint insgesamt einfach nicht genügend Masse vorhanden zu sein, um die Gravitationseffekte zu erklären. Manche Astronomen glauben, die fehlende Masse sei bis zu hundertmal größer als die sichtbare Masse, aber niemand weiß, wie sie beschaffen sein könnte.

Andere Astronomen sind felsenfest davon überzeugt, daß die »fehlende Masse« gar nicht existiert, und der Streit darüber ist laut und heftig. Bei dem neuen Einstein-Ring scheint die Masse der dazwischen liegenden Galaxis acht- bis sechzehnmal so hoch zu sein wie die Masse der Sterne, die wir in ihr erkennen können. Das ist noch kein Beweis, aber es spricht für die Verfechter der fehlenden Masse.

Ein winziges verdrehtes Licht

Eines der größten Rätsel der Astronomie ist das »Geheimnis der fehlenden Masse«, doch vor kurzem haben verschiedene Astronomen berichtet, diese fehlende Masse könne mehr oder weniger sichtbar gemacht werden.

Die fehlende Masse gehört zu Objekten im Universum, die man zwar weder sehen noch auf andere Weise nachweisen kann, von deren Existenz die Astronomen aber überzeugt sind. Sie wissen nicht, woraus sie besteht oder bestehen könnte, doch daß es sie gibt, wird von den wenigsten in Zweifel gezogen.

Warum? Nun, die Astronomen haben eine große Zahl von Galaxien untersucht. Sie haben die Sterne und andere darin erkennbare helle Objekte analysiert. Aus dem, was sie sehen, können sie die Masse (d. h. die gesamte Menge an Materie) der Galaxis berechnen. Sie können angeben, daß 90% dieser Masse in einem relativ kleinen Bereich im Zentrum der Galaxis konzentriert sind.

Daraus können sie weiter berechnen, auf welche Weise die Galaxis rotieren müßte. Die zentrumsnahen Sterne sollten sich schnell bewegen, die weiter entfernten Sterne langsamer (wie die Planeten in unserem Sonnensystem). Das einzige Problem ist, daß sich Galaxis für Galaxis weigern, sich auf diese Weise zu drehen. Die weiter entfernten Sterne bewegen sich nämlich genauso schnell wie die näheren. Als einzig mögliche Erklärung muß man annehmen, daß es in den Randbereichen der Galaxis zusätzliche Masse gibt, die wir nicht entdecken können.

Kann es sich dabei um unzählige Wolken aus kleinen Himmelskörpern handeln, die zu klein sind, um zu leuchten, aber doch Masse beisteuern. Ist es vielleicht ein riesiges Aufgebot massereicher Elementarteilchen, die wir nie entdeckt haben und über die wir noch nichts wissen? Wir wissen es nicht, aber *etwas* ist da.

Außerdem geht es nicht nur um rotierende Galaxien. Die Galaxien sind in verschieden großen Haufen angeordnet, wobei einige Haufen (wie der, zu dem wir gehören) Dutzende von Galaxien enthalten, während andere aus Hunderten oder sogar Tausenden von Galaxien bestehen.

Wenn Astronomen die Haufen sehen, sind sie in der Lage, die Masse der einzelnen Galaxien und damit zugleich die Stärke der wechselseitig ausgeübten Gravitationskraft zu bestimmen. Außerdem können sie die Geschwindigkeit messen, mit der sich die einzelnen Galaxien innerhalb des Haufens bewegen. Auf jeden Fall scheint die Schwerkraft, die die Galaxien aufeinander ausüben, jedoch nicht groß genug zu sein, um die Galaxien daran zu hindern, daß sie sich voneinander entfernen, wenn man die Geschwindigkeit berücksichtigt, mit der sie sich bewegen.

Es gibt nur eine Erklärung, warum sie nicht auseinanderdriften: Man muß annehmen, daß es mehr Masse und deshalb auch eine stärkere Massenanziehung gibt, als sich aufgrund der sichtbaren Materie vermuten läßt. Je größer der Haufen ist, desto mehr zusätzliche Masse muß vorhanden sein.

Einige Astronomen sind der Meinung, daß die fehlende Masse bis zu 90% der gesamten Masse des Universums ausmacht. Es ist daher im höchsten Grade frustrierend, daß wir sie nicht nachweisen können und nicht wissen, worum es sich dabei handelt.

Gibt es irgendeine Eigenschaft der Masse, die uns einen Hinweis darauf geben könnte, *wo* genau sie sich befindet? Das wäre immerhin schon etwas. Theoretisch ja.

Bereits 1916 sagte Einstein aufgrund seiner allgemeinen Relativitätstheorie voraus, daß sich Lichtstrahlen beim Durchgang durch das Schwerefeld massereicher Objekte krümmen würden. Der Grad der Krümmung hänge von der Größe der Masse und der Entfernung der Masse vom Licht ab. Einstein berechnete genau, wie das alles vor sich gehen würde. Seine Voraussage wurde 1919 und unzählige weitere Male auf mannigfache Weise bestätigt. Die Astronomen sind alle davon überzeugt, daß sich Licht nur dann merklich krümmt, wenn es an einem besonders massereichen Körper vorbeikommt.

Nehmen Sie also an, Sie untersuchten eine sehr ferne Galaxis, die etwa so weit entfernt ist, daß wir sie gerade noch ausmachen können. Ihr Licht pflanzt sich über eine Strecke von Millionen Lichtjahren zu uns fort und passiert dabei möglicherweise ab und zu einen dicken Galaxienhaufen. Das Gravitationsfeld des Haufens kann dann bei diesem schwachen Lichtschimmer von der fernen Galaxis eine winzige Ablenkung bewirken.

Astronomen an den AT&T Bell Laboratories in Murray Hill (New Jersey) und am National Optical Astronomy Observatory in Tucson (Arizona) unter der Leitung von J. Anthony Tyson haben am 18. Januar 1990 bekanntgegeben, daß ihnen genau dies gelungen sei, und zwar durch die Verwendung neuer und hochentwickelter »ladungsgekoppelter Geräte« sowie speziell entwickelter Computerprogramme für die Analyse der Ergebnisse.

Anhand des winzigen verdrehten Lichts können sie angeblich sagen, wo sich die fehlende Masse in dem Galaxienhaufen befinden könnte. Vielleicht kann man mit dieser Technik eines Tages das Universum »kartieren« und die Verteilung der fehlenden Masse bestimmen: hier mehr, dort weniger. Das könnte uns Hinweise auf die Beschaffenheit dieser Masse geben, und das wiederum würde vielleicht sehr viel über das Universum erklären, was wir bislang noch nicht wissen.

Doch wir sollten uns nicht zu weit vorwagen. Die neue Methode ist hart an der Grenze des Machbaren und wird von anderen überprüft werden. So haben einige Astronomen auch schon Zweifel an der absoluten Verläßlichkeit der neuen Methode angemeldet.

Trotz alledem ist die Frustration der Wissenschaftler über dieses »Geheimnis der fehlenden Masse« so groß, daß bereits der kleinste Schritt, der uns einer möglichen Lösung näher bringt, mit Sicherheit Aufregung auslöst.

Die Kartierung der Sterne

Sternkataloge haben eine lange Tradition. Der erste bedeutende Katalog wurde um 130 v. Chr. von dem griechischen Astronomen Hipparch erstellt. Er hatte am Himmel einen neuen Stern entdeckt (was wir heute als »Nova« bezeichnen) und wollte sicherstellen, daß weitere Phänomene dieser Art schnell erkannt würden. Zu diesem Zweck listete er die 850 hellsten Sterne auf und gab ihre Position an, indem er den Himmel in Längen- und Breitengrade einteilte. Jeder beobachtete helle Stern, der nicht aufgeführt war, würde sofort als ein neuer Stern erfaßt werden.

Um 150 n. Chr. übernahm ein anderer Astronom, Ptolemäus, Hipparchs Angaben in sein eigenes Buch zu diesem Thema und fügte weitere 170 Sterne hinzu. Die Karte von Ptolemäus war vierzehn Jahrhunderte lang in Gebrauch. Doch in den 80er Jahren des 16. Jahrhunderts erstellte der dänische Astronom Tycho Brahe die erste Sternkarte der Neuzeit. Er benutzte selbst entworfene Instrumente, um genauere Positionen als im Altertum zu erhalten. Seine Karte enthielt 788 genau lokalisierte Sterne.

Ein Jahrhundert später, im Jahre 1661, erstellte der mit sehr guten Augen ausgestattete deutsche Astronom Johannes Hevelius einen Katalog mit 1564 Sternen, der den von Brahe noch übertraf. Brahe jedoch hatte seine Arbeit vor der Erfindung des Teleskops durchgeführt, während Hevelius sich geweigert hatte, eines zu benutzen.

Nach Hevelius wurden die Sterne nur noch mit Hilfe des Teleskops eingetragen. Dadurch war es möglich, die Sterne genauer auszumachen als mit dem bloßen Auge; mit dem Teleskop konnte man auch lichtschwache Sterne sehen und lokalisieren, die mit bloßem Auge nicht mehr wahrnehmbar waren.

Der erste bedeutende Sternkatalog, der mit Hilfe eines Teleskops erstellt wurde, stammt von dem englischen Astronomen John Flamsteed. Er wurde 1725, sechs Jahre nach Flamsteeds Tod, veröffentlicht und führte 3000 Sterne auf.

Doch der deutsche Astronom Friedrich Argelander, der viel bessere Teleskope zur Verfügung hatte und sich ganz der Aufgabe verschrieb, erstellte zwischen 1859 und 1862 ein riesiges Sternverzeichnis, das in vier umfangreichen Bänden nicht weniger als 457 848 sorgfältig nach Längen- und Breitengrad aufgelistete Sterne enthielt.

Niemand hätte es damals für möglich gehalten, einen noch größeren und besseren Sternkatalog anzufertigen, aber Argelander mußte ohne die Hilfe der Fotografie auskommen, die noch nicht weit genug entwickelt war, um das Licht von Sternen aufnehmen zu können.

Sobald man den Nachthimmel durch große Teleskope fotografieren konnte, war es nicht mehr notwendig, die Position jedes einzelnen Sterns gleich während des Beobachtens zu bestimmen. Man machte einfach eine Aufnahme und trug die Position der einzelnen Sterne dann irgendwann später ein. Bis zum Beginn des 20. Jahrhunderts war es möglich, Sternkataloge zu erstellen, die bereits Millionen von Sternen verzeichneten.

Ein 1989 vom Space Telescope Science Institute herausgegebener Katalog listet die Position und Helligkeit von 18 829 291 Objekten auf. Davon sind etwa 15 Millionen Sterne in unserer eigenen Galaxis. Die restlichen drei bis vier Millionen befinden sich in anderen Galaxien jenseits von unserer eigenen.

Wer ein scharfes Auge hat, kann ohne Hilfsmittel nur etwa 6000 Sterne erkennen. Diese reichen bis zur 6. Größe (m = magnitudo) hinunter. (Je höher die Größenklasse, desto lichtschwächer der Stern.) Der Katalog von 1989 verzeichnet alle Sterne und andere Objekte bis zur 15. Größe (scheinbare Helligkeit), aber unsere Teleskope können Objekte bis zur 21. Größe wahrnehmen; der neue Sternkatalog enthält also bei weitem nicht alle sichtbaren Objekte.

Künftige Sternkataloge – die durch neue Entdeckungen notwendig werden – dürften wohl auch weiterhin kleine Ungenauigkeiten aufweisen, denn alle Sterne sind in Bewegung. Sie befinden sich auf riesigen Umlaufbahnen, die sie um das Zentrum der Galaxis herumführen, teils auf annähernd kreisförmigen und teils auf gestreckten elliptischen Bahnen. Unsere Sonne bewegt sich selbstverständlich ebenfalls.

Im Endeffekt bewegen sich die Sterne, die wir sehen, wie ein Bienenschwarm kreuz und quer über den Himmel. Die Bewegungen gehen sehr langsam vor sich, aber sie bedeuten jeweils eine Positionsveränderung, die zwar winzig ist, aber dennoch mit Sicherheit neue Beobachtungen bedingt. Deshalb sind die Astronomen mittlerweile dabei, die scheinbare Bewegung aller Sterne zu berechnen, so daß sie auch diese Informationen in neue Sternkataloge einfließen lassen können.

Die Planetenfinder

Die beiden Astronomen Shude Mao und Bohdan Paczynski von der Princeton University haben eine neue Methode entwickelt, um Planeten zu finden, die ferne Sterne umkreisen. Davor war die Methode einfach – falls das Objekt, das den Stern umkreiste, groß genug war. Beispielsweise besitzt der Stern Sirius einen ihn umkreisenden Weißen Zwergstern, der so schwer wie unsere Sonne ist und etwa zwei Fünftel der Masse von Sirius selbst aufweist. Als Folge davon hat der Weiße Zwerg (Sirius B) eine ganz enorme Gravitationskraft.

Normalerweise würde sich Sirius geradlinig fortbewegen, aber Sirius B zerrt ihn von dieser geraden Linie weg und bewirkt eine Wellenbewegung. Aus diesem Grund wurde Sirius B auch schon lange entdeckt, bevor man ihn zum ersten Mal sah. Das gleiche gilt für Prokyon B, einen Weißen Zwerg, der den Stern Prokyon umkreist.

Aber nehmen Sie nun einmal an, das einen Stern umkreisende Objekt sei ein Planet und habe die Größe von Jupiter. Ein jupitergroßes Objekt besäße $1/1000$ der Sonnenmasse; seine Anziehungskraft gegenüber dem Stern wäre deshalb unbedeutend.

Dennoch gäbe es *etwas*, das zu sehen wäre. Wenn wir einen Stern aussuchen, der sich relativ nahe bei uns befindet, könnten wir vielleicht eine Wellenbewegung erkennen, die sonst nicht zu sehen wäre. Das träfe insbesondere dann zu, wenn der Stern relativ klein und der ihn umkreisende Planet relativ groß wäre.

Aus diesem Grund zeigte der nur 5,9 Lichtjahre von uns entfernte Barnards Pfeilstern eine sehr schwache Wellenbewegung, aus der die Astronomen berechneten, daß ihn ein Planet von der Größe Jupiters umkreist. Man untersuchte auch andere Sterne dieser Art, und bei etwa einem halben Dutzend stellte man fest, daß sie von Planeten umkreist werden. Es gab nur einen Haken: Die Wellenbewegungen waren so winzig, daß die Wahrscheinlichkeit hoch war, daß der Blick durch das Teleskop trog – und so war es auch. Schließlich kam man zu dem Ergebnis, daß die Sterne *nicht* von Planeten umkreist wurden.

Kann man auch feststellen, daß Planeten ferne Sterne umkreisen, wenn sie keine Wellenbewegung bewirken?

An dieser Stelle kommen Mao und Paczynski ins Spiel. Sie weisen darauf hin, daß sich, von der Erde aus betrachtet, ab und zu ein großer Planet vor den Stern schieben könnte, den er umkreist. Als Folge davon wird das vom fernen Stern emittierte Licht durch die gemeinsame Schwerkraft von Stern und Planet auf eine charakteristische Weise verzerrt. Dies bezeichnet man als »Mikrolinseneffekt«. Bislang hat man zwei Mikrolinsen entdeckt, aber dabei handelt es sich um Objekte in fernen Galaxien. Was wir suchen, sind Mikrolinsen in unserer eigenen Galaxis, die uns etwas über die Sterne in unserer Nähe verraten können.

Eine derartige Mikrolinse kommt auch zustande, wenn sich ein Planet nicht vor seinen eigenen Stern, sondern vor einen weiter entfernten Stern schiebt. Die Astronomen schätzen, daß sich ein solcher Mikrolinseneffekt pro Million weit entfernter Sterne ein paar Male pro Jahr ergibt. Das Ergebnis sind rasche Veränderungen im Charakter des Lichts von dem Stern, die zwischen zweieinhalb und zehn Stunden dauern. Damit dies geschieht, muß der Planet fast unmittelbar vor dem fernen Stern vorüberziehen, was bei 5 bis 10% der zustande kommenden Mikrolinsen der Fall sein dürfte. Dies bedeutet, daß die Astronomen ein Jahr lang äußerst aufmerksam sein müßten, um auch nur eine einzige Mikrolinse zu entdecken.

Anscheinend ist ein Mikrolinseneffekt wirkungsvoller, wenn sich der Planet vor einen Doppelstern schiebt. Da es sich bei den meisten Sternen um Doppelsterne handelt, ist das gar nicht übel.

Wie die Astronomen annehmen, werden bis zu 10% aller Mikrolinsen zeigen, daß sich das planetarische Objekt vor einen Doppelstern geschoben hat. Der Mikrolinseneffekt sollte vor einem Doppelstern langsamer vor sich gehen; die Veränderungen des Lichts dürften dabei zwischen 0,4 und 1,2 Tagen dauern. Darüber hinaus sollte es möglich sein, anhand des Mikrolinseneffekts die Größe des Objekts zu bestimmen, das sich zwischen die Erde und den Stern schiebt.

Mao und Paczynski geben gerne zu, daß das ganze Vorhaben sehr schwierig ist. Dennoch gibt es allem Anschein nach keine andere Methode, um ferne Planeten zu entdecken.

Vom Gelingen dieser Entdeckungen hängt einiges ab, denn

zum einen würden wir dadurch erfahren, ob die Galaxis voller Planeten ist oder nicht. Wenn ja, könnte sie auch voller Leben sein, und das wäre für uns zweifellos von Bedeutung.

Der Polarstern verändert sich

Der Polarstern, der von den Astronomen zumeist »Polaris« genannt wird, ist ein Inbegriff von Beständigkeit. Er befindet sich sehr nahe an dem Punkt am Himmel, der direkt über dem Nordpol liegt; während sich die Erde um ihre Achse dreht, scheinen die Sterne um diesen Punkt zu kreisen. Der Nordstern, der sich fast genau im Mittelpunkt dieser Rotation befindet, bleibt in jeder Nacht des Jahres fast genau an derselben Stelle am Himmel. Diese Beständigkeit machte ihn im Altertum für die Navigation bei Nacht sehr nützlich, denn als eine Art astronomischer Kompaß zeigte der Polarstern immer an, wo Norden war.

Doch 1989 zeigte Nadine Dinshaw, eine junge Astronomin der University of British Columbia, daß sich der Polarstern auf eine besonders markante Weise verändert. Nein, er beginnt nicht, seinen Standort zu wechseln; es geht um seine Helligkeit.

Die meisten Sterne leuchten gleichmäßig; aber einige zeigen in ihrem Lichtausstoß Veränderungen und sind deshalb »Veränderliche Sterne«. Vor etwa hundert Jahren fand man heraus, daß der Polarstern ein veränderlicher Stern ist. Mit dem bloßen Auge war die Schwankung nicht zu bemerken, aber genaue astronomische Messungen zeigten, daß der Stern manchmal um 10% heller war als sonst.

Aus der Regelmäßigkeit, mit der das Licht des Polarsterns heller und dunkler wurde, konnten die Astronomen schließen, daß es sich um eine besondere Art von veränderlichem Stern handelte, die als »Cepheid« bezeichnet wird. Die Cepheiden werden so genannt, weil das erste Exemplar dieses Typs im Sternbild Cepheus entdeckt wurde.

Der Grund für die regelmäßige Veränderung in der Licht-erzeugung liegt darin, daß die Cepheiden gleichmäßig pul-sieren. Sie werden größer, dann kleiner, dann wieder grö-ßer, usw. 1912 entdeckte die amerikanische Astronomin Henrietta Swan Leavitt, daß alle Cepheiden einer bestimm-ten Helligkeit mit der gleichen Periode pulsieren.

Diese Entdeckung war außerordentlich nützlich. Sie be-deutete, daß man bereits durch die Messung der Zeitspan-ne, in der ein bestimmter Cepheid dunkler und wieder heller wurde, seine *tatsächliche* Helligkeit bestimmen konn-te. Vergleicht man diese mit seiner scheinbaren Helligkeit, wie wir sie am Himmel sehen, so kann man sagen, wie weit er entfernt sein muß.

Durch die Messung der Entfernung verschiedener Cephei-den in unserer Galaxis konnten sich die Astronomen erst-mals ein genaues Bild von der Größe der Milchstraße ma-chen und ihren Durchmesser mit 100 000 Lichtjahren ange-ben.

Besonders helle Cepheiden lassen sich sogar in anderen Galaxien erkennen, die nicht zu weit von uns entfernt sind, und dadurch kann man auch die Entfernung dieser Gala-xien bestimmen. So stellte man durch eine Messung der Periode der Cepheiden im Andromedanebel fest, daß un-sere größte Nachbargalaxis 2,3 Millionen Lichtjahre ent-fernt ist. Die Entfernung von anderen vergleichsweise na-hen Galaxien wurden ebenfalls bestimmt; diese Werte bil-deten die Grundlage für spätere Schätzungen, die die Ent-fernung der fernsten noch sichtbaren Objekte und das mögliche Alter des Universums betreffen.

Natürlich interessierten sich die Astronomen dafür, wie die veränderlichen Cepheiden funktionieren. Sterne leuchten lange Zeit beständig, und zwar auf Kosten des Wasserstoffs, der in ihrem Kern eine Fusionsreaktion durchläuft. Doch wenn irgendwann genügend Wasserstoff verschmolzen ist, wird der Kern so heiß, daß sich der Stern ausdehnen muß.

Die äußeren Schichten kühlen bei der Ausdehnung ab und werden rot. Der Stern ist dann ein »Roter Riese«.

Manche Sterne durchlaufen ein Zwischenstadium. Bevor sie sich tatsächlich zu einem Roten Riesen ausdehnen, machen sie eine Phase des Pulsierens durch: eine Art von Zögern, wobei sie sich ein wenig ausdehnen, dann zurückfallen, wieder etwas ausdehnen, wieder zurückfallen, und so weiter. In diesem Stadium sind sie Cepheiden.

Wenn der Wasserstoff im Kern schließlich immer mehr aufgebraucht wird, hört das Pulsieren auf, weil der Stern mehr »Entschlossenheit« zur Ausdehnung zeigt und sich anschickt, ein Roter Riese zu werden. Astronomen, die solche Schwankungen untersuchten, waren der Ansicht, ein Stern bleibe nur für kurze Zeit ein Cepheid. Dies wiederum bedeutete, daß man nur genügend Cepheiden im Auge behalten muß, um früher oder später einen von ihnen am Ende dieses Stadiums seiner Existenz zu entdecken und dabei das Ausklingen des Pulsierens beobachten zu können. Wenn der astronomische Zeitplan stimmt, sollten die Schwankungen relativ schnell zum Ende kommen – in vielleicht zehn Jahren.

Zu Beginn der 80er Jahre fiel den Astronomen auf, daß die Helligkeitsveränderungen des Polarsterns weniger ausgeprägt wurden. Daraufhin verbesserte man die Geräte für die Durchführung der notwendigen Messungen. Nachdem Nadine Dinshaw den Stern über einen Zeitraum von acht Monaten hinweg intensiv untersucht und während dieser Zeit 237 Spektren vom Licht dieses Sterns analysiert hatte, war sie von dieser Tatsache überzeugt. Anhand der Spektren läßt sich sagen, ob der Stern pulsiert, und ob seine Oberfläche uns erst näher kommt und sich dann wieder zurückzieht. Es stellte sich heraus, daß die Pulsationen jetzt nur noch ein Drittel so stark sind wie zu der Zeit, als die Schwankungen erstmals bemerkt wurden, und sie scheinen Jahr für Jahr schwächer zu werden.

Bald wird der Stern völlig zu pulsieren aufhören, nachdem

er vielleicht 40000 Jahre lang (für Astronomen eine recht kurze Zeit) regelmäßig pulsiert hat. Und was geschieht dann? Wird sich der Polarstern nun zu einem Riesen ausdehnen? Wird sein Licht röter und heller werden? Möglicherweise wird er an seinem Standort bleiben und nach wie vor der Polarstern sein.

Der unbemerkte Stern

Es könnte sein, daß ein Indianerstamm im heutigen Mexiko vor fast tausend Jahren einen Stern am Himmel sah, der europäischen Astronomen auf unerklärliche Weise entging. Das jedenfalls glauben Ralph Robbins und Russell Westmoreland von der University of Texas, nachdem sie eine vor etwa fünfzig Jahren ausgegrabene Urne untersucht haben.

Der fragliche Stern war eine Supernova, die im Jahre 1054 hell aufleuchtend explodierte, und zwar möglicherweise am 4. Juli dieses Jahres als verfrühte Feier des amerikanischen Unabhängigkeitstags. Hoch am Himmel leuchtete der Stern mit beispielloser Helligkeit im Sternbild Taurus (Stier) auf, so daß er in ganz Europa deutlich zu sehen war. Er erschien im Tierkreis und damit in einem für Astrologen besonders interessanten Bereich des Himmels; mittelalterliche Himmelsbeobachter haben diese Region also mit Sicherheit studiert.

Der Stern war auch nicht schwer zu sehen. Mit Ausnahme der Sonne oder des Mondes war er heller als jedes andere Objekt am Himmel. Er war zwei- bis dreimal so hell wie die Venus, der prächtige Abendstern. Er war so hell, daß er dreiundzwanzig Tage lang *am Tage* zu sehen war. Nachts war er beinahe zwei Jahre lang sichtbar, bevor er schwächer wurde und verschwand; in seinem hellsten Stadium warf er sogar einen Schatten.

Und dennoch sah ihn in Europa niemand. Oder zumindest ist dort kein Bericht über dieses Ereignis erhalten geblieben; lediglich in einer italienischen Handschrift gibt es eine Erwähnung, die sich darauf beziehen *könnte*.

Aber woher wissen wir, daß ein solcher Stern am Himmel stand, wenn es keinen zuverlässigen Bericht darüber gibt? Zum einen hinterließ die gewaltige Explosion dieses Sterns eine Trümmerwolke, die von den Astronomen heute als »Crabnebel« bezeichnet wird. Sie dehnt sich immer noch aus, und anhand der Ausdehnungsgeschwindigkeit kann man zurückrechnen und angeben, daß die Explosion um das Jahr 1054 begann.

Zum anderen ist die Tatsache, daß es keine europäischen Berichte über den Stern gibt, vielleicht darauf zurückzuführen, daß Europa damals gerade erst am Ausgang des finstersten Mittelalters stand und sich die Astronomie auf dem Kontinent in einem traurigen Zustand befand. Nur wenige Menschen studierten den Himmel und berichteten, was sie beobachteten.

Doch die Welt bestand nicht nur aus Europa. Technologisch führend war damals China; jahrhundertelang hatten chinesische Astronomen von jedem neuen Stern die Zeit der Erscheinung und die genaue Position am Himmel festgehalten. *Sie* berichteten darüber, daß in dem Jahr, das nach unserer Zeitrechnung 1054 entspricht, und an der Stelle, die heute vom Crabnebel eingenommen wird, ein sogenannter »Gaststern« aufgetaucht sei. (Dies war nicht die einzige Nova, von der sie berichteten; die astronomischen Jahrbücher Chinas belegen für die Zeit des Altertums und des Mittelalters etwa fünfzig Gaststerne.) Japanische Astronomen berichteten ebenfalls über die Erscheinung des hellen Sterns im Jahre 1054.

Die Supernova von 1054 war jedoch aufsehenerregend genug, so daß nicht nur Astronomen in höher entwickelten Ländern über sie berichteten. Völker, die nach heutigen Maßstäben primitiv waren, mußten die Erscheinungen am Himmel, die ja den Lauf der Jahreszeiten bestimmten, sehr wohl verfolgen und hielten Ausschau nach ungewöhnlichen Zeichen.

Die Erforschung des astronomischen Wissens primitiver Völker hat in jüngster Zeit größere Bedeutung erlangt; man bezeichnet diesen Zweig der Wissenschaft als »Archäoastronomie« (»alte Astronomie«).

Die Archäoastronomie sorgte in den 60er Jahren für Schlagzeilen im Zusammenhang mit Stonehenge, den eindrucksvollen Kreisen aus riesigen Steinen (von denen einige umgestürzt sind) im Südwesten Englands. Rekonstruktionen des ursprünglichen Zustands lassen manche Forscher vermuten, daß bestimmte Steine auf den Punkt des Sonnenaufgangs am Tag der Sommersonnenwende ausgerichtet waren. Andere Wissenschaftler haben sogar erklärt, die Anordnung der Steine könne als steinzeitliches Observatorium gedient haben, das imstande war, die Zeitspannen vorauszusagen, zu denen Mondfinsternisse zu erwarten waren.

In Amerika fand man ebenfalls Plätze, an denen Sonnenlicht auf eine Weise durch einen Spalt einfallen konnte, daß es den Innenraum am Morgen der Sommersonnenwende – und nur dann – auf eine bestimmte Weise erhellte.

Und nun zu der Urne, die Robbins und Westmoreland untersucht haben. In ihrer Mitte befindet sich die Abbildung eines Hasen, der durchaus den Mond symbolisieren könnte, denn in der Vorstellungswelt vieler Indianerstämme stellen die dunklen Muster auf dem Mond einen Hasen dar (so wie sie in der abendländischen Tradition für einen Mann mit einem Reisigbündel auf dem Rücken stehen).

Unter dem Hasen ist ein dunkler Kreis, von dem in alle Richtungen Strahlen ausgehen; dies scheint einen Stern darzustellen. Als die Supernova von 1054 erstmals auftauchte, stand die Mondsichel in ihrer Nähe, was für Robbins und Westmoreland der Stern neben dem Hasen zu symbolisieren scheint. Des weiteren gehen von dem Stern dreiundzwanzig Strahlen aus, und das könnte für die dreiundzwanzig Tage stehen, an denen der Stern auch tagsüber sichtbar war. Altersbestimmungen weisen zudem darauf hin, daß die Urne zwischen 1000 und 1070 n.Chr. hergestellt wurde, was sie der richtigen Zeit zuordnet. Nichts davon kann völlig überzeugen – aber möglich ist es, oder nicht?

Die Farbe von Sirius

Der hellste Stern am Himmel ist Sirius; er leuchtet wie ein weißglühender Diamant. Ein Stern wie Sirius verändert im allgemeinen weder seine Farbe noch seine Helligkeit, so daß es ziemlich überrascht, wenn er im Altertum und im Mittelalter häufig als »rot« beschrieben wurde. Wie kann Sirius rot sein?

Dafür gibt es mehrere Möglichkeiten. Sirius besteht ja aus zwei Sternen, von denen einer, Sirius B, ein Weißer Zwerg ist. Ein Weißer Zwerg ist ein normaler Stern, der sich zu einem Roten Riesen ausdehnt. Der Rote Riese fällt dann zu einem Weißen Zwerg zusammen. Man kann also annehmen, daß sich Sirius B zu einem Roten Riesen ausdehnte, was ihn dann rot erscheinen ließ.

Sehr wahrscheinlich ist das allerdings nicht. Sirius B ist weit genug von Sirius entfernt, daß er die weiße Farbe von Sirius auch dann nicht verändert, wenn er selbst rot wird. Außerdem produziert ein Stern, der zu einem Roten Riesen wird und danach kollabiert, normalerweise eine Wolke aus Material, die Tausende von Jahren sichtbar bleibt. Eine solche Wolke ist aber nicht zu erkennen. Wenn sich Sirius B also zu einem Roten Riesen ausdehnte und dann zu einem Weißen Zwerg zusammenstürzte, muß das bereits vor vielen Jahrtausenden geschehen sein.

Die zweite Möglichkeit ist, daß sowohl Sirius als auch Sirius B von einer Gaswolke eingehüllt sind, die die beiden verdunkelt und rot aussehen läßt. Doch auch eine solche Wolke würde Tausende von Jahren bestehen bleiben, und die Tatsache, daß sie jetzt nicht vorhanden ist, läßt die ganze Situation in einem anderen Licht erscheinen.

Darüber hinaus besteht noch eine weitere Möglichkeit. Im alten Ägypten wurde Sirius als besonderer Stern angesehen, dessen Erscheinen am Himmel von großer Bedeutung war. Die Priester hielten Ausschau, wann er sich erstmals am Horizont zeigte. Wenn er dann tatsächlich auftauchte, wurde er durch den Nebel am Horizont gesehen und wirkte in dieser Phase rot. Deshalb betrachtete man ihn als roten Stern.

Die Tatsache, daß mittelalterliche Astronomen Sirius als rot bezeichneten, kann natürlich auf einem Irrtum beruhen. Vielleicht meinen sie auch den Stern Arktur, der fast so hell wie Sirius und deutlich röter ist.

Die großen Astronomen des Mittelalters waren die Chinesen. Sie erwähnen zwar die Veränderung der Farbe von Sternen, darunter auch von Sirius, aber der Grund dafür ist ausschließlich astrologischer Natur. Die Chinesen besaßen ein astrologisches Weltbild und glaubten daher, der Kosmos werde von den Sternen beeinflußt. Sie drehten den Spieß um, indem sie nicht die Vorgänge in der Welt registrierten und unterstellten, diese würden von den Sternen gelenkt, sondern sich Veränderungen am Himmel ausdachten und dann behaupteten, die Dinge auf der Erde befänden sich im Einklang damit. Trotzdem gibt es chinesische Bücher, die Sirius eindeutig als weiß und in dieser Hinsicht unverändert beschreiben.

Das heißt nun nicht, daß Sterne nie ihre Farbe ändern würden. Manche Sterne tun dies. Rote Riesen pulsieren, so daß sie periodisch größer und röter sind als sonst. Der bekannteste Stern dieser Art ist Beteigeuze im Sternbild

Orion. Ein weiterer ist der Stern Mira im Sternbild Cetus (Walfisch).

Bei ihnen ist die Veränderung allerdings gering und bedeutet auf keinen Fall eine Verschiebung von weiß nach rot.

Dann gibt es Sterne, die nicht ihre Farbe, sondern ihre Helligkeit verändern. Ein Beispiel dafür ist der Stern Algol im Sternbild Perseus, der nach einem bestimmten Muster dunkler und heller wird. Offenbar ist Algol ein Doppelstern, wobei der eine Stern viel größer und dunkler als der andere ist. Der dunkle Stern schiebt sich periodisch vor den helleren, so daß die Helligkeit von Algol abnimmt. Nach einer Weile bewegt sich der dunkle Stern weiter, und die alte Helligkeit kehrt zurück. So etwas bezeichnet man als »Bedeckungsveränderliche«, von denen es eine ganze Reihe gibt.

Es gibt auch Sterne, die heller und dunkler werden und mit einer Bedeckung nichts zu tun haben. Diese Sterne pulsieren einfach, wobei sie zuerst größer und dunkler und anschließend wieder kleiner und heller werden. Man bezeichnet sie als »Cepheiden«. Sie sind besonders wichtig, weil man sie für die Messung der Entfernung von Galaxien verwenden kann.

Schließlich gibt es noch Sterne, die tatsächlich rot sind. In Wirklichkeit ist sogar die überwiegende Mehrheit der Sterne am Himmel rot. Sie sind klein und von geringer Helligkeit. Sie sind sogar so klein, daß sie gerade genug Energie aufbringen können, um an der Oberfläche eine Helligkeit von 2000 °C zu besitzen, verglichen mit den 5700 °C unserer Sonne. Dies sind die »Roten Zwerge«, zu denen etwa drei Viertel aller Sterne zählen.

Es ist nicht sehr wahrscheinlich, daß in Sonnensystemen von Roten Zwergen Leben existieren kann. Dafür braucht man schon einen sonnenähnlichen Stern, doch in diese Kategorie fallen nur 10% der Sterne unserer Galaxis. Sirius ist beträchtlich größer und heller als die Sonne, aber er kann ebenfalls kein Leben ermöglichen.

Ein junger Stern

Colin Aspin und seine Kollegen vom Joint Astronomy Center in Hawaii haben einen Stern entdeckt, der sich gerade im Stadium der Entstehung befinden könnte; möglicherweise ist er der jüngste Stern, der bislang entdeckt wurde.

Die Vorstellung, daß Sterne ein unterschiedliches Alter haben, erscheint eigenartig. Seit Jahrhunderten studieren die Menschen den Nachthimmel und sehen alle möglichen Sterne, die Nacht für Nacht und von Generation zu Generation ohne erkennbare Veränderung leuchten. Man möchte meinen, sie seien alle gleichzeitig mit ihrer unterschiedlichen Helligkeit geschaffen worden, aber das ist nicht der Fall. Im Laufe der Zeit haben die Astronomen erkannt, daß einige Sterne klein und andere groß sind; die einen sind kühl, die anderen heiß. Sie leuchten, weil sie über einen Vorrat an Wasserstoff verfügen, der nach und nach zu Helium verschmilzt.

Nun könnte man glauben, je größer ein Stern und sein Vorrat an Wasserstoff seien, desto länger würde er existieren; genau das Gegenteil ist der Fall. Unsere Sonne ist ein mittelgroßer Stern, dessen Wasserstoffvorrat etwa zehn Milliarden Jahre reichen dürfte. Da die Sonne ein Alter von fast fünf Milliarden Jahren hat, ist etwa die Hälfte davon verbraucht, aber es bleibt immer noch genügend übrig.

Ein Stern, der viel größer als die Sonne ist, enthält auch viel mehr Wasserstoff, aber da er sehr heiß ist, braucht er gleichzeitig viel Wasserstoff, um die Hitze aufrechtzuerhalten. Je größer ein Stern folglich ist, und je mehr Wasserstoff er besitzt, desto schneller wird dieser Wasserstoff aufgebraucht – und der Stern existiert nicht sehr lange.

Ein großer, heller Stern lebt vielleicht nur ein paar Milliarden Jahre, und die größten, hellsten Sterne, die wir kennen, existieren möglicherweise nur etwa eine Million Jahre. Das bedeutet, daß die großen, hellen Sterne, die wir am

Himmel sehen, nicht schon immer vorhanden waren, sondern erst entstanden, als die Sonne und die Erde bereits mehrere Milliarden Jahre alt waren.

Wenn es Sterne gibt, die sich erst vor einer Million Jahre bildeten, warum sollte es dann nicht auch Sterne geben, die gerade im Entstehen begriffen sind? Solche Sterne gibt es tatsächlich, aber sie sind für uns nicht leicht zu erkennen.

Sterne entstehen aus weiträumig verteiltem Staub und Gas. Der Staub und das Gas ziehen sich langsam zusammen und werden kleiner und dichter. Zuletzt verdichten sie sich im Zentrum so stark, daß eine Kernverschmelzung von Wasserstoff einsetzt. Das Zentrum »entzündet« sich und wird zu einem Stern. Früher war dieser Vorgang nie zu sehen, weil er durch die Staub- und Gaswolke verdunkelt wurde.

Heute jedoch kann man den Himmel mit Hilfe von Infrarotlicht und Radiowellen studieren, die Staub und Gas durchdringen können. Als Folge davon hat man in einer Staub- und Gaswolke mit dem Namen NGC 13333, die 1100 Lichtjahre von der Erde entfernt ist, kleine Lichtkügelchen entdeckt. Sie leuchten nur im Infrarotbereich und sind aus diesem Grund noch keine richtigen Sterne, sondern »Protosterne«. Astronomen schätzen, daß Protosterne nur ein paar tausend Jahre alt sind und womöglich 100 000 Jahre vergehen müssen, bis sie sich so stark verdichten, daß die Wasserstoffverschmelzung einsetzt. Von den Lichtfetzen in diesem Nebel ist einer, IRAS-4, der kühlste und gilt daher als der jüngste.

Sobald die Fusion von Wasserstoff beginnt, gibt der Stern einen Sternenwind ab, der den ganzen Staub und das ganze Gas um ihn herum wegfegt. Dann leuchtet er hell und ist als Stern zu erkennen.

Man weiß nie genau, wie groß ein solcher Stern ist. Die Größe eines Sterns hängt von der Staub- und Gaswolke ab, aus der er sich bildet. Ein solcher Stern kann klein, licht-schwach und kühl sein und dabei rot leuchten. (Er wird dann als Roter Zwerg bezeichnet; diesem Typ sind die meisten Sterne am Himmel zuzurechnen.) Solche Sterne verbrauchen ihren Wasserstoff so langsam, daß sie bis zu 100 Milliarden Jahre alt werden können.

Dann gibt es natürlich mittelgroße Sterne wie unsere Sonne, die weniger zahlreich als die Roten Zwerge sind. Und es gibt große, kurzlebige Riesensterne, die im Vergleich zu den kleineren Sternen sehr selten vorkommen.

Es könnte allerdings auch Staub- und Gaswolken geben, die so klein sind, daß sie sich nie bis zum Stadium eines Sterns verdichten. Das Zentrum wird zwar dicht genug, daß sich ein Himmelskörper bildet, der Ähnlichkeit mit einem großen Planeten hat, aber dieser ist einfach nicht groß genug, um eine Kernfusion in Gang zu bringen und zu einem Stern zu werden. Solche »Substerne« leuchten mit Infrarotlicht und sind sehr schwer zu erkennen. Astronomen bezeichnen sie als »Braune Zwerge«, weil sie nicht heiß genug sind, um rot zu leuchten und zu Roten Zwergen zu werden.

Da kleinere Sterne zahlreicher sind, gibt es vielleicht mehr Braune Zwerge als normale Sterne. Sie könnten zur Galaxis eine Masse hinzufügen, die wir nicht feststellen, weil wir nicht imstande gewesen sind, irgendwelche Braunen Zwerge nachzuweisen.

Die Astronomen suchen angestrengt nach Braunen Zwergen, weil die zusätzliche Masse viele Probleme in unserer Galaxis lösen könnte, aber bisher waren sie noch nicht erfolgreich. Immer wieder einmal wird über die Entdeckung eines Braunen Zwergs berichtet, aber leider stellt es sich jedesmal als blinder Alarm heraus. Doch die Suche geht weiter, und wenn wir einen sehr jungen Stern bemerken, könnte es sich dabei, nach allem was wir wissen, um einen Braunen Zwerg handeln.

Supernovae Typ I und II

Diana Foss und Richard Wade von der University of Arizona sowie Richard Green vom Kitt Peak National Observatory in Tucson ist es gelungen, eine mögliche Theorie über das Auftreten von Supernovae vom Typ I zu widerlegen.

Es gibt zwei Arten von Supernovae: die großen Sternexplosionen, die einige Zeit wie eine ganze Galaxis gewöhnlicher Sterne aufglühen. Die eine ist der Supernova-Typ I, der hellere von beiden, und die andere ist, natürlich, Supernova-Typ II.

Normalerweise denken wir bei Supernova an den letzteren Typ. Es handelt sich dabei um einen großen Stern, der mehr als die achtfache Sonnenmasse hat. Zuletzt geht ihm der Wasserstoff aus, der ihn am Leben erhält, und er stürzt in sich zusammen. Der Zusammenbruch läßt die äußeren Schichten heftig auflodern, was die Supernova ergibt; normalerweise bleibt ein kleiner Rest übrig, der sich im Zentrum bildet: entweder ein Neutronenstern oder ein Schwarzes Loch.

Damit gibt es keine Probleme. Das Problem ist die Supernova vom Typ I, die aus einem Stern besteht, dem der Wasserstoff bereits restlos ausgegangen ist; er ist damit zu einem Weißen Zwerg geworden. Dieser explodiert irgendwann, wobei er sogar noch heller als eine Supernova vom Typ II leuchtet und nur eine Wolke aus Staub und Gas hinterläßt. Wie explodiert ein Weißer Zwerg?

In unserer Galaxis gibt es eine Fülle Weißer Zwerge; sie machen nicht weniger als 10% der Sterne aus. Damit ein solcher Stern explodiert, muß er mindestens 1,4mal so schwer sein wie die Sonne, aber alle Weißen Zwerge, die wir kennen, sind erheblich kleiner und können deshalb nicht explodieren.

Es gilt nun herauszufinden, wie Weiße Zwerge an Masse

zunehmen. Bei diesem Vorgang werden sie gleichzeitig immer heißer und immer instabiler, bis sie den Wert 1,4 erreichen und explodieren. Am einfachsten ist die Annahme, daß es Weiße Zwerge gibt, die paarweise existieren und einander rasch umkreisen. Möglicherweise kommen sie sich dabei allmählich näher, bis die beiden schließlich miteinander verschmelzen und einen einzigen Weißen Zwerg bilden, der so schwer ist wie die beiden Komponenten zusammen. Wenn das eintritt, kommt es fast unverzüglich zu einer Supernovaexplosion vom Typ I.

Foss, Wade und Green suchten nach Weißen Zwergen, die nahe genug beieinander waren und einander schnell genug umkreisten, daß sie sich schließlich vereinigen und explodieren würden. Sie konnten keinen einzigen Fall dieser Art entdecken. Die Schlußfolgerung daraus lautete, daß eine Supernova vom Typ I nicht durch den Zusammenstoß zweier Weißer Zwerge zustande kommt.

Bleibt uns damit die quälende Ungewißheit, wie solche Supernovae zustande kommen? Meiner Meinung nach nicht. Ich glaube nicht, daß es Astronomen gab, die wirklich annahmen, eine Supernova vom Typ I resultiere aus dem Zusammenstoß zweier Weißer Zwerge; die Erkenntnis, daß so etwas nicht vorkommt, konnte also kaum überraschen.

Was kann geschehen? Überlegen Sie sich folgendes. Es gibt viele Weiße Zwerge, die Rote Riesen umkreisen. Diese sind so groß, daß ihre Schwerkraft auf die alleräußersten Bereiche keinen starken Einfluß mehr hat. Der Weiße Zwerg, der (zumindest in seiner unmittelbaren Umgebung) eine viel stärkere Gravitationskraft besitzt, kann deshalb Material vom Roten Riesen zu sich heranziehen.

Wenn ein Weißer Zwerg einen Roten Riesen umkreist, haben wir also eine Situation, in der Material vom Roten Riesen langsam auf einer spiralförmigen Bahn in den Weißen Zwerg trudelt. Die Schwerkraft des Weißen Zwergs preßt das neu gewonnene Material zusammen und integriert es, so daß der Rote Riese nach und nach Masse verliert, die der Weiße Zwerg aufnimmt.

Zuletzt erhält der Weiße Zwerg genug Masse, um die Grenze der 1,4fachen Sonnenmasse zu übersteigen, und explodiert, wobei er sowohl sich selbst als auch den Roten Riesen, den er umkreist, in eine riesige Wolke aus Staub und Gas verwandelt. Der Rote Riese steuert vor allem Wasserstoff zu der Masse bei, aber der Weiße Zwerg, der seinen Wasserstoff schon lange aufgebraucht hat, bringt schwerere Atome in die Wolke ein.

Das ist deshalb interessant, weil eine solche »verunreinigte« Wolke, in der viel Schwermetalle enthalten sind, irgendwann kollabieren und eine von Planeten umgebene, zentrale Sonne bilden kann; dies wird dann ein Sonnensystem sein wie dasjenige, in dem wir leben.

Die Sonne und die Riesenplaneten bestehen vor allem aus Wasserstoff, aber Welten wie Erde, Mars, Venus, Merkur und Mond bestehen zum größten Teil aus schwereren Atomen wie etwa Silizium, Eisen, Magnesium, Sauerstoff und dergleichen.

Vielleicht ist eine Supernova vom Typ I deshalb nicht nur eine gewaltige Sehenswürdigkeit, die wir betrachten und bestaunen können. Möglicherweise führte eine davon zur Geburt unseres Sonnensystems, der Erde und von uns selbst. Es kann sein, daß jedes Element in unserer Umwelt und in unserem Körper mit Ausnahme von Wasserstoff einmal Teil eines Weißen Zwergs war, der schließlich explodierte, weil er einen Roten Riesen umkreiste. Wenn dies zutrifft, ist die Geschichte unserer allerersten Anfänge ziemlich interessant – und turbulent.

Entfernungsmessung

1987 kam es zu einer gigantischen Supernova in der Großen Magellanschen Wolke. 1991 berichtete Nino Panaglia
vom Space Telescope Science Center in Baltimore schließlich, diese Supernova habe eine Messung der Entfernung
von der Wolke geliefert, die genauer als alle vorher durch-
geführten Messungen sei.

Bis dahin hatte man angenommen, daß die Große Magellansche Wolke etwa 150 000 Lichtjahre entfernt sei, aber
diese Schätzung war ziemlich grob, so daß die Entfernung
auch 140 000 oder 180 000 Lichtjahre betragen konnte.

Infolge der Supernova, eines riesigen explodierenden Sterns,
wurde eine gewaltige Menge Staub und Gas aus dem Stern
herausgeschleudert. Der Staub und das Gas bildeten einen
Ring um den Stern herum. Als sich dieser erhitzte, gab er
ultraviolettes Licht ab und konnte so entdeckt werden.

Dieser Ring ist in einem Winkel von 47° zu der imaginären
Ebene geneigt, die die Überreste der Supernova mit der
Erde verbindet. Deshalb sehen wir ihn weder von oben als
Kreis noch von der Seite als Linie, sondern dazwischen als
Ellipse.

Um nun die Entfernung des Sterns (und gleichzeitig der
Großen Magellanschen Wolke) zu bestimmen, braucht
man zweierlei. Erstens benötigt man den scheinbaren
Durchmesser der Wolke, und zweitens muß man ihren
wirklichen Durchmesser kennen.

Der scheinbare Durchmesser ist kein Problem; er muß nur
mit dem Teleskop gemessen werden. Seine Größe beträgt
1,66 Bogensekunden. Als scheinbare Größe ist das nicht
viel, da der Vollmond im Vergleich dazu einen Durchmesser von etwa 1800 Bogensekunden besitzt. Tatsächlich entspricht ein Durchmesser von 1,66 Bogensekunden etwa
dem Abstand zwischen zwei Autoscheinwerfern, die in
einer Entfernung von 160 Kilometern aufleuchten. Astro-

nomen können diesen winzigen Durchmesser trotzdem recht genau bestimmen.

Aber wie läßt sich der wahre Durchmesser des Rings ermitteln? Dies geschieht, indem man vergleicht, wie lange Licht von der nächsten und von der fernsten Stelle des Rings braucht, um die Erde zu erreichen.

Bei einer Analyse der Daten ergab sich, daß uns 80 Tage nach der Explosion der Supernova erstmals Licht vom nahen Ende des Rings erreichte. Das Licht vom fernen Ende des Rings erreichte uns dagegen erst 340 Tage nach der Explosion.

Unter Berücksichtigung der Neigung des Rings und der Geschwindigkeit, mit der sich der Ring seit der Explosion der Supernova ausgebreitet hat, läßt sich der wahre Durchmesser mit 1,37 Lichtjahren (knapp 13 Billionen Kilometer) bestimmen. Die Frage lautete nun: Wie weit muß der Ring entfernt sein, damit sein tatsächlicher Durchmesser von 1,37 Lichtjahren für uns wie ein Durchmesser von 1,66 Bogensekunden aussieht?

Man kam auf 169 000 Lichtjahre, was jetzt als die durchschnittliche Entfernung all der Milliarden Sterne in der Großen Magellanschen Wolke angenommen werden kann. Das ist recht erfreulich, denn es kommt den älteren, groben Schätzwerten ziemlich nahe.

Die Entfernung der Großen Magellanschen Wolke ist allerdings nicht nur um ihrer selbst willen interessant. In den letzten 60 Jahren haben die Astronomen versucht, die Größe des Universums zu bestimmen und herauszufinden, wie schnell es sich ausdehnt, wie lange deshalb der Urknall zurückliegt und wie alt das Universum sein könnte. Dabei beginnt man zunächst mit ziemlich nahen Objekten und versucht dann, anhand von diesen zu schätzen, wie weit andere, fernere Objekte entfernt sind, und von diesen wiederum auf die Entfernung noch weiter entfernter Objekte zu schließen, und so weiter.

Das Problem ist, daß die Astronomen beim Übergang von einer Gruppe von Objekten zur nächsten, entfernteren Gruppe von bestimmten Annahmen ausgehen müssen und dabei nie sicher sein können, wie richtig sie damit liegen. Je weiter sie sich von der Erde entfernen, desto unsicherer werden daher die Entfernungen, die Ausdehnungsgeschwindigkeit und das Alter des Universums.

Das Alter des Universums wird normalerweise mit 15 Milliarden Jahren angegeben, aber das ist alles andere als sicher. Es könnten auch nur 10 oder andererseits bis zu 20 Milliarden Jahre sein. Neuere Untersuchungen haben auch tatsächlich ergeben, daß Galaxien in so riesigen Klumpen vorkommen, daß möglicherweise nicht einmal 20 Milliarden Jahre ausreichen, damit solche Klumpen entstehen hätten können. Doch jetzt, mit einem hinreichend genauen Wert für die Entfernung der Großen Magellanschen Wolke, können wir uns wenigstens von einem besseren Ausgangspunkt aus weiter nach draußen vorarbeiten.

Dies und die ständige Verfeinerung der astronomischen Instrumente werden es vielleicht möglich machen, bessere Werte für die Entfernung ferner Galaxien zu erhalten. Da diese uns genauere Werte über das Alter des Universums liefern, könnten sie uns zu einer genaueren Kenntnis der Entstehung und Zusammenballung von Galaxien verhelfen.

Die Supernova von 1987 hat den Astronomen somit einen beachtlichen – und ganz unerwarteten – Bonus verschafft.

Sternhaufen

> ... Sieh, wie die Himmelsflur
> Ist eingelegt mit Scheiben lichten Goldes!
> *Der Kaufmann von Venedig, 5. Akt, 1. Szene*

Im Altertum – und noch zu Shakespeares Zeiten – war der Nachthimmel nicht durch künstliches Licht getrübt. Damals konnte man die Sterne besser sehen als heute, aber die Menschen besaßen nicht unsere Teleskope und kannten deshalb nicht die Wunder, die wir mit Hilfe der Technik erkennen können. Sie wußten nicht, daß unsere Sonne nur ein Stern unter vielen ist, der sich alleine mit seinen Planeten bewegt, oder daß es jenseits der sichtbaren Sterne in der »Himmelsflur« Sterne gibt, die viel größer und prächtiger sind und dichter beieinander stehen.

Die vielen Millionen Sterne in den Galaxien sind ehrfurchtgebietend, aber es gibt andere Sterngruppen von einzigartiger Schönheit – die Haufen im Inneren der Galaxien. Nachdem die Cepheiden in Sternhaufen für die Entfernungsbestimmung (schon früher in diesem Jahrhundert) genutzt wurden, schien man bislang nicht viel mehr über Sternhaufen erfahren zu können.

In unserer eigenen Galaxis, der Milchstraße, und vermutlich in den meisten anderen Galaxien, gibt es Tausende von Sternhaufen, die durch die Anziehungskraft der einzelnen Sterne zusammengehalten werden. Den kleineren und häufiger vorkommenden Typ von Sternhaufen bezeichnet man als »offenen Sternhaufen«. Von diesen kennen wir in unserer Galaxis etwa tausend. Sie enthalten ein paar Dutzend bis ein paar tausend locker angeordnete Sterne. Offene Sternhaufen befinden sich normalerweise nahe der Ebene der Milchstraße, in den Spiralarmen der Galaxis oder in der Nähe davon. Auf der langen Zeitskala der Galaxis selbst haben offene Sternhaufen eine relativ kurze

Lebensdauer, wobei einige Sterne aus der Gruppe herausfallen, wenn diese sich an der Galaxis entlang bewegt und Staubwolken passiert. Der bekannteste offene Haufen sind die Plejaden. »Sieben Schwestern« tauften sie die Griechen, die trotz ihrer guten Augen die übrigen dreitausend Sterne in dem Haufen nicht erkennen konnten. Möglicherweise wurde unser getrübter Blick (wir sehen mit bloßem Auge nur noch sechs) auch dadurch noch schlechter, daß der lichtschwächste der sieben großen Sterne, Pleione, zur Zeit der Griechen viel heller war.

Viel größere und dichtere Ansammlungen von Sternen sind »Kugelsternhaufen«, von denen einige mit dem bloßen Auge als verschwommene Lichtflecke zu erkennen sind. Auf der nördlichen Erdhalbkugel ist der hellste M13, der große Kugelsternhaufen im Sternbild Herkules. Schon durch ein kleines Teleskop zeigt er sich als spektakuläres, funkelndes Juwel aus bis zu einer Million Sterne. In unserer Galaxis gibt es über 125 bekannte Kugelsternhaufen, die sich in einem kugelförmigen »Halo« um das galaktische Zentrum herum bewegen.

Die einfach zu erforschenden Kugelsternhaufen schienen aus ähnlichen Sternen der ersten Generation zu bestehen, allerdings ohne die größten und hellsten Sterne, junge Blaue Riesen, die schon lange vor dem Auftauchen des Menschen erloschen sein müssen. Die Wissenschaftler kamen zu dem Ergebnis, daß diese Sternhaufen fast so alt wie die Galaxis selbst, nämlich 15 Milliarden Jahre, und im Unterschied zu offenen Sternhaufen relativ stabil waren.

Der Begriff »stabil« wird nun neu überdacht. Der große Kugelsternhaufen 47 Tucanae scheint zwei seltene Sternarten hervorzubringen. Die eine ist der »Blaue Nachzügler«, dem anscheinend eine zusätzliche Lebenszeit mit auf den Weg gegeben worden ist. Die andere ist der »Millisekundenpulsar«, der entsteht, wenn gewöhnliche Sterne ihre Energievorräte aufbrauchen und zu kleinen, dichten Objekten kollabieren, deren Radiosignale die Erde wegen der Rotation des Sterns als Pulse erreichen. Die meisten Pulsare drehen sich etwa einmal in der Sekunde um ihre Achse, aber diese ungewöhnlichen Pulsare rotieren so schnell, daß das Funkfeuer mit 13% der Lichtgeschwindigkeit abgestrahlt wird. Wissenschaftler haben die Hypothese aufgestellt, daß sowohl die »Blauen Nachzügler« als auch die »Millisekundenpulsare« aus Kollisionen in Gebieten mit extremer Sternendichte hervorgegangen sein könnten, die in diesem ungewöhnlichen Sternhaufen häufig vorkommen.

Offensichtlich sind nicht alle Kugelsternhaufen alt. Das Hubble-Weltraumteleskop hat *junge* Kugelsternhaufen in der elliptischen Galaxis NGC1275 entdeckt (in der Nähe des Sternbilds Cassiopeia, 200 Millionen Lichtjahre von uns entfernt). Die Sterne dieser Haufen sind gleichzeitig entstanden und weisen alle dieselbe Blaufärbung auf; damit können sie nicht mehr als ein paar hundert Millionen Jahre alt sein – jung auf der galaktischen Zeitskala. Der Astronom Jon R. Holtzman vom Lowell Observatory in Arizona behauptet, NGC1275 sei vielleicht das Ergebnis einer Kollision von zwei Galaxien. Die Heftigkeit dieses Zusammenstoßes könne das Entstehen neuer Sternhaufen bewirkt haben.

Das Hubble-Teleskop hat auch eine Galaxis namens ARP220 untersucht; sie enthält offenbar sechs Sternhaufen, die zehnmal größer sind als alle in unserer eigenen Galaxis, der Milchstraße. Diese sechs sind sogar heller als die jungen Haufen in NGC1275. Edward Shaya und Dan Dowling, zwei Astronomen an der University of Maryland, vertreten die Auffassung, daß ARP220 vor vielleicht 20 Millionen Jahren durch den Zusammenstoß zweier Spiralnebel entstanden ist. ARP220 scheint instabil zu sein, mit einem vielleicht gefährlich hellen und massereichen Zentrum, und mit jungen Haufensternen, die als Supernovae explodieren dürften.

Nun, sehen wir den Dingen ins Auge. Das Universum ist kein Ort der Ruhe und des Friedens. Was wir menschlichen Produkte des Universums an Ruhe und Frieden zustandebringen, hängt schon von uns selbst ab.

Unser neuer Nachbar

Wir haben einen neuen Nachbarn, oder jedenfalls einen, der gerade erst entdeckt wurde. Es ist eine Zwerggalaxis im ziemlich unbekannten Sternbild Sextans (Sextant) tief im Süden. Sie wurde mit Hilfe eines Teleskops in Australien entdeckt; Michael J. Irwin von der Cambridge University berichtete im März 1990 von ihrer Existenz.

Um zu verstehen, was mit »Nachbar« gemeint ist, müssen wir zunächst unsere eigene Milchstraße betrachten: ein schwach leuchtendes Band, das sich um den Himmel schließt. Das ist die »Galaxis« (nach dem griechischen Wort für »Milch«), ein Sternensystem, das aus einer riesigen Zusammenballung von etwa 200 Milliarden Sternen besteht, von denen unsere Sonne einer ist. Die allermeisten dieser Sterne sind hinter Staubwolken verborgen, aber die Astronomen wissen von ihrer Existenz aufgrund der Wirkung ihrer Schwerkraft und dank der Radiowellen, die uns erreichen, denn im Unterschied zu Lichtwellen können Radiowellen den Staub durchdringen.

Als man nach 1910 die gewaltige Ausdehnung der Galaxis erkannte, lag die Vermutung nahe, es handle sich hierbei bereits um den gesamten Kosmos. Schließlich reichten 200 Milliarden Sterne in einem System, das wie ein Feuerrad aussah und einen Durchmesser von 100 000 Lichtjahren (940 Billiarden Kilometer) hatte, mit Sicherheit für ein ganzes Universum aus.

Es gab jedoch noch ein wenig mehr als das. Weit unten in der südlichen Hemisphäre kann man zwei neblige Bereiche erkennen, die wie abgetrennte Teile der Milchstraße aussehen. Es sind die Große und die Kleine Magellansche Wolke, bei denen es sich offenbar um kleine Galaxien handelt, die etwa 150 000 Lichtjahre entfernt sind und damit unmittelbar außerhalb unserer eigenen Galaxis liegen. Sie gelten allgemein als zwei Satelliten unserer Galaxis, die jeweils nur etwa 20 Milliarden Sterne enthalten.

Doch hier und dort sah man am Himmel kleine verschwommene Flecken. Sie wurden als »Nebulae« (lateinisch für »Wolken«) oder einfach als »Nebel« bezeichnet, aber man wußte nicht, womit man es bei ihnen zu tun hatte. Die meisten Astronomen gingen davon aus, es handle sich um Staubwolken zwischen den Sternen unserer Galaxis, aber ein paar Abweichler hielten sie für unabhängige Galaxien, die sich weit jenseits von unserer eigenen befanden.

In diesem Fall behielten die Abweichler recht. Der amerikanische Astronom E. P. Hubble (nach dem das Hubble-Weltraumteleskop benannt ist) wies 1924 nach, daß der Andromedanebel eine weit entfernte Galaxis war. Als ihre Entfernung ermittelte man schließlich 2,3 Millionen Lichtjahre. Sie war fünfzehnmal so weit entfernt wie die Magellanschen Wolken.

Wir wissen heute, daß unsere mächtige Galaxis, die Milchstraße, nur eine von vielen Millionen oder Milliarden Galaxien ist, die über einen ungeheuer weiten Raum verstreut sind. Es wurden Galaxien entdeckt, die *Milliarden* Lichtjahre von uns entfernt sind, so daß sich unsere Vorstellung von der Größe des Universums im letzten Dreivierteljahrhundert etwa um das Hunderttausendfache erweitert hat.

Diese Galaxien bestehen nicht unabhängig voneinander, sondern sind zu »Galaxienhaufen« mit Dutzenden, Hunderten, Tausenden oder noch mehr Galaxien zusammengeballt.

Natürlich gehört auch unsere eigene Galaxis zu einem Haufen; er ist relativ klein und wird als »Lokale Gruppe« bezeichnet. Die beiden bekanntesten Galaxien der Lokalen Gruppe sind unsere Milchstraße und der Andromedanebel. Letzterer ist sogar größer als unsere eigene Galaxis und enthält bis zu einer Billion Sterne.

Eine dritte Galaxis, die so groß wie unsere eigene ist, wurde erst vor nicht sehr langer Zeit entdeckt. Nach ihrem Entdecker bezeichnet man sie als Maffei-Galaxis; sie befindet sich am äußersten Rande der Lokalen Gruppe. Wir wissen nicht viel über sie, weil sie von Staubwolken verdeckt wird, aber sie ist etwa 3,3 Millionen Lichtjahre entfernt.

Doch wie es nicht nur viel mehr kleine Planeten und Sterne als große Planeten und Sterne gibt, so existieren auch viel mehr kleine Galaxien als große. Die beiden Magellanschen Wolken sind Beispiele für solche kleine Galaxien, die man zumeist als »Zwerggalaxien« bezeichnet.

Nach den Magellanschen Wolken wurde 1938 im Sternbild »Sculptor« (Bildhauer) eine weitere Zwerggalaxis in der Lokalen Gruppe entdeckt. Das kleine Sculptor-System ist etwa 275 000 Lichtjahre entfernt und enthält nur etwa 10 Millionen Sterne. Für eine Galaxis ist es sehr lichtschwach und wurde nur bemerkt, weil es in unserer Nähe liegt. (Aus diesem Grund sind uns die kleinen Planeten, Sterne und Galaxien nicht in dem Maße bewußt, wie es eigentlich angebracht wäre. Nur die kleinen in unserer Nähe können wir erkennen. Weit entfernte Objekte sind nur sichtbar, wenn sie gleichzeitig riesengroß sind; die Auswahl, die wir erhalten, ist damit nicht repräsentativ.)

Seit 1938 wurde etwa ein weiteres Dutzend Zwerggalaxien entdeckt, die zur Lokalen Gruppe gehören. Sie haben jeweils einen Durchmesser zwischen 3000 und 20 000 Lichtjahren und bestehen aus 200 000 bis 20 Milliarden Sternen.

Selbst die größte dieser Zwerggalaxien ist nur ein Zehntel so groß wie die wirklichen Riesen.

Die neue Sextans-Zwerggalaxis ist etwa 280 000 Lichtjahre entfernt und wahrscheinlich eine der kleinsten Galaxien. Von Bedeutung sind solche Zwerge aus folgendem Grund: Die Astronomen rätseln immer noch, wie die Zwerggalaxien entstanden sind, und da die meisten Galaxien Zwerge sind, kann ihre Erforschung uns eher Antworten geben als die Erforschung der seltenen Riesen.

Galaxien – der neueste Stand

Galaxis – das Wort besitzt eine Aura von Glamour, Geheimnis und Abenteuer. Werbeleute, Hollywood und die Science-fiction-Literatur haben von dem Wort reichlich Gebrauch gemacht. Gab es nicht einmal eine Saga, die in einer sehr weit entfernten Galaxis spielte?

Wirkliche Galaxien sind genauso geheimnisvoll. Eine Galaxis ist eine riesige Ansammlung von Sternen, Staub und Gas, die durch die Gravitationskraft zusammengehalten werden. Wir leben auf einem Planeten, der einen kleineren Stern in einem der Arme einer spiralförmigen Galaxis umkreist, die wir »Milchstraße« nennen. Bis in die 20er Jahre dieses Jahrhunderts hinein hatte niemand bemerkt, daß es unzählige Milliarden von Galaxien im Universum gibt.

Seit der Konstruktion riesiger Teleskope haben die Wissenschaftler interessante Dinge über Galaxien herausgefunden. Beispielsweise altern die meisten Galaxien zur gleichen Zeit, weil sie zu der Zeit entstanden, als das Universum seinen Anfang nahm. Aber wir können mehr über die Frühzeit der Galaxien erfahren, wenn wir tiefer in den Raum vordringen und damit weiter in die Vergangenheit zurückgehen.

Vor kurzem enthüllte ein »frühes Bild« einer Galaxis, daß

sie hundertmal mehr Gas enthält als unsere eigene Galaxis, die wir mehr oder weniger in ihrem »jetzigen« Zustand wahrnehmen. Zudem besteht das Gas größtenteils aus Kohlenmonoxid, das von der ersten Generation von Sternen produziert wird. Wenn diese Galaxis nicht atypisch ist, geht daraus folgendes hervor: Nachdem der Urknall das Universum in Gang gesetzt hatte, entstanden die Sterne viel früher, als bislang angenommen.

Heute geht man davon aus, daß die Quasare, die hellsten Punkte im Universum, von überschweren Schwarzen Löchern in einer Galaxis in Gang gehalten werden. Anscheinend schleichen sich Schwarze Löcher in all unsere Theorien über jegliche Art von Galaxis ein. Hier ist die neueste Theorie zu elliptischen Galaxien:

Anstatt daß es sich um gleichmäßige, uninteressante Zusammenballungen von Sternen handeln würde, sind viele elliptische Galaxien eigentümlich. Einige von ihnen rotieren, aber nicht um einen konventionellen Kern, sondern um eine andere Achse, und das mitunter in der entgegengesetzten Richtung. Dieses Durcheinander bei vielen elliptischen Galaxien rührt vielleicht daher, wie sie entstehen: möglicherweise durch die stürmische Verschmelzung zweier spiralförmiger Galaxien, die Schwarze Löcher enthalten. Man nimmt an, daß die meisten elliptischen Galaxien massereiche Schwarze Löcher in ihrem Zentrum haben.

Dann gibt es die »Starburst-Galaxien«, die neue Sterne schneller entstehen lassen. Astrophysiker sind ihnen bereits auf der Spur, und zwar dank einer neuen Methode zum Aufspüren von Supernovae, den spektakulären Sternexplosionen, die neue Sterne produzieren. Die Schockwellen von einer Supernova lassen sich verfolgen, indem man die aufgeheizten Staubpartikel auf dem Weg dieser Wellen nachweist.

Die Milchstraße bleibt weiter aufregend. Sie hat einen neuen

Vetter: Man hat ein weiteres Mitglied unserer speziellen galaktischen Nachbarschaft entdeckt, die aus unserer Milchstraße, der Galaxis M31 im Sternbild Andromeda und kleineren Anhängseln besteht, von denen die Magellanschen Wolken am deutlichsten zu erkennen sind. Die neu entdeckte Galaxis namens Tucana befindet sich im Verhältnis zu den anderen Mitgliedern der Lokalen Gruppe auf der gegenüberliegenden Seite der Milchstraße. Sie ist klein, lichtschwach und gilt als elliptische Zwerggalaxis. Die Astronomen versuchen nun herauszufinden, ob sich Tucana auf die Milchstraße zu oder von ihr weg bewegt.

Und nicht zu vergessen – insbesondere für uns – die Milchstraße. Die Astronomen diskutieren immer noch, ob unser Sonnensystem einen zehnten Planeten beherbergt, der für die eigentümlichen Bahnen von Neptun und Uranus verantwortlich ist. Bislang scheint der Streit gegen den zehnten Planeten auszugehen und damit auch gegen die Handlung vieler spannender Science-fiction-Erzählungen.

Aber keine Angst, die Milchstraße ist kein langweiliger Ort. Die Astronomen haben entdeckt, daß unsere Galaxis nicht nur eine »zentrale Anregungsquelle« besitzt (vermutlich ein Schwarzes Loch), sondern daß von ihrem Zentrum auch ein seltsames, balkenförmiges Gebilde ausgeht, das in einem Winkel von 90 Grad herausragt. Vermutlich stürzen sich die Science-fiction-Autoren nun mit Volldampf darauf!

Die Simulation des Universums

Ein Problem, das die Astronomen zum Wahnsinn treibt, wurde kürzlich von Changbon Park, einem Studenten der Princeton University, mit Hilfe eines Computers auf atemberaubende Weise in Angriff genommen.

Das Problem ist folgendes: Aufgrund der Analyse der schwachen Hintergrundstrahlung von Mikrowellen, die aus allen Himmelsrichtungen kommt, sind die Astronomen überzeugt, daß das Universum als kleines Objekt begann, das sich in alle Richtungen ausdehnte. Die schwache Hintergrundstrahlung ist in jeder Richtung genau die gleiche, so daß man zwangsläufig annehmen muß, das kleine Objekt sei ursprünglich einheitlich, absolut gleichmäßig und ohne Klumpen gewesen. Als es sich ausdehnte, hätte es eigentlich gleichmäßig bleiben und ein Universum hervorbringen müssen, das aus einer gleichförmigen Gaskugel bestünde.

Das tat es aber nicht. Es zerfiel in Klumpen, die zu Galaxien wurden, und die Galaxien wiederum zerfielen in Klumpen, die zu einzelnen Sternen wurden. Dies ließe sich vielleicht noch erklären, wenn die Galaxien gleichmäßig über das Universum verstreut wären, aber auch das ist nicht der Fall. Sie existieren in Haufen und Haufen von Haufen.

Darüber hinaus bilden die Galaxien lange Linien und Kurven, die riesige »leere Räume« umgeben, in denen es praktisch keine Galaxien gibt. Es ist, als wäre das Universum ein riesiger Schwamm aus galaktischen Gebilden, die Löcher umgeben.

Wie konnte das Universum diese Gestalt annehmen? Was brachte die ursprünglich gleichmäßig verteilte Materie dazu, eine so merkwürdig ungleichmäßige Form anzunehmen?

Es gibt genau vier verschiedene Kräfte im Universum, die für alle Wechselbeziehungen zwischen Objekten verantwortlich sind. Eine oder mehrere davon müssen das Universum geformt haben. Von diesen vier Kräften wirken sich zwei, die starke und die schwache Wechselwirkung, nur im Atomkern aus und haben keine Auswirkungen auf das Universum als Ganzes. Eine dritte, die elektromagnetische Kraft, reicht zwar über Lichtjahre hinweg, besitzt aber sowohl die Fähigkeit der Anziehung als auch die der Abstoßung; da sich die beiden Neigungen praktisch aufheben, hat sie wenig Wirkung auf das Universum als Ganzes. Damit muß die Gravitationskraft die gesamte Arbeit verrichten. Die Astronomen müssen deshalb herausfinden, wie die Gravitation *allein* das Universum formen kann. Das ist zwar möglich, aber laut den Berechnungen ist dazu viel Zeit notwendig. Wie die Astronomen errechneten, hätten einige der größeren Galaxienhaufen eigentlich erst nach einem Vielfachen des tatsächlichen Alters des Universums durch Schwerkraft entstehen dürfen.

Natürlich ist die Schwerkraft wahrscheinlich größer, als wir vermuten. Wir können nur Sterne und Galaxien sehen, aber es gibt Hinweise auf viel stärkere Gravitationskräfte. So wissen wir nichts über die Beschaffenheit der »dunklen Materie«, die 90% oder mehr der gesamten Materie des Universums ausmachen könnte. Doch selbst wenn man dies berücksichtigt, scheint es unmöglich zu sein, daß das Universum in seiner jetzigen Form alleine durch Schwerkraft entstanden ist. Trotzdem gibt es nichts, mit dem man sonst noch rechnen könnte. Das ist das Dilemma, mit dem die Astronomen heute konfrontiert sind.

Aber vielleicht genügt es einfach nicht, mit Annahmen und Gleichungen auf dem Papier zu arbeiten. Möglicherweise ist es sinnvoll, ein direkteres Vorgehen auszuprobieren: indem man tatsächlich versucht, ein Universum nur durch Schwerkraft zu schaffen, und dann abwartet, was geschieht. Selbstverständlich läßt sich das nicht in der Realität durchführen, aber bei richtiger Programmierung könnte ein Computer die Bildung eines Universums *simulieren*. Genau dies hat Park versucht, und im Februar 1990 präsentierte er seine Ergebnisse.

Park schuf ein »Universum« mit einem Durchmesser von 200 Millionen Lichtjahren. In dieses Gebiet setzte er zwei Millionen mathematischer Teilchen, die Klumpen aus gewöhnlicher Materie repräsentierten: den Stoff, aus dem

Sterne und Galaxien bestehen. Er fügte noch zwei Millionen anderer Teilchen hinzu, die die dunkle Materie darstellten. Anschließend programmierte er den Computer so, daß sich die Teilchen bewegen konnten, als würden sie jeweils von der Gravitationskraft aller anderen Teilchen angezogen, entsprechend den bekannten Gesetzmäßigkeiten, nach denen diese Kraft wirkt.

Es war die größte derartige Simulation, die je durchgeführt wurde. Und jetzt aufgepaßt: Auf dem Monitor fügten sich die Materiepunkte zu Strukturen, die wie Galaxien aussahen, und diese legten sich in langen gekrümmten Linien um leere Räume, in denen es wenige oder gar keine Punkte gab. Kurz gesagt: Die Simulation erzeugte so etwas wie das tatsächlich existierende Universum.

Natürlich konnte selbst die Arbeit Parks erst die Ansätze zu einer Antwort ausloten. Es wird darauf ankommen, mit einem viel größeren »Universum« zu arbeiten, und anstelle von Millionen Teilchen wäre die Verwendung von Milliarden oder gar Billionen wünschenswert. Außerdem müßte man das Programm überprüfen und sicherstellen, daß die Annahmen hinter den Befehlen gültig waren.

Einige Astronomen arbeiten jedoch an größeren und vielleicht zuverlässigeren Simulationen, mit deren Hilfe dann immer detailliertere »Universen« erzeugt werden könnten, deren Ergebnisse sich mit der Realität vergleichen lassen.

Dieses Vorgehen ist erst in allerjüngster Zeit durch die neuen Supercomputer möglich geworden. Die Entwicklung noch leistungsfähigerer Computer könnte dazu beitragen, noch verzwicktere Probleme zu lösen.

Zu klumpig

Roger Clowes vom Royal Observatory in Edinburgh und Luis Campusano von der Universität von Chile in Santiago berichteten 1991 über die Entdeckung eines Bandes von Quasaren. Dies versetzt die Kosmologie (die Wissenschaft vom Universum als Ganzem) in helle Aufregung, während die Kosmologen herauszufinden versuchen, was das alles bedeutet.

Das Universum entstand vor etwa 15 Milliarden Jahren mit dem Urknall. Ursprünglich war es ein winziges Objekt, noch kleiner als ein Elementarteilchen. Bei diesem winzigen Volumen muß es sehr gleichmäßig gewesen sein, und eigentlich hätte es, als es sich ausdehnte, auch so bleiben müssen, so daß das Universum heute ein mehr oder weniger gleichförmiger Raum aus Gas sein sollte.

Doch es sieht anders aus. Es existiert in Klumpen. Das Gas, aus dem das Universum bestand, zerbrach in galaxiengroße Brocken, von denen jeder wiederum in Milliarden oder Billionen Sterne zerfiel. Eine der Hauptaufgaben der Kosmologen ist es deshalb, die Art und Weise zu erklären, wie das ursprünglich gleichmäßige Universum in das klumpige Universum zerfiel, das wir heute beobachten.

Die Aufgabe wurde noch schwieriger, als sich herausstellte, daß Galaxien nicht einzeln existierten. Sie waren auch nicht gleichmäßig über das Universum verteilt, sondern traten in noch größeren Klumpen auf, den »Galaxienhaufen«, von denen manche Tausende von Einzelgalaxien enthielten. Im Durchschnitt hatten sie einen Durchmesser von etwa drei Millionen Lichtjahren.

In den letzten paar Jahren haben sich die Kosmologen bemüht, die Position von Millionen von Galaxien zu bestimmen, um zu sehen, wie klumpig sie sind. 1989 lokalisierten Margaret Geller und John Huchra vom Harvard-Smithsonian Center for Astrophysics in Boston einen besonders großen Galaxienklumpen, der sich über 550 Millionen Lichtjahre erstreckte. Sie bezeichneten ihn als »Große Mauer«.

Das war schlimm genug, aber normale Galaxienhaufen und selbst die Große Mauer sind nicht extrem weit von uns entfernt; sie bildeten sich deshalb, als das Universum bereits ziemlich alt war und die Klumpen genügend Zeit für ihre Entstehung hatten.

Jetzt kommen wir zu den Quasaren. Zunächst einmal sind Quasare die fernsten Objekte, die wir kennen. Selbst der nächste Quasar ist etwa eine Milliarde Lichtjahre entfernt, die fernsten rund zwölf Milliarden Lichtjahre.

Bislang sind die Astronomen davon ausgegangen, daß Quasare mehr oder weniger gleichmäßig über den Himmel verstreut sind, denn sie sind so weit entfernt, daß uns ihr Licht erst nach Milliarden Jahren erreicht und wir das Universum in einem noch jungen Zustand sehen. Aus diesem Grund konnte es kaum genügend Zeit gegeben haben, um das Universum so klumpig werden zu lassen.

Doch Clowes und Campusano entdeckten zehn Quasare, die sich als Band über den Himmel ziehen. Sie sind so weit entfernt, daß das Universum bei ihrer Entstehung vielleicht erst ein Drittel seines heutigen Alters hatte. Das Band hat eine Länge von etwa 650 Millionen Lichtjahren, was es um 20% länger als die Große Mauer macht, die auch erheblich später entstand. Weitere Untersuchungen zeigen vielleicht, daß dieses Quasarband noch größer ist, als wir heute annehmen. Drei weitere Quasare sind nahe genug, um möglicherweise ebenfalls zu der Gruppe zu gehören. Und bislang ist nur ein Drittel dieses Himmelsabschnitts erforscht worden, so daß die Existenz von weiteren Quasaren in dem Band durchaus möglich ist.

Mittlerweile hat die Erforschung der Galaxien, besonders diese neue Entdeckung des Quasarbands, alle Theorien über die Entstehung der Klumpen völlig umgestoßen.

Die Astronomen waren zumeist davon ausgegangen, daß es im Universum mehr Materie gibt, als man sehen kann. Es gibt »dunkle Materie«, die zwar von keinem unserer Instrumente erfaßt wird, aber eine Quelle der Anziehungskraft darstellt. Und genau diese Gravitationskraft hat möglicherweise das Universum zu Klumpen auseinandergezogen.

Man unterscheidet zwei Arten von dunkler Materie, kalte (wenig Energie) und heiße (viel Energie), aber die Astronomen haben nicht die geringste Kenntnis, woraus diese dunkle Materie besteht. Es gibt zwar Spekulationen, aber keine wirklichen Beweise.

Da sich das Universum schon in einer derart frühen Entwicklungsphase so stark verklumpt, scheint die dunkle Materie, ob sie nun heiß oder kalt ist, nicht auszureichen, um alles zu erklären.

Soweit ich es beurteilen kann, gibt es nur zwei Auswege. Zum einen fand der Urknall vielleicht viel früher statt, als wir glauben, so daß die Quasare mehr Zeit hatten, das Band zu bilden.

Der andere mögliche Ausweg besteht darin, daß sich die Ereignisse unmittelbar nach dem Urknall nicht ganz so abspielten, wie die Astronomen derzeit vermuten, sondern einen anderen Verlauf nahmen, der die Verklumpung beschleunigte. (Falls dies stimmt, wissen wir nicht, wie der andere Ablauf aussah.)

Derartige Rätsel sind jedoch immer faszinierend. Die Kosmologen haben jetzt die Möglichkeit, angestrengt über die ganze Sache nachzudenken und anschließend mit einem Bündel von Erklärungen aufzuwarten, die uns das Universum leichter verstehen lassen.

Der Millisekundenpulsar

Bereits 1969 wurde ein sehr eigentümlicher Sternentyp entdeckt. Es war ein Neutronenstern, der zwar die Masse eines normalen Sterns hatte, dabei aber extrem klein war. Sein Durchmesser betrug nur etwa 14 Kilometer. Darüber hinaus hatte er eine sehr hohe Rotationsgeschwindigkeit und drehte sich einmal pro Sekunde um die eigene Achse. Wenn solche Sterne älter werden, drehen sie sich natürlich langsamer, manche sogar nur einmal in vier Minuten.

Doch 1987 gelang eine noch erstaunlichere Entdeckung. Man fand einen Pulsar, der sich viel schneller drehte als normal: 600mal in der Sekunde. Er schaffte in einer Tausendstelsekunde fast eine Umdrehung und wurde deshalb als »Millisekundenpulsar« bezeichnet.

Bis vor kurzem hatte man nur dreizehn Millisekundenpulsare lokalisiert, aber 1991 konnte eine Gruppe von Astronomen zehn weitere entdecken.

Die Frage ist nun, wie es die Millisekundenpulsare schaffen, so schnell zu rotieren. Die wahrscheinlichste Erklärung lautet, daß sie von einem normalen Pulsar eingefangen werden. Normalerweise büßt ein Millisekundenpulsar an Drehgeschwindigkeit ein; innerhalb von etwa einer Million Jahre normalisiert sich die Geschwindigkeit so stark, daß er nicht mehr zu erkennen ist. Doch wenn er von einem gewöhnlichen Pulsar eingefangen wird, kann er Masse aufnehmen, und das erhöht die Rotationsgeschwindigkeit; d. h., er dreht sich schneller.

All diese Millisekundenpulsare wurden in einem Sternhaufen namens 47 Tucanae entdeckt. Er besitzt einen sehr dichten Kern aus Sternen, und vielleicht begann der Haufen mit einer Sternpopulation, die massereicher war, als man geglaubt hatte. Höchstwahrscheinlich gibt es in dem Haufen sogar noch viel mehr Millisekundenpulsare.

Möglicherweise handelt es sich bei den Millisekundenpulsaren um ein Beispiel für »dunkle Materie«. Eine solche Materie emittiert keine Photonen und ist deshalb nicht zu sehen, aber sie erzeugt Gravitationskräfte.

Die Millisekundenpulsare sind auch für Unterschiede bei den Radiowellen verantwortlich. Dies ist sehr wahrscheinlich die Folge von Gravitationswechselwirkungen mit benachbarten Sternen und könnte neue Informationen über den Kern von 47 Tucanae liefern.

Es gibt auch eine neue Theorie, warum Sternhaufen vom Typ 47 Tucanae so frei von Gas sind, obwohl durch die Aktivität von Sternen beträchtliche Mengen davon entstehen. David N. Spergel von der Princeton University vermutet, daß starke Winde, die von Millisekundenpulsaren erzeugt werden, das Gas ständig aus den Sternhaufen fegen. Wenn das zutrifft, würden schon ein paar Dutzend Pulsare ausreichen, um einen Sternhaufen gasfrei zu halten.

Richard N. Manchester von der Australia Telescope National Facility in Eppin (New South Wales) leitete die Gruppe, die die neuen Millisekundenpulsare entdeckte. Manchester erklärte, 47 Tucanae habe eine so hohe Sternendichte, daß man dort Millisekundenpulsare finden könne. Er legte dar, daß der Haufen nur 13 000 Lichtjahre und damit gerade einmal halb so weit wie die meisten anderen Sternhaufen von der Erde entfernt sei; daher bestehe eine größere Wahrscheinlichkeit, auch schwächere Pulsare zu entdekken. Manchester sollte mit beidem recht behalten.

Die Astronomen sind sich anscheinend ziemlich sicher, daß Millisekundenpulsare schneller werden, wenn sie sich mit normalen Pulsaren zusammentun. Man hat allerdings auch herausgefunden, daß die Gesamtzahl der normalen Pulsare beträchtlich geringer ist als die Zahl der Millisekundenpulsare. Die Astronomen halten es für möglich, daß diese im Vergleich zu den normalen Pulsaren eine höhere Lebensdauer haben.

Der erste Millisekundenpulsar wurde einfach als eine Besonderheit betrachtet, aber da wir nun eine ganze Menge davon kennen, können wir sie als wichtige Objekte ansehen. Außerdem sind sie wahrscheinlich über die dichteren Kugelsternhaufen verstreut. Es wäre auch keine Überraschung, wenn sich einige Millisekundenpulsare nahe genug am Sonnensystem befänden, um sie im Hinblick auf die Erde selbst untersuchen zu können.

In unmittelbarer Nähe zur Erde findet man natürlich keine Millisekundenpulsare. Die Entfernung würde schon ein paar tausend Lichtjahre betragen, aber selbst das wäre für eine genaue Untersuchung noch nahe genug.

Ein Millisekundenpulsar rotiert aufgrund seiner Vereinigung mit einem gewöhnlichen Pulsar. Seine Drehgeschwindigkeit ist hoch genug, um ihn fast in Stücke zu reißen, und das wäre an sich schon interessant.

Millisekundenpulsare unterscheiden sich grundlegend von anderen Sternen. Sie sind winzig, sie drehen sich mit enormer Geschwindigkeit, und sie vermögen kaum Licht auszusenden. Ihre Anziehungskraft ist so gewaltig, daß Licht nicht leicht entkommt.

Die einzigen Sterne, von denen die Millisekundenpulsare noch übertroffen werden, sind die Schwarzen Löcher.

Leuchtkraft

1991 maß eine britisch-amerikanische Arbeitsgruppe die Rotverschiebung von 1400 Galaxien. Dabei stieß sie auf eine Galaxis mit einer Rotverschiebung, die sie so weit von uns entfernt ansiedelte, daß sie ungeheuer lichtstark sein mußte. Sie ist sage und schreibe 300 Billionen mal so hell wie unsere Sonne und 30 000 mal so hell wie die gesamte Milchstraße.

Dieses neue Objekt ist auch um 40% heller als andere

Objekte, aber es ist noch aus einem anderen Grund ungewöhnlich. Die meisten hellen Objekte leuchten im sichtbaren Bereich, dieses jedoch sendet 99% seiner Energie im Infrarotbereich aus. Was kann für diese Leuchtkraft im Infrarotbereich verantwortlich sein?

Die Astronomen, die das Phänomen entdeckt haben, bieten zwei Lösungsmöglichkeiten an: 1. Im Zentrum der Wolke ist ein Quasar verborgen, der die Energie erzeugt; oder 2. im Inneren der Wolke findet gerade eine Welle von Sternentstehungen statt.

In beiden Fällen ist das Ergebnis von Bedeutung. Wenn es im Kern der Wolke einen Quasar gibt, kann sie nicht lange Bestand haben. Es kann nur etwa eine Million Jahre dauern, bis der Strahlungsdruck des Quasars die Wolke wegfegt. Wenn also ein Quasar für die Leuchtkraft verantwortlich ist, muß er sich (astronomisch gesprochen) gerade erst eingeschaltet haben.

Falls die Helligkeit aber von der Entstehung von Sternen herrührt, so ist die Wolke vielleicht eine Galaxis im ersten Stadium ihrer »Zündung«. In jedem Fall sind die Astronomen einem höchst ungewöhnlichen Vorgang auf der Spur.

Die Arbeitsgruppe setzt eher auf die Quasare. Das Vorhandensein eines Quasars würde allerdings bestimmte Spektrallinien verbreitern; eine solche Verbreiterung hat sich nicht ergeben, was gegen die Quasar-Hypothese spricht. Außerdem ist die Staubwolke so massereich, daß dieser Umstand eher die Hypothese von der Welle von Sternentstehungen stützt. Die Masse der hauptsächlich aus Metallen bestehenden Wolke ist vielleicht nicht weniger als eine Milliarde mal so groß wie die unserer Sonne. Das würde zu einer Galaxis passen, die gerade rasch eine Sternentstehung durchläuft.

Wenn das alles stimmt, vollzieht sich die Geburt von Sternen sehr schnell. Dies stellt aber astronomische Theorien auf den Kopf, nach denen Galaxien langsam entstehen müssen. Deshalb sind die Astronomen eifrig damit beschäftigt, die Entstehungsweise von Galaxien zu klären. Manche Astronomen glauben, sie entstünden im »freien Fall« und bräuchten dafür weniger als eine Milliarde Jahre. Andere sind dagegen der Meinung, daß sich Galaxien über einen längeren Zeitraum hinweg von mindestens mehreren Milliarden Jahren bilden.

Um dieses Problem zu lösen, haben die Astronomen Kugelsternhaufen unter die Lupe genommen, die als die ältesten Objekte im Universum gelten. Zwei von ihnen weisen anscheinend einen Altersunterschied von drei Milliarden Jahren auf, aber da sie sich auch in ihrer chemischen Zusammensetzung unterscheiden, könnte dies für das unterschiedliche Alter verantwortlich sein. Außerdem besteht einer der Kugelsternhaufen hauptsächlich aus Blauen und der andere aus Roten Riesen. Über den Grund dafür sind sich die Astronomen nicht im klaren.

Spielt es eine Rolle, ob Galaxien schnell oder langsam entstehen? Ja, denn es stellt sich die Frage, wie das Universum entstanden ist: schnell oder langsam.

Einzelne Galaxien können auf beide Arten entstehen. Die Galaxis, zu der wir gehören, bildete sich vor vielen Milliarden Jahren, Milliarden Jahre vor der Entstehung der Erde und der Sonne. Dann entstanden die Sonne und die Erde wie auch der Rest des Sonnensystems aus einer riesigen Gaswolke, die nur deshalb existierte, weil sich die Galaxis selbst bereits gebildet und sich von ihrem Gas befreit hatte. Wenn die Galaxis nicht auf diese Weise entstanden wäre, hätten vielleicht auch die Sonne und die Erde niemals entstehen können.

Sie sehen also, daß es durchaus von Belang ist, ob sich Galaxien schnell oder langsam gebildet haben, denn davon hing wiederum ab, ob sich die Sonne und die Erde bildeten oder nicht. Wenn die Galaxien schnell entstanden sind, gibt es uns also; im anderen Fall wären wir möglicherweise gar nicht vorhanden.

Überall winzige Schwarze Löcher?

Der Physiker A. P. Trofimenko äußerte 1990 die Vermutung, daß es überall, einschließlich hier auf der Erde, winzige Schwarze Löcher gebe. Aber was genau ist ein winziges Schwarzes Loch?

»Schwarze Löcher« werden in der breiten Öffentlichkeit immer bekannter. Es handelt sich dabei um stark verdichtete Materie, die in ihrer unmittelbaren Umgebung eine ungeheuer hohe Anziehungskraft aufweist. Nichts, was hineinfällt, kann wieder herauskommen; es ist also ein »Loch«. Und da nicht einmal Licht zu entkommen vermag, ist es ein »Schwarzes Loch«.

Ein Schwarzes Loch entsteht, wenn ein Riesenstern als Supernova explodiert. Ein Teil davon stürzt manchmal zu einem Schwarzen Loch zusammen. Ein solches Schwarzes Loch ist normalerweise etwas massereicher als unsere Sonne. Es nimmt Material aus seiner Umgebung auf, ohne etwas zurückzugeben, so daß es größer wird, insbesondere, wenn es sich in einer sternenreichen Region bildet.

Schwarze Löcher sind zwar noch nicht zweifelsfrei lokalisiert worden, aber die Wissenschaftler sind überzeugt, daß sie existieren. Man vermutet, daß es im Zentrum von Sternhaufen Schwarze Löcher gibt, die einige tausend Male schwerer sind als unsere Sonne. Im Zentrum von Galaxien könnte es sogar noch größere Schwarze Löcher mit millionen- oder gar milliardenfacher Sonnenmasse geben.

Theoretisch sind Schwarze Löcher in allen Größen denkbar; sie können auch sehr klein sein, so daß ihre Masse nicht größer als die eines Planetoiden oder noch geringer ist. Das Problem dabei ist, daß ein Objekt, je kleiner seine Masse ist, um so stärker zusammengequetscht werden muß, damit es zu einem Schwarzen Loch wird.

Den Wissenschaftlern ist kein Vorgang im heutigen Universum bekannt, der zu einem winzigen Schwarzen Loch mit weniger als der Sonnenmasse führen würde. Aber schon 1971 vertrat der britische Physiker Stephen Hawking die Auffassung, Schwarze Löcher könnten sich in großer Zahl bei der Entstehung des Universums durch den Urknall gebildet haben, als sich die Bedingungen radikal von den heutigen unterschieden.

Hawking zeigte auch, daß Schwarze Löcher nicht beständig sind, sondern allmählich »verdampfen«. Ein normales Schwarzes Loch tut dies aber so langsam, daß es Billionen und Aberbillionen Male länger dauern würde, als das Universum bis jetzt alt ist, bevor es verschwände.

Die Geschwindigkeit des Verdampfens würde sich jedoch erhöhen, wenn die Masse des Schwarzen Lochs abnähme. Ein winziges Schwarzes Loch würde daher viel schneller als ein normales verdampfen, und dieser Vorgang würde sich immer stärker beschleunigen, bis das Schwarze Loch so klein werden würde, daß es verpuffen und dabei bestimmte Gammastrahlen freisetzen würde. Vielleicht bildeten sich einige winzige Schwarze Löcher, die so klein waren, daß sie heute, lediglich 15 Milliarden Jahre nach dem Urknall, explodieren. Falls dies stimmt, hat man sie noch nicht dabei beobachtet. Auch die charakteristische Freisetzung der entsprechenden Gammastrahlen wurde noch nicht festgestellt.

Allerdings ist die Wahrscheinlichkeit nicht besonders groß, ein Schwarzes Loch gerade im Augenblick der Explosion zu erfassen. Die bloße Tatsache, daß es uns nicht gelungen ist (wir halten auch erst seit kurzer Zeit und sehr flüchtig Ausschau danach), bedeutet aber nicht, daß sie nicht existieren.

Trofimenko behauptet, daß sie existieren, daß einige hier auf der Erde vorkommen, und daß ihre Existenz zur Erklärung einiger geologischer Sachverhalte herangezogen werden kann.

Nehmen Sie beispielsweise an, es gebe ein winziges Schwarzes Loch im Zentrum der Erde. Es könnte schwer genug sein, um die hohe Dichte der Erde insgesamt zu erklären, ohne daß die Geologen von einem großen Nikkel-Eisen-Kern im Zentrum des Planeten ausgehen müßten. Die Erde könnte statt dessen ganz aus Gestein bestehen.

Außerdem gibt es »Hot spots« im Erdmantel. Eine solche heiße Stelle bleibt am selben Ort, während sich die Platten der Erdkruste langsam darüber hinwegschieben. Immer wieder einmal bewirkt die heiße Stelle einen Vulkanausbruch, so daß man schließlich eine Reihe von Vulkanen hat, von denen die älteren, die die heiße Stelle bereits hinter sich gelassen haben, erloschen sind.

Die Inselgruppe Hawaii ist über einer dieser heißen Stellen entstanden, und der Vulkan auf der Insel Hawaii selbst, der jüngsten dieser Gruppe, ist immer noch aktiv. Könnte ein winziges, im Erdmantel verstecktes Schwarzes Loch der Grund für eine heiße Stelle sein? Selbst ein ganz winziges Schwarzes Loch mit einer Masse von nur etwa sechs Milliarden Tonnen würde beim Verdampfen genügend Hitze erzeugen, um eine heiße Stelle zu erklären.

Trofimenko verweist auch auf ungewöhnlich dichte Gebiete auf dem Mond; es gibt erloschene Vulkane auf dem Mars und aktive Vulkane auf dem Jupitersatelliten Io. Vielleicht sind all diese Erscheinungen auf winzige Schwarze Löcher zurückzuführen.

Läßt sich diese Hypothese irgendwie überprüfen? Trofimenko erklärt, daß winzige Schwarze Löcher die kleinen Teilchen erzeugen müßten, die man als »Neutrinos« bezeichnet. Wir schaffen es mittlerweile, ein paar Neutrinos nachzuweisen, die von der Sonne stammen, aber ein winziges Schwarzes Loch würde die tausendfache Menge produzieren. Vielleicht können wir die Neutrinoproduktion an Stellen untersuchen, wo es winzige Schwarze Löcher geben könnte, wie beispielsweise an den Flanken aktiver Vulkane.

Die Idee ist interessant und verdient, daß man ihr nachgeht, aber ich bin jetzt einmal ein Spielverderber und behaupte, daß sie sich aller Wahrscheinlichkeit nach nicht bestätigen dürfte.

Der Schwarzes-Loch-Tango

Der Tango ist ein anmutiger argentinischer Gesellschaftstanz, der von Männern wie Rudolf Valentino populär gemacht wurde. Normalerweise sind zwei Personen notwendig, um Tango zu tanzen. Ein Schwarzes Loch selbst ist zumindest nach dem heutigen Stand der Technologie praktisch unsichtbar. Theoretisch entsteht ein Schwarzes Loch, wenn ein massereicher Stern nach dem Stadium des Neutronensterns kollabiert und das immense Gravitationsfeld die Materie daran hindert, der sogenannten »Singularität« zu entfliehen. Das Ergebnis bezeichnet man als »Schwarzes Loch« (die Bezeichnung geht auf den Physiker John A. Wheeler zurück), weil alles, was ihm nahe kommt, für immer da hineinstürzt.

Wenn ein Schwarzes Loch zufällig zum kosmischen Tanz eines Doppelsternsystems gehört und sein Begleiter ein normaler Stern ist, entzieht das Gravitationsfeld des Schwarzen Lochs dem normalen Stern Materie. Um das Schwarze Loch herum bildet sich eine »Akkretionsscheibe«. Wenn die Materie von der Akkretionsscheibe in das Schwarze Loch fällt, nimmt es kinetische Energie auf, die sich in Röntgenstrahlen umwandelt. Glücklicherweise können wir diese Röntgenstrahlung nachweisen.

In unserer eigenen Galaxis wurde 1965 eine Röntgenquelle im Sternbild Cygnus (Schwan) entdeckt. Bis 1971 stieß man auf unregelmäßige Veränderungen bei den Röntgenstrahlen. Sie brachten die Astronomen zu der Annahme, daß die Röntgenquelle Cygnus X-1 vermutlich ein Schwarzes Loch sei, das einem riesigen Blauen Stern, mit dem es sich zusammen drehte, Materie entzog.

Andere potentielle Schwarze Löcher werden mittlerweile häufig entdeckt. In unserer Galaxis ist man auf zwei weitere Kandidaten gestoßen. 1975 wurde das Doppelsystem A0620-00 im Sternbild Monoceros (Eichhorn) entdeckt. Vor kurzem haben die Astronomen herausgefunden, daß sich der sichtbare orangefarbene Stern des Doppelsystems zwar schnell dreht (mit mindestens 460 km/s), aber eine solche Entfernung zu seinem dunklen Begleiter aufweist, daß letzterer eine gewaltige Masse besitzen muß. Die logische Erklärung dafür ist, daß es sich bei dem dunklen Begleiter um ein Schwarzes Loch handeln muß.

Der jüngste Kandidat für ein Schwarzes Loch in unserer Galaxis befindet sich im Doppelsternsystem V404 Cygni, 5000 Lichtjahre von uns entfernt. 1938 war dort ein sichtbarer Stern zu einer Nova geworden; 1989 erzeugte er einen Ausbruch von Röntgenstrahlen, der vom japanischen Satelliten *Ginga* aufgefangen wurde. Auch hier umkreist der sichtbare Stern seinen dunklen Begleiter so schnell, daß es sich mit großer Wahrscheinlichkeit um ein Schwarzes Loch handelt. Laut den spanischen Astronomen, die V404 erforscht haben, könnte es sich sogar um ein komplexes System aus drei Objekten handeln, von denen das dritte ein Roter Zwerg ist. Das sorgt für einen komplizierten Tanz, bestimmt für keinen Tango.

Der Tanz eines Sterns mit einem Schwarzen Loch ist gefährlich, denn theoretisch ist es möglich, daß der Stern, der sich zusammen mit einem Schwarzen Loch dreht, zum Schluß von diesem vollständig verschlungen wird. In der Tat weisen neuere Daten des Compton Observatory darauf hin, daß starke, von außerhalb unserer Galaxis kommende Röntgenemissionen von Sternen stammen könnten, die zusammengequetscht, plattgedrückt, erhitzt und verschlungen werden und Röntgenstrahlen abgeben, während sie ihrem Untergang entgegenstürzen.

In letzter Zeit wurde viel über Schwarze Löcher im Zentrum von Galaxien geschrieben. Unsere eigene Milchstraße könnte ein Schwarzes Loch enthalten, aber größere Gewißheit erhalten wir im Hinblick auf andere Galaxien. Die elliptische Zwerggalaxis M32 ist nur 2,3 Millionen Lichtjahre von unserer eigenen Galaxis entfernt. Ihre Sterne sind dicht um den Kern gedrängt, den sie so schnell umkreisen, daß es sich um nichts anderes als ein Schwarzes Loch handeln kann.

Das Hubble-Teleskop zeigt, daß in der 52 Millionen Lichtjahre entfernten Galaxie M87 im Virgo-Nebelhaufen eine superdichte Konzentration von Sternen ebenfalls zum Zentrum hin gezogen wird. Es gilt als wahrscheinlich, daß die meisten elliptischen Galaxien superschwere Schwarze Löcher enthalten, als Folge der Art und Weise, wie sie vermutlich entstanden, nämlich durch den Zusammenstoß zweier Spiralnebel. Ein wilder Tanz!

Inzwischen verfügen die Astronomen über ein Verfahren, um die Masse im Zentrum von Galaxien zu schätzen, indem sie die von ihr erzeugte Schwerkraft messen. Die Geschwindigkeit sich drehender Sterne läßt sich dadurch bestimmen, daß man die Veränderungen der Wellenlänge ihres Lichts beobachtet. Die Astronomen John Kormendy und Douglas O. Richstone untersuchten die 30 Millionen Lichtjahre entfernte Galaxis NGC 3115. Offenbar dreht sich ihr Kern nicht nur schnell, sondern zieht die umgebenden Sterne nach innen (und erhöht dabei ihre Geschwindigkeit). Möglicherweise ist dies das größte Schwarze Loch, das man bisher entdeckt hat – weit entfernt von dem einfachen Tango eines Sterns, der mit einem dunklen Begleiter tanzt. Massereiche Schwarze Löcher in den Zentren von Galaxien tanzen mit vielen Sternen – und bringen sie wahrscheinlich um.

Manchmal scheint es, als werde der Tango von den Astronomen selbst getanzt, die Ideen hin- und herschieben. Ein armenischer und ein amerikanischer Astronom behaupten beide, daß die so zerstörerisch wirkenden Zentren von Galaxien in Wirklichkeit genau die entgegengesetzte Wirkung haben; ihrer Meinung nach werden dort die Kerne neuer Galaxien erzeugt.

Welche Bewandtnis es mit diesen Tanzpaaren oder mit den erstaunlichen Zentren der Galaxien, die mit vielen Sternen tanzen, auch haben mag, die Astronomen und Astrophysiker sind unablässig auf der Suche nach der Wahrheit. Wie wäre es in der Zwischenzeit mit einem Tango?

Was liegt im Zentrum?

Eine Stelle im Sternbild Sagittarius (Schütze) liegt genau in der Richtung des Zentrums unserer Galaxis. Dort strömt Energie in gewaltigen Mengen aus, so daß die Frage lautet: Was befindet sich an dieser Stelle, das als Quelle für diese Energie dient?

In den Randbereichen der Galaxis, wo unsere Sonne in einer ruhigen »Vorstadtgegend« beheimatet ist, sind Sterne dünn gestreut. Doch wenn man sich auf das Zentrum der Galaxis zubewegt, rücken die Sterne immer dichter zusammen. Ganz im Zentrum müssen sie praktisch übereinandergestapelt sein.

Aus diesem Grund glauben manche Astronomen, daß das Kraftwerk im Zentrum der Galaxis aus einem dichten Sternhaufen besteht, der Millionen lodernder Sterne enthalten könnte. Indizien für diese Theorie wurden 1990 von einer Gruppe britischer Astronomen unter der Leitung von David A. Allen vorgelegt.

Ein großes Teleskop untersuchte die zentrale Stelle IRS 16 und entdeckte dabei Ströme einer bestimmten Infrarotstrahlung, von der man normalerweise auch erwartet, daß sie in einem solchen Sternhaufen erzeugt wird. In der Nähe von IRS 16 gibt es zudem einen sehr heißen Stern. Dies zusammen, behauptet die Gruppe um Allen, würde die im Zentrum entdeckte Energie erklären.

Astronomen, die den Bereich mit Radiowellendetektoren erforschen, sind davon nicht überzeugt. Es gibt eine stark strahlende Radioquelle an einem Punkt sehr nahe am Zentrum der Galaxis, den sie »Sgr A« nennen. Ihre Untersuchungen zeigen, daß es sich bei der Radioquelle um ein Objekt mit einem Durchmesser von weniger als drei Milliarden Kilometern handelt. Es ist sogar erheblich kleiner als unser Planetensystem. Wenn sich das Zentrum von Sgr A dort befände, wo unsere Sonne steht, würde das gesamte System nur ein wenig über die Umlaufbahn von Uranus hinausreichen.

Nach Meinung der Radioastronomen ist es unmöglich, daß Millionen von Sternen zu einem so kleinen Volumen zusammengepreßt werden und dennoch ihre Identität als einzelne Sterne behalten. Die Sterne müßten statt dessen zu einem einzigen Riesenstern zusammenfallen, der etwa die fünfmillionenfache Sonnenmasse besäße.

Ein solcher Riesenstern würde unter dem Einfluß seiner eigenen Schwerkraft zu einem winzigen Volumen kollabieren, dessen Gravitationswirkung in der näheren Umgebung so hoch wäre, daß nichts, nicht einmal Licht daraus entkommen könnte. Mit anderen Worten: Die Radioastronomen sind davon überzeugt, daß das Kraftwerk der Galaxis kein riesiger Sternhaufen, sondern ein gewaltiges »Schwarzes Loch« ist.

Falls es ein solches Schwarzes Loch gäbe, würde es Materie anziehen, die zunächst spiralförmig um das Schwarze Loch kreisen und die von den Astronomen registrierte

Energie liefern würde. Außerdem hätte diese kreisende Materie, die sogenannte »Akkretionsscheibe«, ziemlich genau die Größe von »Sgr A«.

Wie können wir aber nun entscheiden, welche der beiden Theorien richtig ist?

Wir befinden uns in einem Dilemma, weil wir das Zentrum der Galaxis nicht wirklich sehen können; es verbirgt sich hinter riesigen Staubwolken und anderen Sternen. Deshalb sind wir auch künftig auf indirekte Hinweise angewiesen. Wir müssen die Infrarotstrahlung und die Radiowellen weiterhin mit immer besseren und feineren Instrumenten untersuchen, und vielleicht wird uns das in die Lage versetzen, zu einer Entscheidung zu gelangen.

Ist das von Bedeutung? Allerdings, denn eines der großen Probleme in der Astronomie lautet: Wie sind die Galaxien einst entstanden? Am Anfang war die Materie im Universum gleichmäßig und homogen – davon sind die Astronomen ziemlich überzeugt. Irgendwie wurde sie jedoch klumpig, und dafür gibt es keine Erklärung. Eine mögliche Erklärung lautet, daß sich Schwarze Löcher bildeten und daß sich die Sterne einer Galaxis jeweils um ein Schwarzes Loch als Mittelpunkt gruppierten. Dazu muß es aber ein Schwarzes Loch im Zentrum unserer Galaxis und somit im Zentrum jeder Galaxis geben. Dieses Problem fasziniert die Astronomen.

Eine Möglichkeit, wie wir eine definitive Antwort erhalten können, besteht natürlich darin, zum galaktischen Zentrum eine Raumsonde zu schicken. Ihre Instrumente könnten registrieren, was sich dort feststellen läßt. Diese Information könnte die Sonde dann zu uns zurückfunken oder selbst zurückbringen.

Theoretisch wäre das prima, aber die Sache hat einen gewaltigen Haken. Das galaktische Zentrum ist etwa 30 000 Lichtjahre von uns entfernt. Wenn wir eine Raumsonde mit Lichtgeschwindigkeit (der größtmöglichen Ge-

schwindigkeit im Universum) ausschicken wollten, müßten wir uns darauf einstellen, mindestens 60 000 Jahre zu
warten. Wenn die Raumsonde nur mit einem Zehntel der
Lichtgeschwindigkeit reisen würde, was viel wahrscheinlicher ist, müßten wir 600 000 Jahre auf die Informationen
warten. Dies erschiene nun nicht mehr möglich, und so
werden wir weiterhin indirekten Hinweisen nachgehen
müssen.

Die kosmische Ursuppe

Was eine Suppe ist, wissen wir alle: eine reichhaltige Mischung aus beliebig vielen Zutaten, die in einer Flüssigkeit
schwimmen. Wir essen Suppe, und eine gute Suppe ist
eines der schönsten Geschenke der Götter.
Doch das Wort »Suppe« hat seine Bedeutung erweitert und
schließt neben einer guten Minestrone inzwischen auch
viele andere Dinge ein. Beispielsweise ist es möglich, daß
zu der Zeit, als die Erde noch jung und unbelebt war, die
Einwirkung ultravioletter Strahlen auf die einfachen Verbindungen in der Uratmosphäre und im Urmeer zur Bildung komplexerer Moleküle führte. Vielleicht wurde das
Meer zu einer »Suppe« solcher Moleküle, aus der die ersten primitiven Lebensformen hervorgingen. Nicht jeder
stimmt mit dieser Vorstellung vom Ursprung des Lebens
überein, aber es ist eine beliebte Version, und wir alle
wissen, was eine »Ursuppe« ist.
Diese »Ursuppe« ist nicht die erste ihrer Art. Die meisten
Wissenschaftler sind sich darin einig, daß sich das Universum ausdehnt. Wenn wir die Zeit also umkehren und uns
vorstellen würden, daß das Universum jünger würde, zöge
es sich zusammen. Es würde langsam kleiner, dichter und
heißer werden. Wenn die Zeit zum Urknall hin rückwärts
ginge, stiege die Temperatur auf mehrere Milliarden Grad

an, und das in einem kleinen Universum, in dem die Teilchen ihre Ordnung verloren hätten. Keine Moleküle, keine Atome, nur Urteilchen, hauptsächlich Quarks und die Teilchen, die sie zusammenhalten (»Gluonen«).

Das ist die kosmische Ursuppe, und wenn Sie nun fragen, was die Astronomen über sie wissen, lautet die Antwort: »Nicht viel.«

Wie stellen sie es an, mehr darüber herauszufinden? Eine Möglichkeit besteht darin, daß man mit dem Universum in seinem heutigen Zustand beginnt (darüber wissen wir eine ganze Menge), sich dann zurückarbeitet und zu berechnen versucht, was bei jeder Temperaturerhöhung geschieht. Ein solches Vorgehen steckt natürlich voller Unsicherheiten.

Ein anderer Weg ist der Versuch, ein submikroskopisches Stück einer solchen kosmischen Ursuppe zu erzeugen, indem man schwere Teilchen aufeinander prallen läßt. Möglicherweise erzeugen sie die kosmische Ursuppe, wenn sie zusammenstoßen.

Peter Levai und Berndt Miller von der Duke University kamen zu dem Ergebnis, daß eine auf diese Weise erzeugte Ursuppe verschiedenartige Teilchen mit hoher Geschwindigkeit aussenden müßte, und zwar im rechten Winkel zu den auftreffenden Teilchen, die den Zusammenprall herbeiführen. Die Geschwindigkeit wäre stets die gleiche – zumindest in der Theorie.

Levai und Miller begannen mit sehr einfachen Teilchen: Protonen und Antiprotonen. Sie ließen sie mit hoher Geschwindigkeit aufeinanderprallen – und siehe da: Teilchen wurden genau in der theoretisch vorhergesagten Weise abgegeben. Sie hatten anscheinend eine Ursuppe erzeugt.

Andere Physiker arbeiten nach wie vor mit schweren Atomen. Es läßt sich vermuten, daß die Ursuppe dabei mit mehr Kraft erzeugt wird und die Ergebnisse auf diese

Weise vielleicht eindeutiger und aufschlußreicher ausfallen.

Und was haben wir davon, wenn das alles funktioniert?

Zum einen wird es uns bei der Ausarbeitung einer Großen Einheitlichen Theorie helfen, die alle Naturkräfte – die elektromagnetische, die starke, die schwache und die Gravitationswechselwirkung – in einem einzigen Satz von Gleichungen vereinigt. Dies wird in der Physik bereits seit Jahren verfolgt. Zum anderen lassen sich dadurch vielleicht auch weitere Fragen beantworten.

Eine der bohrendsten Fragen lautet: Wie sind die Galaxien entstanden? Die Ursuppe war sehr gleichmäßig. Wie konnte sie dann in Galaxien und Sterne auseinanderbrechen?

Neil Turok stellte 1989 die Hypothese auf, die Ursuppe habe in der ersten Sekunde nach dem Urknall eine Art Schaum produziert, aus dem sich die Galaxien bildeten. Turoks Berechnungen zeigten offenbar, daß die Galaxien, die dabei entstünden, genau die richtige Größe hätten.

Wenn man einmal darüber nachdenkt, ist es schon erstaunlich, daß etwas so Geheimnisvolles wie die Ursuppe, die nur in den ersten Augenblicken des Universums existierte, derartige Auswirkungen haben sollte. Das gehört zu den aufregendsten Aspekten der Naturwissenschaft – wenn man etwas aus purer Neugier untersucht und dabei Antworten auf Fragen findet, von denen man nie erwartet hätte, daß sie sich beantworten ließen.

In der Wissenschaftsgeschichte gibt es dafür zahlreiche Beispiele. Als einer der allerersten Wissenschaftler, der mit dem Mikroskop arbeitete, entdeckte Anton von Leeuwenhoek Bakterien. Damals hatten weder er noch irgend jemand anders die leiseste Ahnung, was das sein könnte. Es waren einfach winzige Flecken, die möglicherweise lebendig waren. Später zeigte Louis Pasteur, daß diese winzigen Flecken Krankheiten übertrugen und der richtige Umgang mit ihnen solche Krankheiten vermeiden konnte. Die Folge war, daß sich die Lebenserwartung der Menschen verdoppelte.

Man kann nie sagen, wohin uns der gewundene Pfad wissenschaftlicher Entdeckungen führen wird. Und wer möchte es verraten? Das würde den ganzen Spaß verderben.

Die Realität weit draußen

Wenn Isaac 1920 einem Raumschiff entstiegen wäre, anstatt geboren zu werden, hätte er die Realität des Universums besser erkannt als jeder Erdenbewohner. Er hätte sich amüsiert über den damals gerade von den Astronomen Curtis und Shapley geführten Streit, ob der Andromedanebel nahe (Teil der Milchstraße) oder weit entfernt sei. Die meisten Astronomen hielten ihn für nahe, doch 1923 richtete Hubble das neue 254-cm-Teleskop des kalifornischen Mount-Wilson-Observatoriums auf Andromeda. Er sah einzelne Sterne, berechnete mit Hilfe der »Cepheiden« die Entfernung und stellte fest, daß Andromeda tatsächlich eine eigene Galaxis war.

Bereits die ersten Teleskope widersprachen dem Bild von einem einfachen Himmelsgewölbe, in dem sich die Sterne, die wandernden Planeten, die Sonne und der Mond alle um die Erde bewegten, doch erst das Teleskop auf dem Mount Wilson veränderte unwiderruflich die menschliche Vorstellung vom Universum. Bald wurden neben dem Andromedanebel noch weitere »Nebelflecken« als weit entfernte Galaxien erkannt. Unsere Galaxis, die Milchstraße, war nicht allein, und plötzlich war das Universum viel größer, als jeder vermutet hätte.

Die Technologie wird die Auffassung des Menschen von der Realität dort draußen weiter verbessern, doch selbst wenn täglich neue technische Fortschritte zu vermelden sind, bleiben die alten philosophischen Fragen offen; die Wirklichkeit hängt nämlich von der Betrachtungsweise ab.

Optische Teleskope sehen nicht über den Staub in unserer Galaxis hinaus, Radioteleskope hingegen schon. 1983 lokalisierte der neue Infrarot-Astronomie-Satellit 500 000 Infrarotquellen. Später entdeckte das Röntgenteleskop des Satelliten *Rosat* viele tausend Röntgenquellen über 90% des Himmels verteilt. Die Daten werden analysiert, um herauszufinden, ob es sich bei den Röntgenquellen um bisher nicht bekannte Objekte handelt oder ob sie bereits von anderen Teleskopen aufgespürt wurden. Die Erforschung von Röntgenstrahlen emittierenden Objekten durch *Rosat* kann vielleicht vieles hinsichtlich Geburt, Entwicklung, Funktionsweise und Tod von Sternen erklären und Aufschluß geben über die Vorgänge im kalten Gas des interstellaren Raums und im heißen Gas um die Galaxien herum und zwischen ihnen.

Eine genaue Beschreibung der weit draußen liegenden Realität hängt nicht nur vom Gegenstand der Betrachtung, sondern auch vom Blickwinkel ab. Da Galaxien in allen möglichen Winkeln zur Visierlinie der Erde stehen, sind die Astronomen mit dem Problem konfrontiert, den Blickwinkel zu der scheinbaren Helligkeit und Größe einer Galaxis in Beziehung zu setzen. Früher haben diese Berechnungen offenbar zu falschen Schlußfolgerungen hinsichtlich Helligkeit und Größe geführt, weil die Entfernung nicht berücksichtigt wurde.

Dann gibt es das Abenteuer, daß man herauszufinden versucht, was im Zentrum unserer staubverhüllten Milchstraße wirklich vor sich geht. Seit jüngster Zeit sind die Astronomen zunehmend davon überzeugt, daß ein Schwarzes Loch den Mittelpunkt einnimmt. Die Frage ist nur: wo genau? Eine Radioquelle und eine Infrarotquelle sind die Hauptkandidaten, von denen der richtige – wenn man ihn findet – das eigentliche Zentrum markieren dürfte.

Die bekannte Realität des Universums wird täglich interessanter, weil unsere Fähigkeit wächst, lichtschwache Objekte zu erkennen. Man hat Sterne entdeckt, die zehntausendmal dunkler sind als unsere Sonne, einen davon ziemlich nahe (nur achtmal weiter entfernt als Alpha Centauri). Sehr lichtschwache Galaxien, die in jüngster Zeit entdeckt worden sind, enthalten wenige Elemente, die schwerer als Helium sind; ihr Gas befindet sich daher wahrscheinlich immer noch im gleichen Zustand wie nach dem Urknall. Die Untersuchung dunkler Galaxien hilft uns vielleicht, zu verstehen, wie das Universum in seiner Frühzeit aussah.

Das Hubble-Teleskop vermittelt uns trotz all seiner Unzulänglichkeiten die phantastische »Realität« des Universums. Das sich ausweitende Bild dieser Realität erscheint überaus gewalttätig. Sterne verbrennen, kollabieren und explodieren in zerstörerischer Weise. Einige Galaxien stoßen zusammen oder sind offensichtlich in der Vergangenheit kollidiert. Galaktische Zentren scheinen Schwarze Löcher zu enthalten, die sogar Licht verschlucken und von dichtgedrängten Sternen und feurig strömendem Gas umhüllt sind.

Die weit entfernte Realität des Universums flößt mehr als nur ein bißchen Angst ein; durch sie kommt sich die Menschheit auf ihrem einen belebten Planeten einsam und verwundbar vor. Die Sehkraft des Menschen ist begrenzt (lichtschwache Bilder aktivieren die farbempfindlichen Zapfen der Netzhaut nicht), so daß Galaxien sogar durch ein gutes Teleskop farblos erscheinen. Doch diese graue Gewalttätigkeit weit draußen entspringt nur unserer fehlerhaften Wahrnehmung.

Auf einem Farbfilm wirken plötzlich nicht nur die Formen, sondern auch die Farben des Universums schön. Zugegeben, die Astronomen sind nicht sicher, ob die Farbbilder auf dem Film »stimmen«, und rätseln, was sie mit dem bloßen Auge sehen würden, wenn sie dorthin reisen könnten. Sie fragen sich, warum so viele Nebel anscheinend genau die gleiche Rotfärbung zeigen. Aber was zählt, ist die Tatsache, daß das Universum schön ist.

Schönheit – in Farbe, Form und Bedeutung – liegt nicht nur im Auge des Betrachters, sondern in der Art und Weise, wie man die Augen gebraucht und durch Instrumente verfeinert. Die vielleicht erstaunlichste Schönheit überhaupt ist die Wirkung dieses Universums dort draußen auf den menschlichen Geist.

Stichwortverzeichnis

Knaur ®

Rätsel des Universums

Rainer Holbe
EIN TOTER SPIELT SCHACH
und andere unglaubliche Geschichten

(1769)

Rainer Holbe
BILDER AUS DEM REICH DER TOTEN

Die paranormalen Experimente des Klaus Schreiber

(3868)

Zecharia Sitchin
Der zwölfte Planet

Wann, wo, wie die Astronauten eines anderen Planeten zur Erde kamen und den Homo sapiens schufen

(3947)

Zecharia Sitchin
Am Anfang war der Fortschritt

Beweise für die Existenz moderner Technologie und Raumfahrt in vorgeschichtlicher Zeit

(4828)

Zecharia Sitchin
Die Kriege der Menschen und Götter

Wie die Anunnaki von einem anderen Stern kamen, um Gold zu suchen, und den Menschen schufen

(4805)

Zecharia Sitchin
Versunkene Reiche

Der Ursprung der Zivilisation im Reiche der Maya und Inka

(4827)

Isaac Asimov

Knaur® Sachbuch
ISAAC ASIMOV
Die Wunder des Kosmos und der Erde

(77085)

Knaur® Sachbuch
ISAAK ASIMOV
Vom Kosmos zum Chaos
Eine Reise durch die Welt der Elementarteilchen

(77039)

Knaur®
ISAAC ASIMOV
Grenzfälle
Neue Entdeckungen über den Menschen, seinen Planeten und das Universum

(4838)

Knaur® Sachbuch
ISAAC UND JANET ASIMOV
Kosmos und Materie
Wissenschaft an der Schwelle zum dritten Jahrtausend

(77125)

Knaur®
Asimov
Die exakten Geheimnisse unserer Welt
Bausteine des Lebens

Naturwissenschaft präzis und verständlich

(3922)